GISBERT L. BRUNNER

ARMBAND UHREN

VOM ERSTEN CHRONOMETER AM HANDGELENK ZUM BEGEHRTEN SAMMLERSTÜCK

Originalausgabe

WILHELM HEYNE VERLAG
MÜNCHEN

HEYNE RATGEBER ANTIQUITÄTEN
08/9300

2. Auflage

Copyright © 1990 by Wilhelm Heyne Verlag GmbH & Co. KG, München
Printed in Germany 1991
Redaktion: Angelika Schlenk
Umschlaggestaltung: Atelier Adolf Bachmann, Reischach
Umschlagfotos: Alexander Bauer, München
Layout / Herstellung: Helmut Burgstaller
Satz: Kort Satz GmbH, München
Druck und Bindung: RMO, München

ISBN 3-453-04093-7

NES

CORTÉBERT

EXPOSITION INT. PARIS 1937

ETERNA

MIMO

ETERNA

MIMO

TAVANNES

CORTÉBERT

RECORD-WATCH Co

CORTÉBERT

RECORD

RECORD

ETERNA

MIMO

MIMO

MODÈLES DÉPOSÉS

Inhalt

Vorwort

Seit ungefähr zehn Jahren hat sich die mechanische Armbanduhr kontinuierlich zu einem beliebten und begehrten Sammelobjekt entwickelt.

Ausgelöst wurde dieser Trend unter anderem durch die rasch wachsende Verbreitung der Armbanduhren mit Quarzwerk, also elektronischer Zeitmeßmaschinen, denen jenes liebenswürdige Ticken fehlt, welches die Liebhaber eines im Zeitalter der dritten industriellen Revolution eher anachronistisch anmutenden Chronometers mit Ankerhemmung gerne als die ›Seele‹ der Uhr bezeichnen.

Nach einer rund hundertjährigen Entwicklungsgeschichte als eigenständiger Uhrentyp mußte in den siebziger Jahren verschiedentlich der Eindruck entstehen, als ob die mechanische Armbanduhr, dieses kulturhistorisch so bedeutsame Kapitel der Zeitmessung, sang- und klanglos zu den Akten gelegt werden solle.

Dokumentationen über die historische Entwicklung, den kometenhaften Aufstieg und scheinbaren Niedergang des tickenden Zeitmessers fürs Handgelenk gab es keine, sie zu erstellen schien nicht der Mühe wert.

Doch eine Renaissance ohnegleichen, die selbst eingefleischte Kenner der Materie niemals für möglich gehalten hätten, hat die alte und moderne mechanische Armbanduhr mittlerweile erlebt, mit der Konsequenz, daß ein breites Informationsbedürfnis über die Genese, die verschiedenen Ausprägungen, die technischen Hintergründe, die Sammelmöglichkeiten, aber auch die Hersteller dieses Uhrentyps entstanden ist.

Mit diesem Buch liegt nun erstmals auch ein deutschsprachiges Taschenbuch zum Trendthema ›Armbanduhren‹ vor, welches in einem überschaubaren Umfang Geschichte, Technik und Vielfalt dieses Uhrentyps in Wort und Bild aufzeigen möchte. Daneben sollen aber auch die Sammler konkrete Hinweise für ihr anspruchsvolles Hobby erhalten.

Die alte Armbanduhr am Handgelenk stempelt ihren Träger schon längst nicht mehr als reaktionären, ewig dem Gestrigen verhafteten Menschen ab, sondern erweist ihn als Kenner mit Weitblick, der die Zeichen der Zeit richtig erkannt hat.

Besonderer Dank für die tatkräftige Unterstützung bei der Realisation dieses Buches gebührt den nachfolgend in alphabetischer Reihenfolge aufgeführten Damen und Herren Patricia H. Atwood, Jader Barracca, Alexander Bauer, Dr. Helmut Crott, Susanne Dering-Brunner, Enrico Disanto, Wolfgang K. Fulde, Otto Habinger, Gisbert Joseph, Norbert Kriegel, Gerd-R. Lang, Tina Miller, Heinz Müller, Osvaldo Patrizzi, Christian Pfeiffer-Belli, Daryn Schnipper und Carlene E. Stephens, den Auktionshäusern Christie's, Dr. Crott & Schmelzer, Habsburg, Feldman, Joseph, Müller, Nouveau Drouot, Sotheby's und Tempus, dem Musée d'Horlogerie Château des Monts, Le Locle, dem Uhren-Departement der Smithsonian Institution Washington D.C., dem Time Museum in Rockford, Illinois, der Firma Foto Beissenhirtz sowie den Uhrenfirmen Arctos, Audemars Piguet, Blancpain, Breguet, Cartier, Eta S.A., IWC, Jaeger-LeCoultre, Longines, Omega, Movado, Patek Philippe und Zenith.

Gisbert L. Brunner

Einleitung

Die Armbanduhr – mehr als eine am Arm zu tragende Uhr

Wenn wir heute ganz beiläufig von unserer Armbanduhr reden, meinen wir scheinbar alle das gleiche, nämlich unseren Zeitmesser, den wir unter Zuhilfenahme eines Armbandes an unser Handgelenk geschnallt haben. Damit verwenden wir einen Gattungsbegriff, unter den sich höchst unterschiedliche Zeitmeßinstrumente subsumieren lassen, denn Armbanduhr ist bei weitem nicht gleich Armbanduhr.

Rund einhundert Jahre Entwicklungsgeschichte haben das Bild der Armbanduhr in eindrucksvoller Weise geprägt, haben Spiel- und Nutzungsformen entstehen lassen, an die unsere damaligen Vorfahren nicht im Traume gedacht hätten.

Die Armbanduhr war und ist mehr als ein reiner Gebrauchsgegenstand, den man morgens ans Handgelenk, abends aufs Nachtkästchen legt und von dem man untertags lediglich die aktuelle Uhrzeit abliest. Die Armbanduhr ist im Laufe der Jahrzehnte ein Stück Kulturgut geworden, für viele Menschen gar zum unverzichtbaren Begleiter, der zu ihnen gehört wie die Kleidung oder die linke Hand. Diese Entwicklung führte dazu, daß neben den ›normalen‹ Modellen immer mehr auch Armbanduhren verlangt wurden, die individuellen Bedürfnissen genügen und optisch im Trend der aktuellen Mode lagen. Hinzu kam, daß der Mensch zur Eroberung seiner Umwelt Zeitmesser mit unterschiedlichsten Fähigkeiten benötigte, die in ihrer Summe letztlich nur die Armbanduhr bieten konnte. Gemeint sind z. B. die Bereiche des Sports, des Militärs, der Fliegerei, der Raumfahrt oder der Tiefseeforschung.

Freies Unternehmertum und Gewinnstreben in der Uhrenindustrie förderten dieses Verlangen aus guten Gründen, ließen die Fabrikanten andererseits rasch und flexibel auf die Wünsche der Kundschaft reagieren. Der marktwirtschaftliche Kreislauf hatte sich geschlossen.

All das begann sich in der Schweiz zu Beginn unseres Jahrhunderts abzuspielen, andere Länder wie Deutschland, Frankreich oder die Vereinigten Staaten von Amerika folgten, wenn auch in sehr viel bescheidenerem Maße. Eine Vielzahl von Schweizer Uhrenfirmen wurde in den ersten drei Jahrzehnten unseres Jahrhunderts gegründet, Folge der Geburt dieser neuen Uhrengattung. Beinahe ebenso viele mußten aber auch in den Jahren nach dem Zweiten Weltkrieg wieder schließen. Jahrzehntelanger Erfolg hatte sie arrogant und träge gemacht. Kompetenzstreitigkeiten in den weitläufig versippten Uhrenkonzernen taten ein übriges.

Schließlich brach in den siebziger Jahren die fernöstliche Quarzoffensive über die europäische, vor allem aber Schweizer Uhrenindustrie herein, die den lautlosen Zeitmessern anfänglich wenig entgegenzusetzen hatte.

Erst die Besinnung auf vergessen geglaubte Fähigkeiten, gründliche Marktanalysen und daraus resultierend die Ausrichtung der Produktion einerseits auf modebewußte, andererseits auf anspruchsvolle, zahlungskräftige Kundschaft bescherte einen zweiten Armbanduhren-Frühling.

Damit hatte sich die Armbanduhr als Objekt ständiger Herausforderung der Uhrenindustrie erwiesen. Sie betraf deren Innenleben ebenso wie die äußere Hülle.

Werk wie Gehäuse der Armbanduhr waren bereits zu Beginn des Jahrhunderts Objekt permanenter Kritik eines Personenkreises geworden, der sich beruflich damit auseinandersetzen mußte und der die Welt nicht mehr verstand: die Uhrmacher.

Gemeint sind nicht diejenigen, welche sich in den Fabriken mit Remontage und Justage zu beschäftigen hatten, sondern ihre Kollegen, die mit Reparatur und Wartung einer »ganz besonderen Uhrenabart« befaßt waren, die »so schwierig wie am Werktisch auch mit der Feder am Schreibtisch zu behandeln« sind. Dies brachte jedenfalls Bruno Hillmann in seinem 1925 erschienenen Werk ›Die Armbanduhr – ihr Wesen und ihre Behandlung bei der Reparatur‹ mehr als unverhohlen zum Ausdruck. Unzureichende Qualität und Servicefeindlichkeit warf er den Fabriken, unsachgemäßen Umgang deren

Kundschaft vor. Schmutz, Feuchtigkeit, durch Stöße zerstörte Unruh-
wellen und zudem schlecht konstruierte Mini-Werke förderten den
Wunsch, daß »für den Uhrmacher endlich die Erlösungsstunde von
der Tyrannei der Armbanduhr« schlage.

L'auto-bracelet,
Armbanduhr
für Autofahrer,
am Armband
oder am
Lenkrad
zu befestigen,
Schild frères,
1915.

Doch in völlig korrekter und weitsichtiger Einschätzung der Situation stellte Hillmann fest, daß die Armbanduhr außer den modebe-
wußten Damen »in erster Linie den Sportleuten und Militärs sehr
willkommen war, da es für sie sehr viel einfacher war, die Zeit am
Handgelenk abzulesen, als erst, behindert durch Sportdreß oder Uni-
form, die Uhr mühsam aus der Tasche zu holen«, und es blieb ihm
nach detaillierten Ausführungen über die Reparatur der ungelieb-
ten Uhrenabart nichts anderes übrig, als sein Buch mit einem Trost
an die Uhrmacherkollegen zu schließen:»Darum, liebes Uhrmacher-
lein, mache tapfer und unentwegt weiter in Armbanduhren, da sie
nun einmal da sind und wohl noch lange dableiben werden, denn
Du bist auch dazu da, solange Deine Augen und Deine Nervenbün-
del ausreichen.«

Die Armbanduhren waren zur Realität geworden, schickten sich sogar an, die Taschenuhr von ihrem angestammten Platz zu verdrängen, und verlangten nun ihren Tribut in Form einer Perfektionierung der Werke und Gehäuse, den zu zollen die Uhrenindustrie bereit war, um damit auch den letzten Kritiker widerlegen zu können.

Ward eingangs auch dargelegt, daß die Armbanduhr mehr als nur ein Gebrauchsgegenstand sei, so wurde sie doch literarisch über Jahrzehnte hinweg fast ausnahmslos als solcher behandelt. Zwar gibt es (technisch ausgerichtete) Bücher und Zeitschriften über dieses Thema in Hülle und Fülle, doch die kulturgeschichtliche Auseinandersetzung setzte erst in den achtziger Jahren ein, als das Sammeln von Armbanduhren in Mode kam. Nicht oder nur wenig vorhandenes Traditionsbewußtsein veranlaßte auch namhafte Uhrenhersteller dazu, große Teile des Firmenarchivs der Vernichtung preiszugeben, wenn der dadurch beanspruchte Platz anderweitig besser zu nutzen war.

Aus diesen Gründen läßt sich die allgemeine geschichtliche Entwicklung der Armbanduhr nur schwer, in jedem Fall aber unvollkommen nachvollziehen. Bestimmte Zusammenhänge können vermutet, aber nicht bewiesen werden. Trotz allem verdient es die Armbanduhr, daß ihr Stellenwert im Rahmen der allgemeinen Uhrengeschichte entsprechend gewürdigt wird, denn eines ist sicher: Die Menge der in rund hundert Jahren produzierten Armbanduhren übersteigt die aller anderen Uhrengattungen beträchtlich. Und dennoch sind es gerade die in riesigen Stückzahlen gefertigten Billiguhren früherer Jahre und Jahrzehnte, die in einem guten Erhaltungszustand kaum mehr zu finden sind. Jahrelang treue Dienste wurden vielfach mit Vernichtung belohnt.

Die Entwicklung der Armbanduhr – ein geschichtlicher Exkurs

Es gehörte zu den Selbstverständlichkeiten des Lebens, nach dem Aufstehen und der Morgentoilette die Armbanduhr zu ergreifen, sie – vielleicht – liebevoll aufzuziehen, ihre Zeiger entsprechend dem Radio-Signal zu richten und sie dann an das linke oder auch rechte Handgelenk zu schnallen (bis die Quarzuhr sich anschickte, diese Rituale überflüssig zu machen).

Unsere Armbanduhr zeigt akkurat die geschenkten, kontinuierlich die vertriebenen, unerbittlich die totgeschlagenen Stunden unseres begrenzten Lebens an. Ohne sie fühlen wir uns verunsichert, manchmal sogar hilflos und ängstlich, schielen wir immer wieder aufs Handgelenk vorbeieilender Mitmenschen, um dort vielleicht die aktuelle Zeit erhaschen zu können, oder wir halten Ausschau nach öffentlichen Uhren, die uns in unserer Bedrängtheit helfen. Der Verlust unseres persönlichen Chronometers macht uns arm, erinnert uns eventuell wieder daran, daß der Besitz einer ›individuellen Zeit‹ beileibe keine Selbstverständlichkeit ist:

Noch im Mittelalter war die ›Verwaltung der Zeit‹ ein Privileg der Kirche, der Adeligen und der bürgerlichen Oberschicht. ›Verteilt‹ an das Volk wurde die Zeit über öffentliche Uhren, außerhalb deren Sichtweite mittels Glockenschlag. Nach dieser öffentlichen Zeit hatten die Bürger ihr Leben einzurichten. Der Arbeitstag war vom Hell- und Dunkelwerden sowie vom Läuten der Glocken bestimmt.

Auch nachdem die Uhren infolge technischer Fortschritte immer kleiner und schließlich sogar tragbar wurden, blieben sie aus Kostengründen bis ins 18. Jahrhundert nur der bessergestellten Bevölkerungsschicht vorbehalten. Der Besitz einer Taschen- oder Halsuhr dokumentierte die Zugehörigkeit zur höheren Gesellschaft. Erst als im Laufe des 18. Jahrhunderts die Uhren deutlich billiger zu werden begannen, zogen sie Schritt für Schritt auch in weniger privilegierte Kreise ein.

Das 19. Jahrhundert brachte in seinem Verlauf eine weitergehende Sozialisierung der Uhrzeit durch die zunehmende Verbreitung kostengünstiger Taschen- und Großuhren mit sich, zunächst primär für den Mittelstand, zu seinem Ende hin auch für Teile der Arbeiterklasse. Getragen von der perfektionierten industriellen Massenproduktion des 20. Jahrhunderts hielt schließlich der Zeitmesser für jedermann seinen Einzug, zunächst auch, später fast ausschließlich in Form der Armbanduhr.

Die Zeitvorgaben der Obrigkeit wurden dadurch nachvollziehbar, kontrollierbar, die Möglichkeiten der Selbstbestimmung innerhalb bestimmter Grenzen erweitert, wie z. B. durch die Einführung der gleitenden Arbeitszeit. Die Existenz der Armbanduhr ist zur Selbstverständlichkeit geworden und läßt uns nur noch ganz selten darüber nachdenken, daß sie in der langen, bewegten Geschichte der Zeitmessung nur einen äußerst bescheidenen Rahmen einnimmt. In den Formen und Ausprägungen, wie wir die Armbanduhr heute kennen, benötigen und täglich benützen, ist sie ein typisches Produkt der modernen Industriegesellschaft. Sie gehört zum 20. Jahrhundert wie Auto, Flugzeug, Rundfunk oder Fernsehen. Wenn sich ihre Genese mit einigem Aufwand auch noch weiter zurückverfolgen läßt, so entwickelte sie sich doch erst in der Zeit nach der Jahrhundertwende zu dem, was sie heute ist, nämlich einem nicht mehr wegzudenkenden Wegbegleiter des Menschen.

Bei den an Armbändern befestigten Uhren aus der Zeit vor 1900, die uns gelegentlich in der Literatur begegnen, handelt es sich in aller Regel um sogenannte Vorläufer der heutigen Armbanduhr in Form von Einzelstücken oder auf besondere Bestellung hin in ganz geringer Auflage gefertigter Exemplare, nicht jedoch um die Ergebnisse einer zielgerichteten Forschung und Entwicklung.

Unter Einbeziehung der beiden Tatsachen, daß Armbänder zu den ältesten heute bekannten Schmuckstücken überhaupt gehören und die Herstellung tragbarer Uhren in der ersten Dekade des 16. Jahrhunderts möglich wurde, findet man in der Literatur ein erstes Beispiel für die am Armband getragene Uhr bereits im ›Merry old England‹ bei dem Grafen von Leicester (um 1533–1588), ab 1559 Günstling der Königin Elisabeth I. (1533–1603). Er soll seiner Herrin im Jahre 1571 – dem Jahr der Wiedereinführung der Reformation in England – ein kleines, an einem Armreif befestigtes Ührchen geschenkt haben, über dessen Form und Hersteller jedoch keine weiteren Angaben überliefert sind.

Rund ein Menschenalter später wird dem französischen Religionsphilosophen, Mathematiker und Physiker, dem Erfinder der Rechenmaschine, Blaise Pascal (1623–1662), nachgesagt, er habe seine Taschenuhr am Handgelenk befestigt getragen, was aufgrund der rationalen Scharfsinnigkeit dieses naturwissenschaftlichen Genies nicht einfach von der Hand zu weisen ist. Immerhin pflegten die Männer jener Zeit, im Gegensatz zu denen der Antike, in der Regel keine Armbänder zu tragen. Durch seine Forschungen über die Eigenschaft der Zykloide machte sich Blaise Pascal auch um das Innenleben der mechanischen Räderuhr, nämlich die Zahnform verdient.

Andere Quellen besagen, daß die am Handgelenk getragene Anhängeuhr im 18. Jahrhundert vor allem bei Müttern und Kindermädchen sehr beliebt war. Dort fand sie nämlich vor dem allzu raschen Zugriff der unberechenbaren Kinderhände eher Schutz als am Halse baumelnd.

Wirklich nachweisen läßt sich die Anfertigung einer Schmuckuhr fürs Handgelenk allerdings erst im Jahr 1790 durch eine entsprechende Eintragung in den Rechnungsbüchern der Genfer Uhrmacher Henri Louis Jaquet-Droz und Jean Frédéric Leschot, die vor allem auch wegen ihrer Automaten Berühmtheit erlangt hatten.

Sowohl in Museen als auch in Privatsammlungen sind dagegen rund ein halbes Dutzend Armband-Uhren bekannt, deren Geschichte auf die Anfänge des 19. Jahrhunderts zurückgeht, also weit bevor die Armbanduhr zur Modeerscheinung wurde. Wir müssen uns heute fragen, warum diese praktische und originelle Neuigkeit nicht schon zu jener Zeit eine größere Verbreitung fand. Vermutlich liegt die Ursache auch in der damals noch einseitigen und für neues wenig aufgeschlossenen Berichterstattung. Selbst in seinem vorzüglichen Werk ›La bijouterie française au XIXe siècle‹, das sich sehr detailliert mit dem Pariser Goldschmied und Uhrmacher Nitot, Hofjuwelier Napoleons I., befaßt, erwähnt Vever dessen wunderbare am Arm zu tragende Uhren, die erstmals den Namen Armbanduhren verdienen, mit keinem Wort. Hervorzuheben sind in diesem Zusammenhang zwei Schmuck-Armbänder, eines mit Ührchen, das zweite mit mechanisch schaltbarem Kalender, beide ›Nitot‹ signiert. Deren Historie ist so grundlegend und interessant, daß sie hier kurz wiedergegeben werden soll:

Zwei Schmuck-Armbänder von Nitot

Der erste Konsul Bonaparte war einst mit seiner Kutsche auf dem Weg zum Théâtre français. Unterwegs gingen seine Pferde durch und kamen in der rue Saint-Honoré, gerade gegenüber dem Geschäft des Uhrmachers Nitot zu Fall. Dieser nahm seine Werkmeister, eilte Bonaparte zu Hilfe und bat ihn in sein Geschäft. Konsul Bonaparte versprach damals, daß er die Hilfeleistung Nitots nicht vergessen werde. Am 2. Dezember 1804 sollte Napoleon Bonaparte in der Kirche von Notre-Dame zum Kaiser gekrönt werden. Nitot träumte davon, die Kronjuwelen liefern zu können, und verständigte sich mit dem Pariser Juwelenhändler Halphen, auf dessen einschlägige Erfahrung er baute. Die beiden Verbündeten begaben sich zu den Tuilerien. Dort wurden sie bis zum Kaiser vorgelassen. Nitot trug furchtsam sein Anliegen vor. Napoleon hatte jedoch nicht das geringste Vertrauen in die künstlerischen Fähigkeiten des Bittstellers. Nichtsdestotrotz erkühnte sich Nitot, seinen Genossen und Schmuckexperten Halphen vorzustellen. »Sei's drum«, meinte Napoleon schließlich zustimmend, »doch die Zeit eilt. Es muß sofort mit den Arbeiten begonnen werden.« »Alles werde gut gehen«, rief Nitot begeistert, »nur die Finanzmittel seien sehr begrenzt.« Ein Geständnis in der Not, auf das der kommende Kaiser mit einem Kredit in Höhe von 2,5 Millionen Francs reagierte, ein erster Vorschuß auf den späteren Gesamtbetrag von rund 15 Millionen Francs für die Lieferung der Kronjuwelen.
Zwei Jahre später, 1806, schuf Nitot im Auftrag der Kaiserin Joséphine, deren exzessiver Luxus bekannt war und die sich bereits

1805 von ihm ein Armband-Paar, allerdings ohne Uhr, hatte fertigen lassen, die beiden bereits genannten Armbänder. Vorgesehen waren sie als Hochzeitsgeschenk für Amalie Auguste, eine Tochter König Maximilians I. von Bayern, die mit Joséphines Sohn aus erster Ehe, dem Prinzen Eugen vermählt werden sollte. Diese Schmuckstücke, am linken und rechten Handgelenk gleichzeitig zu tragen, brachten Nitot große Ehre ein, und er durfte sich aufgrund seiner herausragenden Leistungen fortan Hoflieferant des Kaisers und der Kaiserin von Frankreich sowie des Königs und der Königin von Westfalen nennen. Rückblickend erscheint es legitim, wenn man Nitot, der in seinem Atelier mit Schweizer Uhrmachern aus La Chaux-de-Fonds zusammenarbeitete, heute als Urheber der eigentlichen Armbanduhr gelten läßt. Die geschäftlichen und uhrmacherischen Aktivitäten Nitots fanden infolge der politischen Ereignisse der Jahre 1814/15 ihr Ende.

Frühes perlenbesetztes Goldemail-Armband mit eingebautem Ührchen, Frankreich, um 1810; vergoldetes Uhrwerk mit Zylinderhemmung; Aufzug und Zeigerstellung mittels Schlüssel

Mitte: Frühes silbernes Armband mit in Niellotechnik ausgeführten Motiven aus der ägyptischen Mythologie und Ührchen mit Zylinderhemmung, um 1820

Links: Goldemail-Armband mit eingebautem Ührchen, 1. Hälfte des 19. Jahrhunderts

Rechts: Damenarmband mit Ührchen, Patek Philippe, Genf, 1868

Rund 50 Jahre später, 1868, wurde bei der Genfer Manufaktur Patek, Philippe & Co. mit den Arbeiten an einem Goldarmband mit eingebautem Ührchen begonnen, dessen Verkauf schließlich 1873 erfolgte. Die ersten, vermutlich in Serie gefertigten Armbanduhren fallen in die Zeit um 1880, als die Deutsche Kriegsmarine bei der Firma Constantin Girard-Perregaux an Armketten zu tragende Uhren für Marine-Offiziere bestellte, ausgestattet mit 10- und 12linigen Werken. Abbildungen dazu existieren leider nicht mehr.
Einschlägige Fachzeitschriften berichteten ferner, daß in der Schweiz, namentlich in Luzern, um 1886 goldene und silberne Armbanduhren, versehen mit 9linigen Zylinderwerken und sogenannten Scherenbändern, an Fremde, hauptsächlich Amerikanerinnen verkauft wurden. Geliefert hatte diese Uhren die 1855 von Frédéric Cuanillon in Biel gegründete Firma ›Kulm‹, die damit, einer Zeitungsnotiz zufolge, »einen schönen Umsatz erzielte«.

Rechts: Gliederarmband
mit eingelegtem
Damentaschenührchen,
Anfang 20. Jahrhundert

Frühe Damenarmbanduhr
mit Scherenband, Schweiz

Schmuckarmbanduhr für
Damen, Schweiz um 1910

Auch andernorts ist davon die Rede, daß gerade die Damen der Gesellschaft, u. a. aus modischen Erwägungen, schon vor der Jahrhundertwende hier und da, danach jedoch ziemlich massiv auf den neuen Uhrentyp zu setzen begannen.

Während es nämlich für die Herren kein Problem darstellte, ihre Taschenuhr an Kette oder Châtelaine befestigt, in Weste, Hosentasche oder Gürtel zu verstauen, gerieten die Damen im Zuge der immer rascher wechselnden Kleidermode schon eher in Kalamitäten. Die Folge war ein sukzessive nachlassendes Geschäft mit konventionellen Damenührchen.

Erst mit dem Auftauchen der Armbanduhr stiegen die Umsätze wieder, denn diese »war erstens unabhängig von der Kleidermode zu tragen, und zweitens bildete sie zugleich ein schönes Schmuckstück«,

Rautenförmige Damenarmbanduhr mit dehnbarem Gliederarmband, Longines, 1912

wie der bereits zitierte Bruno Hillmann fast mit Bedauern feststellen mußte. Doch dürfte sich auch bei den Damen ein bereits beschriebener pragmatischer Aspekt hinzugesellt haben, der, egal ob gerade an der Schreibmaschine sitzend oder im gesellschaftlichen Umgang befindlich, auf keinen Fall zu unterschätzen war: die unproblematische, ja fast unauffällige Ablesbarkeit, die es u. a. gestattete, sich über die Uhrzeit zu informieren, ohne dabei auf andere unhöflich zu wirken. Eine ernsthafte Bewährungsprobe hatte die Armbanduhr am Handgelenk von Damen der Gesellschaft indes nicht zu bestehen, sondern eher dort, wo es erfahrungsgemäß ›hart‹ hergeht: im Krieg und im Sport.

Die Kriege ließen nicht lange auf sich warten: Im Jahre 1899 begannen die südafrikanischen Burenstaaten gegenüber den Engländern ihre Selbständigkeit zu verteidigen. Im anschließenden dreijährigen Burenkrieg zeigten sich die Armbanduhren wohl erstmals im Großeinsatz auch härtesten Anforderungen gewachsen. Die guten Erfahrungen bestätigten sich schließlich im Ersten Weltkrieg, in den kilometerlangen zentraleuropäischen Schützengräben. Die Soldaten hatten nämlich schnell erkannt, daß es in Kampfsituationen durchaus lebensrettend sein konnte, zum Ablesen der Uhrzeit nur aufs Handgelenk blicken, und nicht die Taschenuhr umständlich aus dem Waffenrock zerren zu müssen.

Anzeige für Militär-Armbanduhren aus dem Jahr 1916

23

Dem vielzitierten Problem des Glasbruchs und der damit verbundenen Gefahr für die Uhr am Arm war die Industrie schon bald durch die Erfindung von Lederkapseln, Schutzgittern oder auch Savonnette-Gehäusen für die sogenannten Schützengrabenuhren beigekommen. Eine Folge der militärischen Erfordernisse waren auch die Radium-Zifferblätter und -Zeiger, deren radioaktive Leuchtkraft selbst bei Nacht das exakte Ablesen der Uhrzeit ermöglichte. Für Offiziere wurden Armbanduhren mit Chronograph

Silberne Halb-savonnette-Armbanduhr, von Vacheron & Constantin für Dent, London, gefertigt; Zylinderhemmung, um 1910

Unten: Herrenarmbanduhr mit Radium-Ziffern und -Zeigern, signiert ›Palmyra‹, der Firma Tièche-Gammeter, Solothurn, 1916

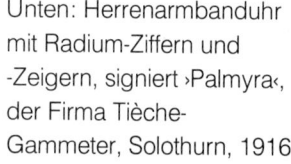
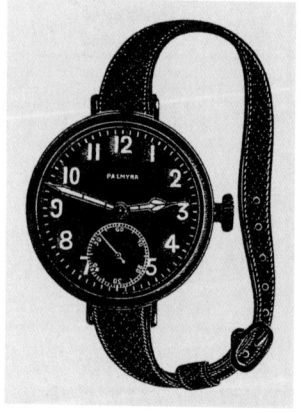

Silberne Savonnette-Armbanduhr von Rolex, um 1915; weißes Email-Zifferblatt; 13liniges Ankerwerk, 15 Steine, bimetallische Unruh, Flachspirale

und Telemeterskala angeboten, z. B. um anhand der Mündungs-
feuer die Entfernung der gegnerischen Truppen messen zu können.
Armbanduhren mit eingebautem Kompaß, solche mit zusätzlichem
24-Stunden-Zeiger zum Ablesen der Tag-und-Nacht-Zeit in dunk-
len Bunkern oder solche mit verschraubten Gehäusen zum Schutz
vor Feuchtigkeit rundeten das vielfältige Angebot kriegsspezifischer
Chronometer ab. Allerdings konnten die meisten dieser Modelle, wie
auch viele andere der bis in die Mitte der zwanziger Jahre hergestell-

Nickelarm-
banduhr
›Ingersoll
wrist‹ aus
dem Jahre
1917; Stift-
ankerwerk
ohne Steine;
in den Rück-
deckel ist das
Garantie-
Zertifikat
eingeklebt

Zwei Schützengrabenarm-
banduhren mit Schutzgitter

Oben: Ulysse Nardin, ge-
fertigt für W. Moser; Nickelgehäuse; Ankerwerk, 15 Steine,
bimetallische Unruh

Unten: Urania; Nickel-
gehäuse; Zylinderwerk

ten Armbanduhren, kaum verleugnen, Derivate der Taschenuhr zu sein: sie waren rund oder oval mit angelöteten bügelförmigen Bandanstößen.

Silberne Armbanduhr mit Kompaß aus der Zeit des Ersten Weltkrieges, signiert ›Enicar‹; 15steiniges Ankerwerk, monometallische Schraubenunruh, Flachspirale

Herrenarmbanduhr mit 12- und 24-Stunden-Zeiger aus der Zeit des Ersten Weltkrieges

Silberne Offiziers-Armbanduhr aus der Zeit des Ersten Weltkrieges, bei der sich das Werk nach vorne herausschrauben läßt. Zu diesem Zweck muß die Aufzugskrone gezogen werden. Armbanduhren dieses Typs wurden damals von verschiedenen Uhrenfabrikanten produziert

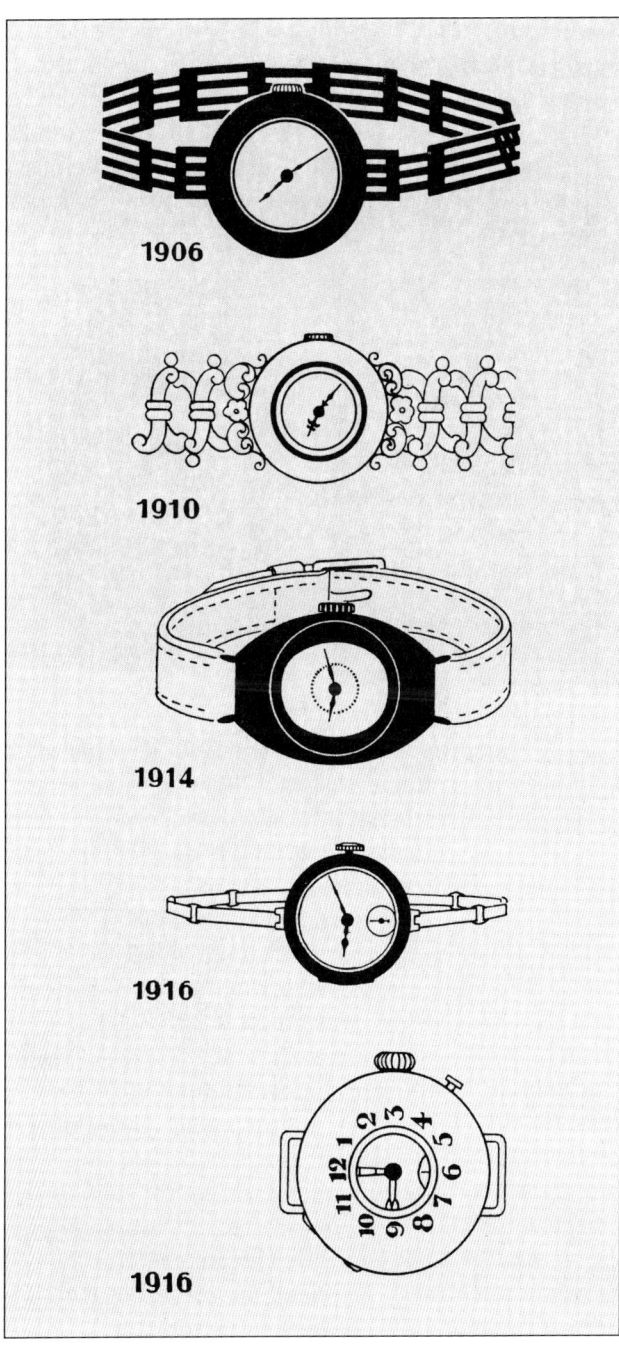

1906

1910

1914

1916

1916

Neben den Militärs setzten vor allem auch sportlich aktive Zeitgenossen auf die Armbanduhr, wie das Beispiel des brasilianischen Flugpioniers Alberto Santos-Dumont belegt:
Seinem Freund Louis Cartier vertraute dieser anläßlich einer Feier im Pariser Maxim's an, daß er am Steuer seines Luftschiffes mit seiner Taschenuhr die Uhrzeit ›nicht gut unter Kontrolle‹ habe.

Links:
Modell
›Santos‹ von
Louis Cartier

Rechts:
Modell ›Tank
L.C.‹ von
Louis Cartier

Cartier reagierte prompt, und am 12. November 1907 konnte Santos-Dumont mit seinem Drachenflugzeug und einer eigens für ihn entworfenen Armbanduhr seinen berühmten 220 Meter Rekordflug durchführen. Mit diesem Prototyp der ›Santos‹, die ab 1911, ausgestattet mit Uhrwerken der Firma Jaeger (vgl. a. Firmenportrait Jaeger-LeCoultre), für jedermann zu haben war, tat die Armbanduhr einen riesigen Schritt zur Befreiung vom Taschenuhr-Design.
Die Geschichte eines zweiten wichtigen Armbanduhren-Modells aus dem Hause Cartier geht allerdings wieder auf Kriegsereignisse zurück. Inspiriert vom Aussehen der von den Engländern unter dem Tarnnamen ›Tank‹ am 15. September 1916 erstmals in der Sommeschlacht eingesetzten Kampfpanzer, kreierte Louis Cartier das Modell ›Tank L.C.‹. Die ersten Exemplare dieser klar und funktional gestalteten Uhren gingen an General John Joseph Pershing, den Oberbefehlshaber der amerikanischen Truppen in Frankreich, sowie einige andere hohe Offiziere der amerikanischen Streitkräfte. 1919 gelangte auch diese Armbanduhr in den öffentlichen Verkauf, wiederum versehen mit Uhrwerken von Jaeger.

Mit diesen und anderen inzwischen berühmten Designs hatte Louis Cartier die weitere Geschichte des Zeitmessers am Handgelenk schon frühzeitig entscheidend mitbeeinflußt und einen nicht zu unterschätzenden Beitrag im Hinblick auf die Emanzipation der Armbanduhr geleistet, wie der anschließende Höhenflug der Armbanduhr in den dreißiger Jahren zeigte.

Nickel-Armbanduhr für Krankenschwestern, Schweiz um 1920; 4 Steine, Zylinderhemmung und zentraler Sekundenzeiger

Ihre Feuertaufe hatte die Armbanduhr hinter sich gebracht. Die Kritiker verstummten zusehends. Technisch stand der Armbanduhr auf dem Weg zum ›Volks-Chronometer‹ kaum mehr etwas entgegen. Zur endgültigen Durchsetzung der Armbanduhr war allerdings noch eine andere Waffe erforderlich: ein marktgerechter Preis. Diesen ermöglichte eine gezielte Massenproduktion z. B. auf der Basis preiswerter Großserien-Rohwerke, billiger Zylinder- oder Stiftankerwerke.

Die Uhr für jedermann begann Realität zu werden, wie sich aus der Statistik unschwer entnehmen läßt:
Im Jahre 1925 besaß die Armbanduhr einen Marktanteil von rund 35 Prozent gegenüber 65 Prozent verkauften Taschenuhren.
Das Jahr 1930 brachte den Kreuzungspunkt der statistischen Verkaufslinien von Taschen- und Armbanduhren bei jeweils 50 Prozent. Danach gewann die Armband- bzw. verlor die Taschenuhr zunehmend an Bedeutung, und schon 1934 lag die Relation umgekehrt bei rund 65 Prozent zugunsten der Armbanduhr. Alles in allem konnte der Newcomer also innerhalb von nur neun Jahren, von 1925 bis

30

1934, ein komplettes Drittel des millionenschweren Marktes für tragbare Uhren erobern. Ausschlaggebend für diese Erfolgsbilanz waren neben den genannten Faktoren u. a. noch

- die Erfindung und Vervollkommnung der wasser- und staubdichten Armbanduhr, an der Hans Wilsdorf, einer der Gründer von Rolex, mit seinem Modell ›Oyster‹ (1926) nicht unmaßgeblich beteiligt war. Die ›Oyster‹ bestand ihren Härtetest im Oktober 1927, als sie die Schwimmerin Mercedes Gleitze bei ihrer mehr als zehn Stunden dauernden Durchquerung des Ärmelkanals begleitete. Dieser Erfolg veranlaßte Hans Wilsdorf – erstmalig in der Geschichte der Uhr –, dieses Modell am 24. November 1927 ganzseitig auf der Titelseite der Daily Mail zu bewerben;
- die Einführung und Verbreitung eines funktionsfähigen automatischen Aufzugs für Armbanduhren auf der Basis der Forschungen von John Harwood, Hans Wilsdorf und anderen. Dieses Thema ist an anderer Stelle Gegenstand ausführlicher Betrachtungen;
- die mehr und mehr an modischen Strömungen orientierte Vielfalt im Bereich der Gehäuseformen und Zifferblattgestaltungen;

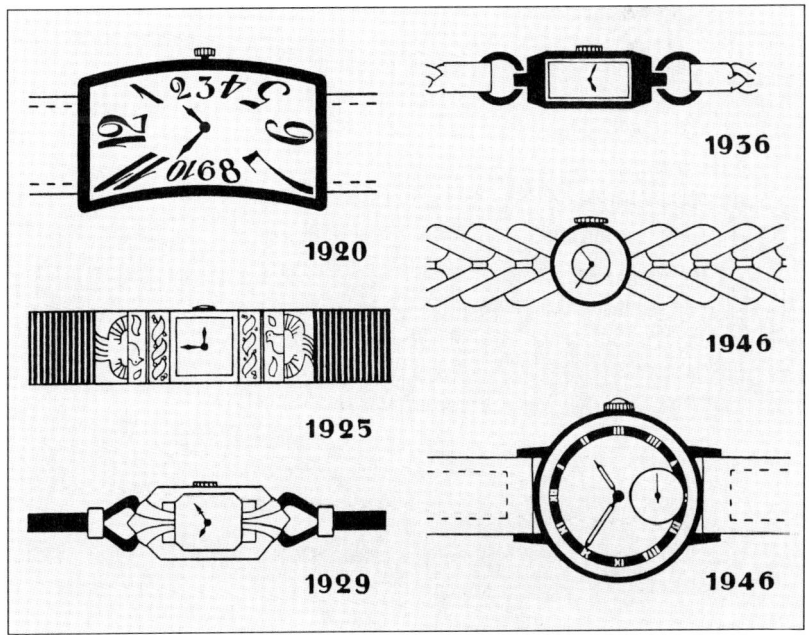

- die Entwicklung wirkungsvoller Stoßsicherungssysteme für die empfindlichen Zapfen der Unruhwelle. Mit ihrer Einführung und serienmäßigen Verwendung zu Beginn der dreißiger Jahre ward ein weiterer wesentlicher Schritt in Richtung Alltagstauglichkeit der Armbanduhr getan;
- die Kreativität der Uhrenindustrie hinsichtlich der Entwicklung und Realisation verschiedenster Zusatzfunktionen und Komplikationen bei Armbanduhren.

Herrenarmbanduhr, signiert ›Henry Moser & Co.‹, um 1912; 15steiniges Ankerwerk, bimetallische Kompensationsunruh, Breguetspirale; Scharnier-Nickelgehäuse; um die Zeiger stellen zu können, muß die Krone unter gleichzeitiger Betätigung des Drückers bei der ›4‹ gedreht werden

Herrenarmbanduhr, signiert ›Birks Raleigh‹, um 1912; vernickeltes Ankerwerk Kaliber Longines 12.91, bimetallische Kompensationsunruh, Breguet-Spirale, 15 Steine; silbernes Scharniergehäuse; im Gegensatz zur vorherigen Armbanduhr ist dieses Modell mit einem modernen Kronenaufzug versehen, d. h. die Zeigerstellung wird über die gezogene Krone vorgenommen

PARIS
1937

PATEK PHILIPPE & Cº
GENÈVE

ROLEX GENÈVE
"OYSTER"

PATEK PHILIPPE &
GENÈVE

BREITLING
CHAUX-DE-FONDS

ROLEX GENÈVE
PRINCE
RECORD MONDIAL DE PRÉCISION
POUR MONTRES BRACELETS, KEW 1936

PATEK PHILIPPE & Cº, GENÈVE

BREITLING LA CHAUX-DE-FONDS

MODÈLES DÉPOSÉ

33

In diesem Zusammenhang muß retrospektiv einer anderen wichtigen Erfindung gebührend gedacht werden, ohne die der Armbanduhr ein Durchbruch zum alltagstauglichen Massenprodukt niemals geglückt wäre. Gemeint ist jene Entwicklung, die von Jean Adrien Philippe, einem der Gründer von Patek, Philippe & Co., im Jahre 1861 zum Patent angemeldet wurde und deren Bedeutung Außenstehende inzwischen eher als trivial betrachten werden: der moderne Kronenaufzug. Doch wenn wir heute, egal zu welcher Tageszeit, die Aufzugskrone einige Male hin- und herdrehen, um der Zugfeder Energie für mehrere Stunden zuzuführen, wenn wir danach dieselbe Krone ziehen, um mit ihrer Hilfe die Zeiger zu richten, sollten wir stets daran denken, daß von den Anfängen des Schlüsselaufzuges bis hin zum perfektionierten Kronenaufzug weit mehr als 200 Jahre ins Land gehen mußten.

Erst der moderne Kronenaufzug hat viele der herausragenden Eigenschaften mechanischer Armbanduhren (Wasser- und Staubdichtigkeit, unkomplizierte Handhabung, Funktionssicherheit) überhaupt möglich gemacht.

Die Konvergenz aller Bemühungen um die ›perfekte‹, den unterschiedlichsten Anforderungen des täglichen Lebens uneingeschränkt gewachsene mechanische Armbanduhr führte zu einer Blütephase zwischen den dreißiger und den siebziger Jahren unseres Jahrhunderts. Die Modellvielfalt erreichte zeitweise schier unüberschaubare Dimensionen. Viele Uhrenfirmen versuchten mit stets neuen, jedoch nicht zwangsläufig sinnvollen und zukunftsträchtigen Entwicklungen, die Gunst der Käufer auf sich zu lenken. Doch dabei zeigte sich auch immer wieder und immer mehr, daß der Armbanduhr durch ihren äußerst breit gefächerten Benützerkreis eine höchst unterschiedliche Bedeutung beigemessen wurde. Als Gebrauchsgegenstand, zweckorientiertes Hilfsmittel, ›Freund‹ am Handgelenk, modisches Accessoir, kostbares Statussymbol oder gar Wegwerfartikel, zeigte sie über die Jahrzehnte hinweg in verschiedensten Gesichtern ihre Vielseitigkeit.

Damit war sie aber auch den sich ständig wandelnden Ansprüchen sowie den Modeströmungen wesentlich stärker unterworfen, von der Käufergunst abhängiger als die Taschenuhr. Die Firmen mußten, wollten sie sich am heißumkämpften Markt behaupten, rasch auf wechselnde Anforderungen reagieren.

So erfreuten sich z. B. in den dreißiger ›Art-deco‹-Jahren die streng rechteckigen Armbanduhren besonderer Beliebtheit. Die vierziger (Kriegs-)Jahre hoben einmal mehr die Armband-Chronographen sowie die wasserdichten Modelle auf den Schild, die fünfziger Jahre gehörten u. a. den Automatik- und/oder Mondphasenuhren, während in den sechziger Jahren die schlichten, runden und möglichst flachen Armbanduhren in der Käufergunst ganz oben rangierten.

Rechteckige Armbanduhren aus dem Hauptkatalog der Uhrenfabrik Tavannes-Cyma, Tavannes, Westschweiz, Mitte der 30er Jahre

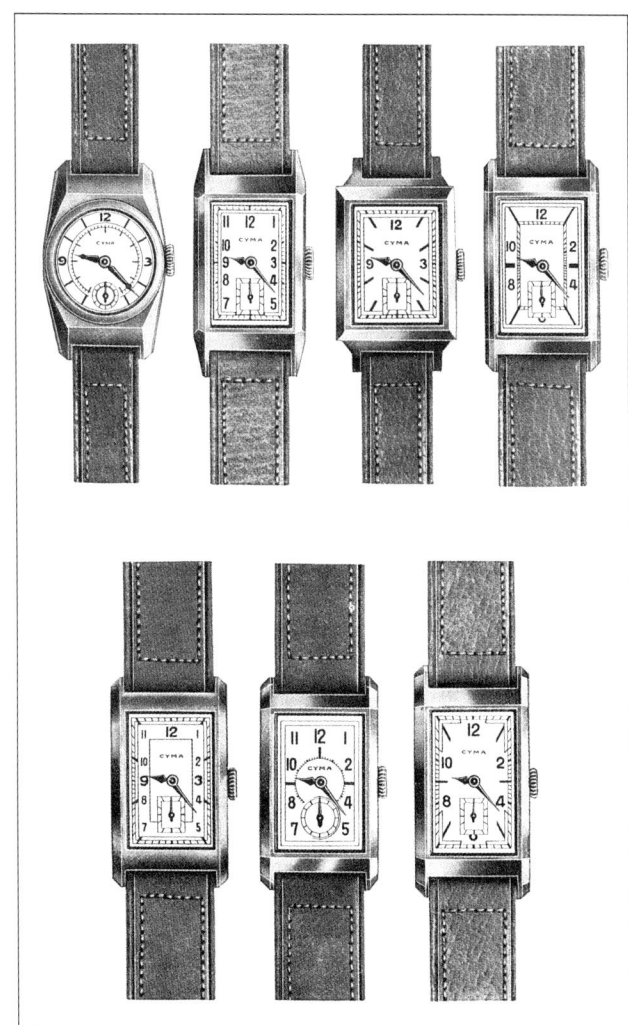

Linke Seite: Armband- und Taschenuhrmodelle des Jahres 1937

35

Wasserfport-Uhren

8/3 Modell Jubilo
Nickel - Chrom. 9³/₄'''
Bewährte Ausführung mit
Metallband. Stoßgesichertes Ankerwerk 15 Steine
Serie 840/35.
Preis RM 42.− bis 45.−

8/1 Modell Regatta
Nickel-Chrom. 10¹/₂'''
Mit verschraubtem
Rückdeckel. Stoßgesichertes Ankerwerk.
Schweinslederband
Serie 850/33
Preis RM 39.−bis 42.−

8/4 Modell Oberst
Edelstahl - Gehäuse.
Bruchsicheres Ankerwerk
15 Steine.
Antimagnetisch
Serie 860/44
Preis RM 58.− bis 62.−

8/2 Modell Nixe
Nickel-Chrom. 8³/₄'''
Gut abgedichtetes
Gehäuse. Ankerwerk
15 Steine. Serie 850/35
Preis RM 42.−bis 45.−

8/5 Modell Sonja
Rostfr. Edelstahl-Gehäuse.
Kleine Form. Bruchsicheres
Ankerwerk 15 Steine
Serie 860/46
Preis RM 60.− bis 65.−

Oben: Herrenarmbanduhr mit
einfachem Vollkalendarium
und Mondphasenanzeige
von Zodiac, 50er Jahre;
Stahlgehäuse; Ankerwerk,
11¹/₂''', 15 Steine, autokompensierende Flach-
spirale, Zentralsekunde

Herrenarmband-
uhr mit automa-
tischem Aufzug,
Minerva, 50er
Jahre; Stahl-
gehäuse;
11¹/₄liniges
Ankerwerk
Kaliber AS 1250,
17 Steine,
Zentralsekunde,
monometallische
Schrauben-
unruh, auto-
kompensierende
Flachspirale,
Aufzug durch
Pendelschwung-
masse

Links oben:
Seite aus dem
Katalog des
Berliner
Uhrengroß-
händlers
C. Filius, um
1940

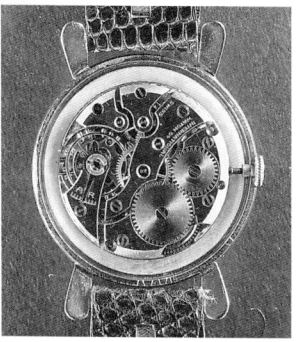

Ultraflache Platin-Armbanduhr von Movado aus den
60er Jahren; Ankerwerk,
17 Steine, monometallische
Schraubenunruh, auto-
kompensierende Flach-
spirale

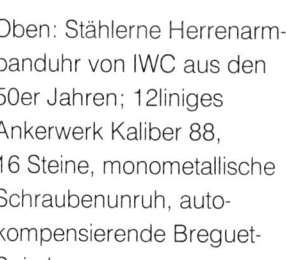

Oben: Stählerne Herrenarmbanduhr von IWC aus den
50er Jahren; 12liniges
Ankerwerk Kaliber 88,
16 Steine, monometallische
Schraubenunruh, auto-
kompensierende Breguet-
Spirale

Die fünfziger Jahre markierten aber auch den Ausgangspunkt einer
Entwicklungsrichtung, die der mechanischen Armbanduhr später
noch sehr zusetzen sollte. Gemeint sind die elektromechanischen
und elektronischen Werke, von denen man sich eine größere Bequemlichkeit verbunden mit höherer Ganggenauigkeit erwartete.
Allen Konstruktionen, die unter Verwendung von elektrodynami-
schen Unruhen und später auch Stimmgabeln auf den Markt

Stählerne Herrenarmband-
uhr Modell ›Spaceview‹
von Bulova mit vorne sichtbarem Stimmgabelwerk.
Sie wurde bereits für das
Jahr 1959 angekündigt,
aber erst 1961 auf den
Markt gebracht;
Stimmgabelfrequenz:
300 Hz; die Zeigerstellung
erfolgt auf der Rückseite
des Gehäuses mit Hilfe des
Drehbügels.

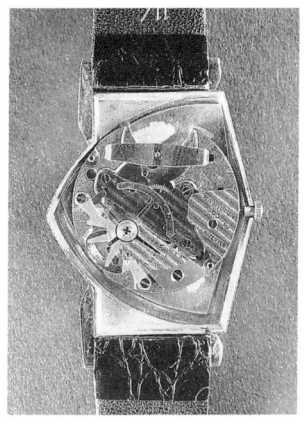

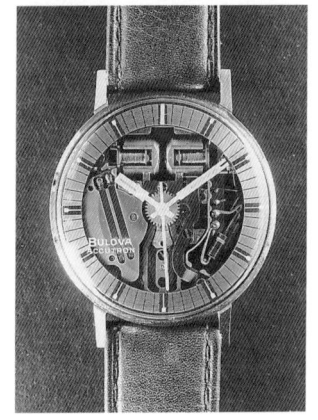

Oben: Herrenarmbanduhr
mit elektrodynamisch an-
getriebener Unruh, Modell
›Electric Pacer‹ von Hamilton, um 1960; 12½liniges
Uhrwerk, Kaliber 505,
12 Steine;
Doublé-Gehäuse

kamen, war jedoch kein anhaltender Erfolg beschieden. Sie wurden stets vom raschen Fortschritt in der elektronischen Forschung überholt, können aber gerade deswegen heute bereits als Sammelobjekte betrachtet werden. Als herausragendster Vertreter sei das Modell ›Accutron‹ von Bulova genannt, das 1959 angekündigt und 1961 am Markt lanciert wurde. Speziell das Modell ›Spaceview‹, bei dem die Stimmgabel vorne sichtbar ist, erfreut sich heute großer Beliebtheit. Als die ›Accutron‹, der man eine Gangabweichung von maximal einer Minute/Monat garantierte, ihre vielfältigen ›Kinderkrankheiten‹ weitgehend verloren hatte, schickte sich ein anderer König an, das Zepter auf dem Sektor der Genauigkeit an sich zu reißen und es bis zum heutigen Tage verbissen zu verteidigen. König Quarz, mit einigen tausend Herz pro Sekunde schwingend, machte sich ab etwa 1970 in den Armbanduhren breit und beeindruckte spontan durch seine äußerst exakte Arbeitsweise. Dem hatten mechanische Uhrwerke nichts entgegenzusetzen, außer Zuverlässigkeit und einem liebenswerten Charme des Konservativen. Doch letzterer begann schnell zu verblassen, als digitale Multifunktionsuhren aus Fernost zu Preisen importiert wurden, für die man vordem gerade eine Timex-Stiftankeruhr kaufen konnte.

Gegen Ende der siebziger Jahre glaubten nur noch wenige Zeitgenossen an die Zukunft der mechanischen Armbanduhr, und selbst eingefleischte Liebhaber der tickenden Zeitmesser fürs Handgelenk begannen damit, ein Stück Kulturgeschichte zu den Akten zu legen. Nur rund fünf Jahre später, 1984, schrieb Martin Huber, der Inhaber des Münchner Uhrenhauses Andreas Huber, in einem Bericht über die Europäische Uhren- und Schmuckmesse in Basel folgendes: »Klingt die Feststellung nicht verrückt und anachronistisch, daß sich die mechanische Armbanduhr in einem bisher unbekannten Stadium der Hochblüte befindet, und das im Angesicht der Quarzuhr, die das todsichere Ende der mikromechanischen Kultur hätte auslösen sollen? Das Sammeln von alten Armbanduhren ist derzeit die große Mode und hilft dem Handel, das schwache Geschäft mit antiken Taschenuhren zu überbrücken. Doch das Angebot an technisch und künstlerisch interessanten Armbanduhren ist so dünn, daß sich der Schwerpunkt auf endlose Reihen rechteckiger Armbanduhren der Vorkriegszeit verlagert hat... Aufmerksame Sammler verfolgen deshalb intensiv, was für Neuheiten jedes Jahr in Basel vorgestellt werden.« (Uhren, 3/1984, S. 66)

Das Gesagte darf nun nicht so interpretiert werden, als ob die mechanische Armbanduhr dem Quarz-Chronometer ihre mengenmäßige Vormachtstellung streitig machen würde. Ein Blick in die Statistik 1988 der Schweizer Uhrenindustrie verdeutlicht, daß in jenem Jahr Quarzuhren und -werke stückzahlmäßig genau 90% der Gesamtexporte ausmachten. Darunter waren jedoch nur 0,007% mit digitaler Zeitanzeige. Andererseits stieg die Produktion von mechanischen Uhren und Werken im Vergleich zum Vorjahr stückmäßig um 12,4%, wertmäßig allerdings um 17,2%. Ein Jahr später, 1989, erreichten mechanische Zeitmesser bereits einen Wertanteil von 40% am Gesamtumsatz dieser für die Schweiz so wichtigen Branche.

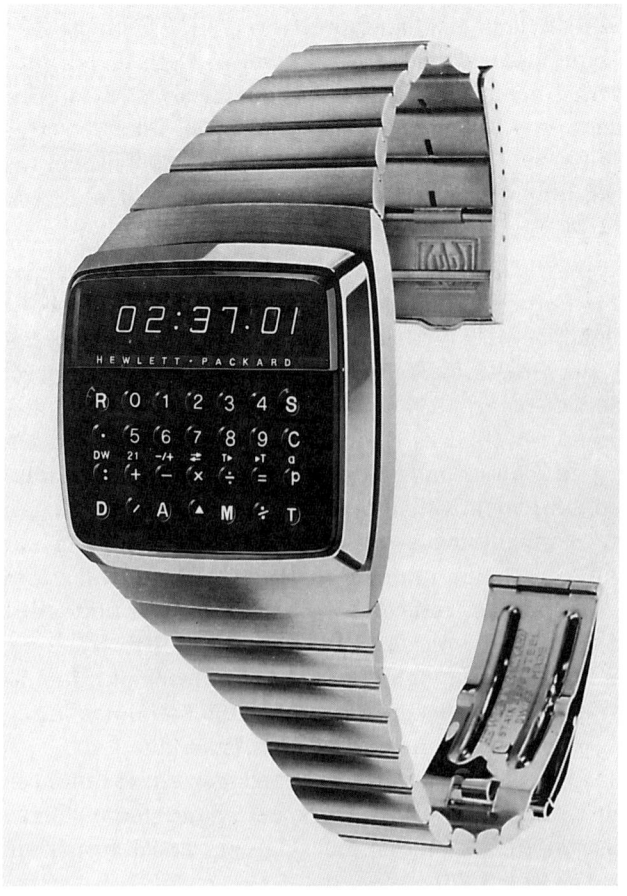

Quarz-Armbanduhr mit digitaler Anzeige, Modell Hewlett-Packard HP-01. Das 1977 vorgestellte Multifunktionsinstrument verfügt über Alarmgeber, Rechner, Speicher, 200jährigen Kalender, Vorwählzähler, Stoppuhr, Biorhythmus-Rechner und natürlich eine Uhr

Nicht nur die Nobelmarken wie z. B. Rolex, die mittlerweile wieder 95% ihrer Armbanduhren mit tickenden Uhrwerken ausstatten, sondern auch kleinere Hersteller, die eigentlich in Vergessenheit geraten waren, setzten auf mechanische Armbanduhren – und erlebten ein Comeback. So geschehen im Falle der Firma Oris, die gegenwärtig mit mechanischen Armband-Weckern, -Chronographen sowie Automatik-Modellen im Nostalgie-Look beste Geschäfte macht, denn immerhin tickt es wieder in 45% aller fertiggestellten Armbanduhren. Ein anderes Beispiel ist die junge Münchner Firma Chronoswiss, welche sich die ›Faszination der Mechanik‹ als Motto gab und mit einer ausschließlich tickenden Kollektion in unglaublich kurzer Zeit ›in‹ war, deren Produkte mittlerweile sogar nachgeahmt werden.

Der Faszination des komplexen, aber sicht- und hörbaren Geschehens in einem mechanischen Räder-Uhrwerk erliegen inzwischen mehr und mehr auch die Japaner. Die alte und neue Schweizeruhr mit mechanischem Werk gilt im Land der aufgehenden Sonne, dem Wegbereiter der lautlosen Zeitmesser, inzwischen als besonderes Statussymbol. An der noch zu beschreibenden Preiseskalation dieser sowie anderer europäischer Kulturgüter waren die Japaner in nicht unerheblichem Maße beteiligt.

Auch gestiegenes Umweltbewußtsein im Hinblick auf die Milliarden giftiger Quecksilberbatterien haben die Attraktivität mechanischer Zeitmesser gefördert. Hinzu kommt eine gewisse ›Batteriemüdigkeit‹, denn man weiß ja nicht, ob es den zum Quarzwerk passenden Energieträger auch in zwanzig Jahren noch gibt.

Doch der Mechanik-Boom hat eine große Schwierigkeit immer stärker zutage treten lassen, welche gerade die Fabrikation mechanischer Werke und Uhren besonders hart trifft: qualifizierte Uhrmacher fehlen an allen Ecken und Enden. Die Probleme sind indes hausgemacht, denn noch vor rund zehn Jahren wurden die Uhrmacher durch die Berner Arbeitsverwaltung umgeschult und -gesiedelt, weil man diesem Beruf nur geringe Zukunftschancen gab. Qualifizierten Berufsanfängern werden heute durch die Firmen Spitzengehälter geboten, nur um sie unter Vertrag zu bekommen.

Auch dieser Sachverhalt trägt dazu bei, daß die Attraktivität und die Preise der mechanischen Armbanduhren weiter steigen werden, denn prestigeträchtig ist vor allem das, was man nicht so ohne weiteres bekommen kann.

Das Werk der mechanischen Armbanduhr– ein Kapitel Uhrentechnik

Es war immer wieder die Rede davon, daß sich die mechanische Armbanduhr zunächst aus der Damentaschenuhr entwickelt hat. Damit stellt sich die Frage, ob dies nur für die äußere Form oder auch für deren Innenleben zu gelten habe: Anfänglich für beides, wenn man den Blick auf die Herrenarmbanduhren lenkt, denn in ihnen taten die gleichen runden Werke ihren Dienst wie in den Halsuhren der Damen. Aus verständlichen Gründen sahen die Rohwerkelieferanten in den Früh-Jahren der Armbanduhr auch keine Veranlassung, für einen neuen Uhrentyp, dessen Akzeptanz und Markterfolg mehr als fragwürdig erschien, eigene Kaliber zu entwickeln.

Dies änderte sich erst, als die Armbanduhren von ihrer ausschließlich runden Form befreit wurden und auch rechteckige, ovale, tonnenförmige oder eine andere Gestalt annahmen. Spätestens hier hätte das Beharren auf runden Kalibern zwangsläufig Qualitätsverluste mit sich gebracht, weil ein Großteil des Gehäusevolumens ungenutzt vergeudet worden wäre, zu Lasten kleinerer Bauteile bei den Werken. Also mußten die Werksformen den modischen Gehäuseformen angepaßt werden, was u. a. zu baguetteförmigen, rechteckigen, tonnenförmigen, ovalen, spitzovalen Kalibern, den sogenannten Formwerken führte, die alsbald von den verschiedensten Rohwerkelieferanten produziert wurden. Movado brachte 1912 mit seinem ›Polyplan‹-Kaliber sogar ein Uhrwerk mit zweifach abgewinkelter Platine auf den Markt, um auch stark gewölbte Gehäuse mit einem möglichst großen Werk ausfüllen zu können.

Das Gesagte bezieht sich jedoch hauptsächlich auf normale Handaufzugsuhren. Durch die Verwendung von Formwerken ließ sich der ohnehin nur spärlich verfügbare Raum bei ihnen optimal ausnützen, die verschiedenen Organe des Uhrwerks konnten großzügiger dimensioniert werden.

Uhrwerke mit Komplikationen wie z. B. Chronograph, Wecker oder Repetitionsschlagwerk sowie die später ins Marktgeschehen eingreifenden Uhrwerke mit automatischem Aufzug aber blieben, von ganz wenigen Ausnahmen abgesehen, rund.

Zum besseren Verständnis des Wesens einer mechanischen Armbanduhr ist an dieser Stelle ein kurzer Exkurs ins Reich der Uhrentechnik erforderlich, im Rahmen dessen erläutert werden soll, was ein Uhrwerk ist, aus welchen Teilen es besteht und wie es funktioniert (französische Begriffe werden dann zusätzlich angegeben, wenn sie auch in der deutschsprachigen Literatur immer wieder auftauchen): Das eigentliche Uhrwerk setzt sich aus dem Rohwerk (französisch: Ebauche), der Hemmung (französisch: Echappement), dem Unruhreif mit Spiralfeder, der Zugfeder, dem Zifferblatt und den Zeigern zusammen.

Im Gegensatz dazu stellt das Rohwerk ein komplettes Werk ohne Hemmung, Unruhreif, Spiralfeder, Zugfeder, Zifferblatt und Zeiger dar, auf Wunsch mit oder ohne eingepreßten Lagersteinen erhältlich. Rohwerke werden von darauf spezialisierten Firmen (z. B. AS, ETA, LeCoultre, Piguet, Valjoux) an verschiedene Kunden, sogenannte Termineure geliefert, d. h. die gleichen Werke sind in Armbanduhren unterschiedlichster Marken zu finden. Termineure setzen Uhren aus zugekauften Teilen zusammen und bringen sie unter ihrem Namen in den Handel.

Im Zusammenhang mit den Uhrwerken wird häufig der Begriff ›Kaliber‹ verwendet. Er bezeichnet die unterschiedlichen Werktypen der diversen Fabrikanten näher. Die Kaliberangabe ermöglicht die exakte Identifikation eines bestimmten Werkes, z. B. bei der Bestellung von Ersatzteilen. Traditionell ist zu differenzieren zwischen runden Kalibern für offene Uhren, auch ›Lépines‹ genannt, runden Kalibern für Sprungdeckeluhren, auch ›Savonnettes‹ genannt, sowie den oben bereits erwähnten Formkalibern. Lépines erkennt man daran, daß das Sekundenrad auf einer Achse mit der Krone liegt, während es bei Savonnettes eine um 90° abgewinkelte Position einnimmt, sich also eine evtl. vorhandene kleine Sekunde bei der ›6‹ befindet.
Von den konfektionierten Rohwerken der Ebauches-Lieferanten sind die sogenannten Manufaktur-Kaliber zu unterscheiden. Letzteres sind Uhrwerke, die bestimmte Uhrenfirmen, sogenannte Manufak-

Handaufzugswerke in verschiedenen Formen von LeCoultre; bei den beiden baguette-(stäbchen-)förmigen Werken handelt es sich um sogenannte ›Duoplan‹-Kaliber, also Werke, die in zwei Ebenen aufgebaut sind, um auf einer kleineren Grundfläche die Bauteile größerer Kaliber unterbringen zu können; das kleine Baguettewerk, 1929 lanciert, ist mit 14 × 4,85 mm das kleinste bis heute produzierte mechanische Uhrwerk der Welt; seine 74 Teile wiegen einschließlich Zifferblatt lediglich 1 Gramm

Rechte Seite:
Anzeige der Uhrenmanufaktur Jaeger-LeCoultre aus dem Jahre 1937, das ›Duoplan‹-Kaliber, eine Erfindung des Jahres 1926, vorstellend

CONSTRUIT
SUR DEUX PLANS

Service gratuit d'échange du mouvement durant la garantie.

Assurance Lloyd contre tous risques de perte, vol et accidents irréparables.

La montre des grands horlogers

DUOPLAN LECOULTRE
JAEGER

SPÉCIALITÉS HORLOGÈRES S.A. LAUSANNE (SUISSE)

turen, ausschließlich für ihren eigenen Bedarf produzieren und die in Uhren anderer Firmen nicht zu finden sind. Schließlich ist da und dort noch von sogenannten ›reservierten Kalibern‹ die Rede. Hinter diesem Begriff verborgen sind Rohwerke, die von Ebauches-Fabrikanten exklusiv für einzelne Kunden produziert werden.

Die Werksgrößen werden von der Schweizer Uhrenindustrie seit geraumer Zeit in metrischen Maßen bezeichnet. Größenangaben runder Uhrwerke beziehen sich auf deren Durchmesser, bei Formwerken sind Länge und Breite angegeben. Sie alleine sind heute ausschlaggebend für das exakte Maß eines Uhrwerks, auch wenn bei Uhrmachern traditionell immer noch die Linie (''') gebräuchlich ist. Diese alte Uhren-Maßeinheit, abgeleitet vom ›Pied du Roi‹, dem französischen Fuß, entspricht 2,2558 mm.

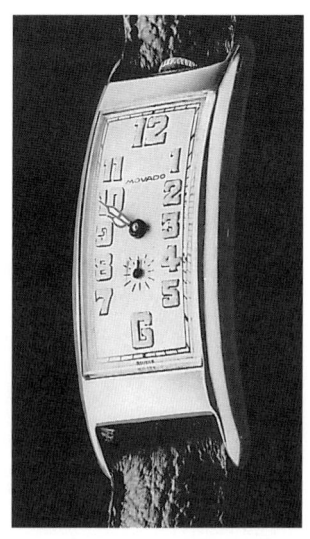

Rechteckige, stark gewölbte Herrenarmbanduhr von Movado, Modell ›Polyplan‹, vorgestellt 1912.

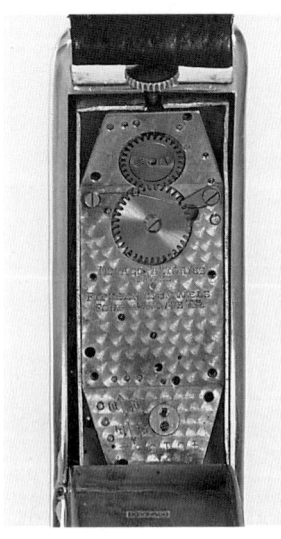

Um trotz der starken Wölbung ein großes Uhrwerk mit großen Bauteilen verwenden zu können, wurde die Hauptplatine zweimal gekröpft

Vergleichs-Tabellen

Vergleichs-Tabelle zwischen Linien und Millimeter von 1'''–25 ¾'''

1'''	2,26 mm	6'''	13,53 mm	11'''	24,81 mm	16'''	36,09 mm	21'''	47,37 mm
¼	2,82 „	¼	14,10 „	¼	25,38 „	¼	36,66 „	¼	47,94 „
½	3,38 „	½	14,66 „	½	25,94 „	½	37,22 „	½	48,50 „
¾	3,95 „	¾	15,23 „	¾	26,51 „	¾	37,79 „	¾	49,07 „
2'''	4,51 mm	7'''	15,79 mm	12'''	27,07 mm	17'''	38,35 mm	22'''	49,63 mm
¼	5,08 „	¼	16,35 „	¼	27,63 „	¼	38,91 „	¼	50,19 „
½	5,64 „	½	16,92 „	½	28,20 „	½	39,48 „	½	50,76 „
¾	6,20 „	¾	17,48 „	¾	28,76 „	¾	40,04 „	¾	51,32 „
3'''	6,77 mm	8'''	18,05 mm	13'''	29,33 mm	18'''	40,61 mm	23'''	51,88 mm
¼	7,33 „	¼	18,61 „	¼	29,89 „	¼	41,17 „	¼	52,45 „
½	7,90 „	½	19,17 „	½	30,45 „	½	41,73 „	½	53,01 „
¾	8,46 „	¾	19,74 „	¾	31,02 „	¾	42,30 „	¾	53,58 „
4'''	9,02 mm	9'''	20,30 mm	14'''	31,58 mm	19'''	42,86 mm	24'''	54,14 mm
¼	9,59 „	¼	20,87 „	¼	32,15 „	¼	43,43 „	¼	54,71 „
½	10,15 „	½	21,43 „	½	32,71 „	½	43,99 „	½	55,27 „
¾	10,72 „	¾	21,99 „	¾	33,27 „	¾	44,55 „	¾	55,83 „
5'''	11,28 mm	10'''	22,56 mm	15'''	33,84 mm	20'''	45,12 mm.	25'''	56,40 mm
¼	11,84 „	¼	23,12 „	¼	34,40 „	¼	45,68 „	¼	56,96 „
½	12,41 „	½	23,69 „	½	34,97 „	½	46,25 „	½	57,53 „ ,
¾	12,97 „	¾	24,25 „	¾	35,53 „	¾	46,81 „	¾	58,09 „

Vergleichs-Tabelle zwischen amerik. „size," Millimeter und Linien

Die Uhren amerik. Herstellung werden nach „size" bezeichnet. Die nachstehende Tabelle enthält die in Frage kommenden Größen, den entsprechenden Durchmesser in Millimeter und zur besseren Veranschaulichung die entsprechenden Kalibergrößen der Schweizer Uhren-Industrie. Diese letzteren Linien-Angaben gehen nicht ganz genau mit den angegebenen amerik. Größen überein.

size	mm	Linie	size	mm	Linie	size	mm	Linie
10/0	22,01	9¾'''	0	29,63	13'''	14	41,49	18½'''
8/0	23,71	10½'''	6	34,71	15½'''	16	43,18	19'''
6/0	25,40	11¼'''	12	39,79	17¾'''	18	44,87	20'''

Vergleichs-Tabelle zwischen Buchstabenmaß, engl. Lochmaß und Millimeter

Buch,-staben-Maß	mm	Buch-staben-u. Lochmaß	mm	Lochmaß	mm	Lochmaß	mm	Lochmaß	mm	Lochmaß	mm	Lochmaß	mm
Z	10,49	K	7,14	5	5,18	20	4,09	35	2,74	50	1,75	65	0,84
Y	10,26	J	7,04	6	5,11	21	3,99	36	2,69	51	1,68	66	0,81
X	10,08	I	6,91	7	5,06	22	3,94	37	2,62	52	1,60	67	0,79
W	9,80	H	6,76	8	5,00	23	3,89	38	2,57	53	1,47	68	0,76
V	9,58	G	6,63	9	4,93	24	3,84	39	2,52	54	1,40	69	0,74
U	9,35	F	6,53	10	4,85	25	3,76	40	2,46	55	1,27	70	0,69
T	9,09	E	6,35	11	4,78	26	3,71	41	2,41	56	1,14	71	0,66
S	8,84	D	6,25	12	4,70	27	3,63	42	2,34	57	1,07	72	0,61
R	8,61	C	6,15	13	4,62	28	3,53	43	2,24	58	1,04	73	0,58
Q	8,43	B	6,05	14	4,57	29	3,40	44	2,16	59	1,02	74	0,56
P	8,20	A	5,94	15	4,52	30	3,23	45	2,06	60	0,99	75	0,51
O	8,03	1	5,77	16	4,45	31	3,05	46	2,01	61	0,97	76	0,46
N	7,67	2	5,56	17	4,37	32	2,92	47	1,96	62	0,94	77	0,41
M	7,49	3	5,39	18	4,27	33	2,85	48	1,91	63	0,91	78	0,38
L	7,37	4	5,26	19	4,17	34	2,79	49	1,83	64	0,89	79	0,36
												80	0,33

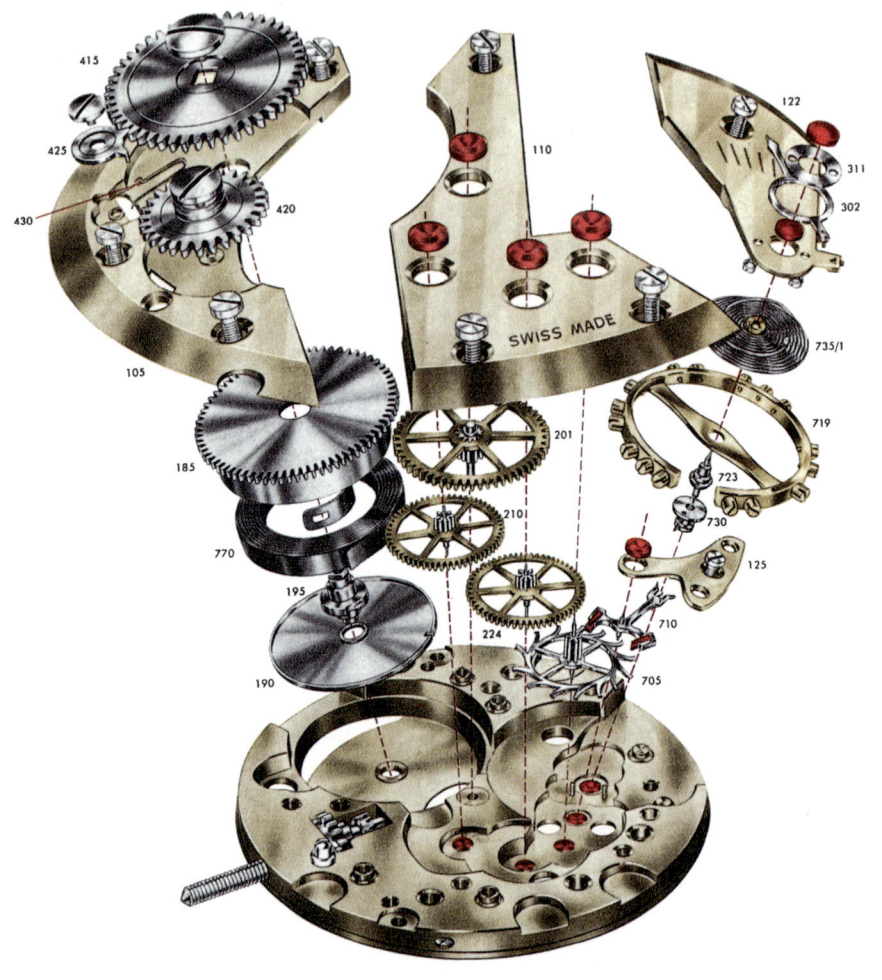

Explosionsdarstellung eines normalen Handaufzugswerkes

Den Aufbau eines klassischen Handaufzugswerkes kann man am ehesten nachvollziehen, wenn man seine wichtigsten Organe, die vom ›Gestell‹ – Hauptplatine (100), Federhausbrücke (105), Räderwerksbrücke (110), Unruhkloben (122), Ankerkloben (125) – zusammengehalten werden, in acht wesentliche Funktionsgruppen unterteilt (die angegebenen Nummern beziehen sich auf diejenigen in den Explosionsdarstellungen):

1. *Das Reguliersystem,* bestehend aus Unruhreif (719) mit Unruhwelle (723), Spiralfeder (719) sowie einer Vorrichtung zur Gangregulierung (302, 311), meist Rücker genannt.

2. *Das Antriebssystem,* bestehend aus dem vollständigen Federhaus (185, 190), dem Federkern (195) und der im Federhaus spiralförmig aufgewickelten Zugfeder (770).

3. *Das Übertragungssystem,* normalerweise bestehend aus einem Satz von drei (Zahn-)Rädern samt zugehörigen Trieben, dem Minutenrad (201), dem Kleinbodenrad (210) und dem Sekundenrad (224).

4. *Das Verteilungssystem (Hemmung),* bestehend aus Hemmungsrad (Ankerrad) mit Trieb (705), dem Anker mit Welle (710) sowie der auf die Unruhwelle aufgepreßten Hebelscheibe (730).

5. *Das Aufzugssystem,* bestehend aus Aufzugswelle mit Krone (401), Schiebe(Kupplungs-)trieb (407), Aufzugs(Kupplungs-)rad (410), Kronrad (420), dem auf der Federwelle befestigten Sperrad (415) sowie dem Gesperr, das sich aus Sperrkegel (425) und Sperrkegelfeder (430) zusammensetzt.

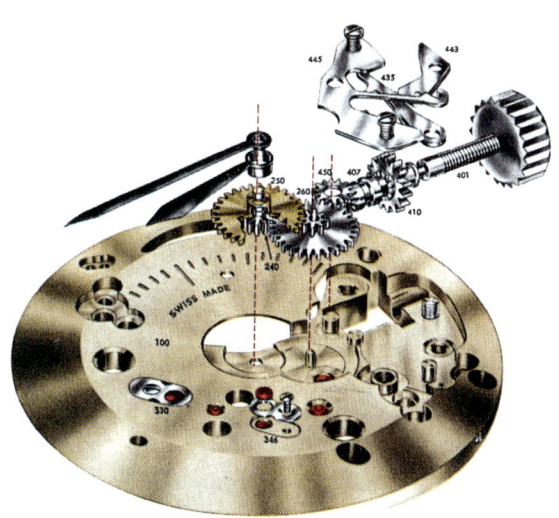

Zifferblattseite eines normalen Handaufzugswerkes

49

6. *Das Zeigerstellsystem,* bestehend aus Aufzugswelle mit Krone (401) und Schiebe(Kupplungs-)trieb (407) – analog zum Aufzug, Stell- oder Winkelhebel (443), Stell- oder Winkelhebelfeder (445), Kupplungshebel oder Wippe (435) sowie Zeigerstellrad (450).

7. *Das Zeigerwerk,* bestehend aus Minutenrohr (240), Wechselrad mit Trieb (260) sowie Stundenrad (250).

8. *Die Organe zur Zeitanzeige,* bestehend aus Zeigern und Zifferblatt.

Die oben genannten Organe und deren funktionales Zusammenwirken führen in ihrer Summe zu einem klassischen Handaufzugswerk mit 15 Steinen, eine Zahl, die für das einwandfreie Funktionieren durchaus hinreichend ist. Mehr Steine können, müssen aber nicht zwangsläufig sinnvoll und qualitätssteigernd sein. In keinem Fall aber ist der Schluß zulässig, eine (auf dem Zifferblatt festgehaltene) große Steinezahl sei gleichzeitig eine Garantie für besonders hochwertige Werke. Im Gegenteil, mitunter besitzen gerade Werke minderer Qualität überaus viele ›Jewels‹, in der Mehrheit aber nicht dort, wo sie sein müßten.

Von den beschriebenen acht Organen eines Uhrwerks ist das gangregelnde, bestehend aus Unruhreif und Spiralfeder, zugleich das wichtigste. Der Unruhreif kann als statisch (möglichst exakt) ausgewuchtetes ›Schwungrad‹ definiert werden. Bei klassischen mechanischen Uhrwerken schwingt die Unruh mit 5 Halbschwingungen pro Sekunde oder 18 000 pro Stunde hin und her. Ein eventuell vorhandener Sekundenanzeiger bewegt sich also in $\frac{1}{5}$-Sekunden Schritten vorwärts. Bei moderne(re)n Uhrwerken wurde, um die Ganggenauigkeit zu steigern, die Schlagzahl der Unruh auf 19 800, 21 600, 28 800 oder gar 36 000 erhöht. Uhrwerke, die die beiden letztgenannten Schlagzahlen aufweisen, bezeichnet man als ›Schnellschwinger‹.

Besonders gefährdet sind bei Armbanduhren die feinen Zapfen der Unruhwelle. Schwere Stöße oder gar das Herunterfallen auf einen harten Boden hat häufig den Bruch der Unruhwellenzapfen zur Folge. Einen wichtigen Schritt zur Verbesserung der Alltagstauglichkeit von Armbanduhren brachte deshalb in den dreißiger Jahren die Einführung verschiedenster Stoßsicherungssysteme (z. B. ›Incabloc‹) mit sich. Langfristig durchgesetzt haben sich indes nur solche, bei

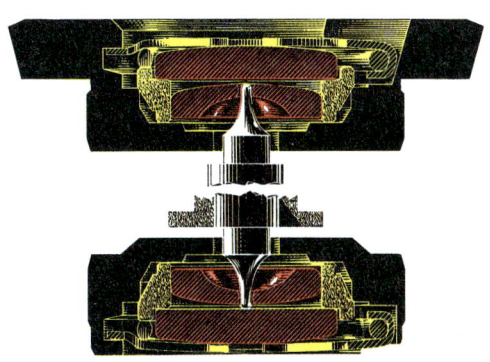

Stoßsicherung
›Kif Flector‹
der
Parechoc S. A.

Herrenarmbanduhr von
Ernest Borel, Modell
›Cocktail‹, um 1960.
Ankerwerk mit indirekt
angetriebener Zentral-
sekunde und ›Incabloc‹-
Stoßsicherung; die Welle für
den zentralen Sekunden-
zeiger treibt eine Scheibe
an, die im Zusammen-
spiel mit zwei weiteren
Scheiben, an denen
Stunden- und Minuten-
zeiger befestigt sind,
eine kaleidoskopartige
Vorstellung gibt

denen die entsprechenden Deck- und Lagersteine elastisch befestigt
sind. Zum Schutz der Unruhwellenzapfen geben die Steinlager bei
schweren Stößen nach, federn diese also ab. Ob eine Armbanduhr
mit einer Stoßsicherung ausgestattet ist, verrät demnach ein Blick
auf den Unruhkloben und die Steine des Unruhwellenlagers. Wie
vieles in der Uhrmacherei wurden auch die Stoßsicherungen anfänglich mit Skepsis betrachtet. Vor allem Nobelmanufakturen mißtrauten ihnen mit Blick auf die Gangresultate ihrer Armbanduhren.
Dennoch waren ab den fünfziger Jahren Armbanduhren ohne Stoßsicherung nicht mehr denkbar.

Jede Abweichung von der exakten Unruh-Frequenz bewirkt ein
Falschgehen der Uhr. Die Kunst der Uhrmacher beim Regulieren
oder Feinstellen eines Uhrwerkes besteht also darin, dessen Gang
möglichst konstant zu halten. Dem wirken prinzipiell verschiedene
äußere Störfaktoren entgegen, die es konstruktiv und regulierend zu
beseitigen gilt:

52

■ Einmal können sich Temperaturschwankungen negativ auf den Gang auswirken, indem sie das Elastizitätsmodul einer Stahl-Spiralfeder verändern. Steigende Temperaturen verursachen ein Nachgehen, sinkende hingegen ein Vorgehen der Uhr. Diese Temperaturfehler zu eliminieren war von jeher eine wesentliche Zielsetzung in der Präzisionsuhrmacherei. Bereits vor mehr als 200 Jahren wurde zu diesem Zweck der bimetallische Kompensationsunruhreif erfunden, der den nicht unerheblichen Temperaturfehler der Stahl-Spiralfeder (weitgehend) auszugleichen imstande war/ist. Wegen der hohen Kosten und der aufwendigen Handhabung wurden Kompensationsunruhreifen jedoch nur in besseren Uhren verwendet, während bei billigeren Werken mit einfachen Messingunruhreifen die Temperaturfehler in Kauf genommen werden mußten. Die metallurgischen Forschungen des Schweizer Physikers Charles-Edouard Guillaume führten im Jahre 1919 zur selbstkompensierenden Spiralfeder aus einer Nickel-Stahl-Legierung, welche den Kompensationsunruhreif überflüssig machte. Ab 1933 war schließlich die aus mehreren Metallen legierte ›Nivarox‹-Spiralfeder verfügbar, die neben vorzüglichen temperaturkompensierenden auch gute antimagnetische Eigenschaften besaß. In Verbindung mit dem 1935 eingeführten monometallischen ›Glucydur‹-Unruhreif stellte die ›Nivarox‹-Spirale ein beinahe ideales Regulierorgan der modernen Armbanduhr dar, das bis in die Gegenwart Verwendung findet.

■ Neben den Temperaturschwankungen können vor allem Lageveränderungen den Gang einer Uhr negativ beeinflussen. Der Übergang von der waagrechten (z. B. Zifferblatt oben) zu einer senkrechten (z. B. Krone oben) Lage führt zu einer Veränderung der Reibung in den Lagern der Unruhwellenzapfen. Hinzu können Schwerpunkt-Veränderungen beim Regulierorgan (Unruhreif und Spiralfeder) kommen.

Zur Verminderung der Reibungseinflüsse werden bei besseren Uhren speziell geformte und polierte Unruhwellenzapfen und besonders gebohrte (olivierte) Lochsteine verwendet. Beim Unruhreif lassen sich Schwerpunktfehler durch sorgfältiges ›Auswiegen‹ (Auswuchten) reduzieren. Schließlich tragen Spiralfedern mit speziell geformten Endkurven (sogenannte Breguet-Spiralen) zur Verminderung der dort auftretenden Schwerpunktfehler bei.

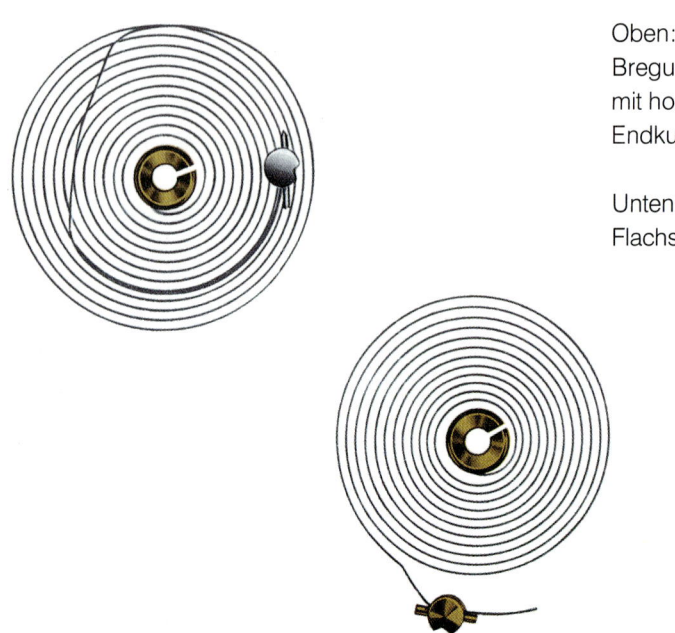

Oben:
Breguet-Spirale
mit hochgebogener
Endkurve

Unten:
Flachspirale

Je nach Qualität (und Preis) verlassen Armbanduhren die Fabrik unterschiedlich reguliert:

■ Normale Regulierung:
Der Gang einer Armbanduhr wird in den beiden Lagen ›Zifferblatt oben (ZO)‹ und ›Krone oben (KO)‹ gemessen und anschließend grob oder, eine Stufe besser, auf maximal 30 Sekunden Gangabweichung zwischen beiden Lagen einreguliert.

■ Regulierung in verschiedenen Lagen:
Die Armbanduhr wird in verschiedenen (2, 5 oder 6) Lagen beobachtet und korrigiert. Diese Regulierung ist vielfach ins Werk eingraviert: ›Adjusted in ... positions‹. Allerdings sagt die Regulierung in verschiedenen Lagen nichts darüber aus, mit welcher Genauigkeit sie erfolgte.

Horizontale Lagen:
Zifferblatt oben (ZO), Zifferblatt unten (ZU)

Vertikale Lagen:
Krone oben (KO), Krone links (KL), Krone rechts (KR), Krone unten (KU)

54

■ Regulierung der Temperaturkompensation:
Eine Armbanduhr mit der Werksgravur ›Adjusted to temperature‹ wird zumeist jeweils 24 Stunden bei Temperaturen von 4° C (Kühlschrank), 20° C (Zimmer) und 36° C (Brutkasten) auf ihren Gang hin beobachtet und entsprechend reguliert.

Werden die Regulierungen in 5 Lagen und Temperatur gemäß den Vorschriften einer offiziellen Uhrenprüfstelle vorgenommen und wird das Uhrwerk zur Kontrolle dorthin eingereicht, erhält es einen Gangschein und darf auf dem Zifferblatt die Zusatzbezeichnung ›Chronometer‹ tragen. In diesem Fall spricht man von einer Präzisionsregulierung des Uhrwerks, die jedoch eine sorgfältige Konstruktion und fehlerfreie Herstellung aller Teile voraussetzt (siehe Tabelle Seite 56/57).

Es wäre allerdings ein Trugschluß zu glauben, daß ein Armband-Chronometer auch nach Jahren noch dieselben guten Gangresultate aufweist wie zum Zeitpunkt seiner Prüfung. Äußere Faktoren wie Schmutz, Stöße, Magnetismus oder Viskositätsänderung des Öls können sich vor allem bei Armbanduhren rasch negativ auf deren Gang auswirken.

Armbanduhrwerk
in einem Prüfgehäuse für
Chronometerprüfungen,
Ulysse Nardin,
50er Jahre

Armband-Chronometer von Omega, um 1945; Stahlgehäuse; 17steiniges Ankerwerk, bimetallische Kompensationsunruh, Breguet-Spirale, Feinregulierung für den Rücker

Tabelle der Präzisionsansprüche für den Titel »Chronometer« (Vereinbarung B. O. vom März 1961)

Kriterien / Critères	Kleine Armbanduhren Montres-bracelet petites dimensions	
	mit Auszeichnung avec mention	ohne Auszeichnung sans mention
Mittlerer täglicher Gang Marche diurne moyenne	−3 +12	−3 +12
Mittlere Gangabweichung Variation moyenne des marches	4	6
Größte Gangabweichung Plus grande variation	7	10
Differenz zwischen liegend und hängend Différence du plat au pendu	± 10	± 14
Größte Differenz Plus grande différence	16	22
Differenz pro Centigrad Variation par degré centigrade	± 0,70	± 1,00
Zweitrangiger Fehler Erreur secondaire	−	−
Gangwiederaufnahme Reprise de marche	± 7	± 10

Quadratischer Armband-
Chronometer von Ulysse
Nardin, 17steiniges Ankerwerk, monometallische
Schraubenunruh, auto-
kompensierende Breguet-
Spirale; die Uhr wurde
um 1950 für den
amerikanischen Markt
gefertigt

Tableau des limites pour l'obtention du titre «chronomètre»
(Règlement B. O. de mars 1961)

Armbanduhren mit oder ohne Komplikation Montres-bracelet simples ou avec complications		Taschenuhren und große Armbanduhren Montres de poche et bracelet de grandes dimensions	
mit Auszeichnung avec mention	ohne Auszeichnung sans mention	mit Auszeichnung avec mention	ohne Auszeichnung sans mention
−1 +10	−3 +12	−2 +5	−3 +8
2,2	3,2	1,5	3
6	9	2,5	5
± 8	± 12	± 4	± 7
12	18	7	12
± 0,60	± 1,00	± 0,25	± 0,50
–	–	± 4,5	± 9
± 5	± 9	± 2,5	± 5

Armband-Chronometer mit automatischem Aufzug und Zentralsekunde von Rolex, Modell ›Oyster Perpetual‹, 40er Jahre; Uhrwerk mit Aufzug durch unbegrenzt drehenden Rotor

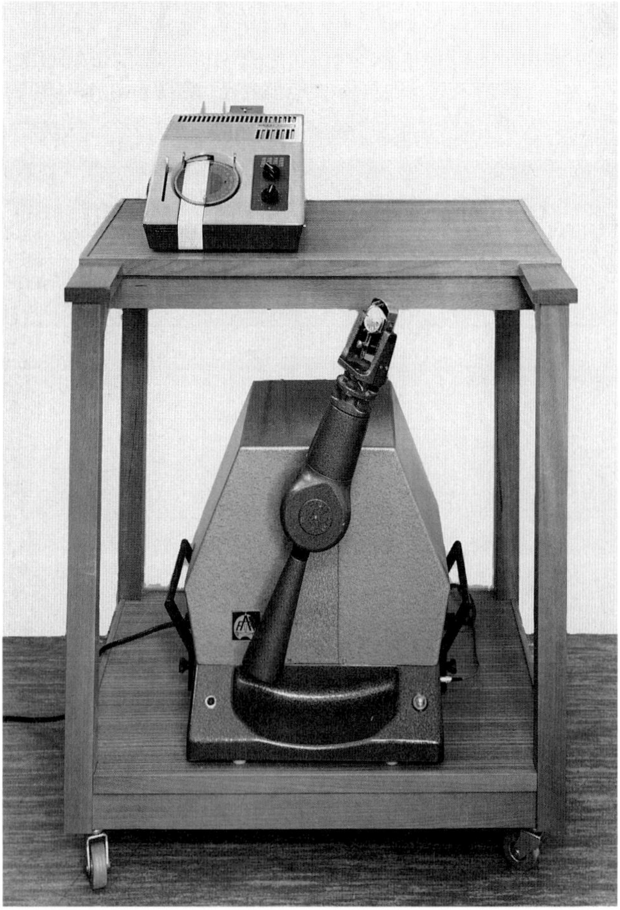

Fabrikmäßige Feinstellung eines Armband-Chronometers von Girard-Perregaux mit Hilfe eines Bewegungssimulators, der die wichtigsten Armbewegungen nachvollzieht; auf dem Tisch befindet sich eine Zeitwaage, die den Gang des Uhrwerks registriert

Armband-Chronometer von
Junghans, um 1954;
Doublé-Gehäuse;
12½liniges Ankerwerk Kaliber
J82/1, 17 Steine, mono-
metallische Schrauben-
unruh, autokompensierende
Flachspirale, Unruh-Stoppvorrichtung zum genauen
Stellen der Uhr, Fein-
regulierung für den Rücker

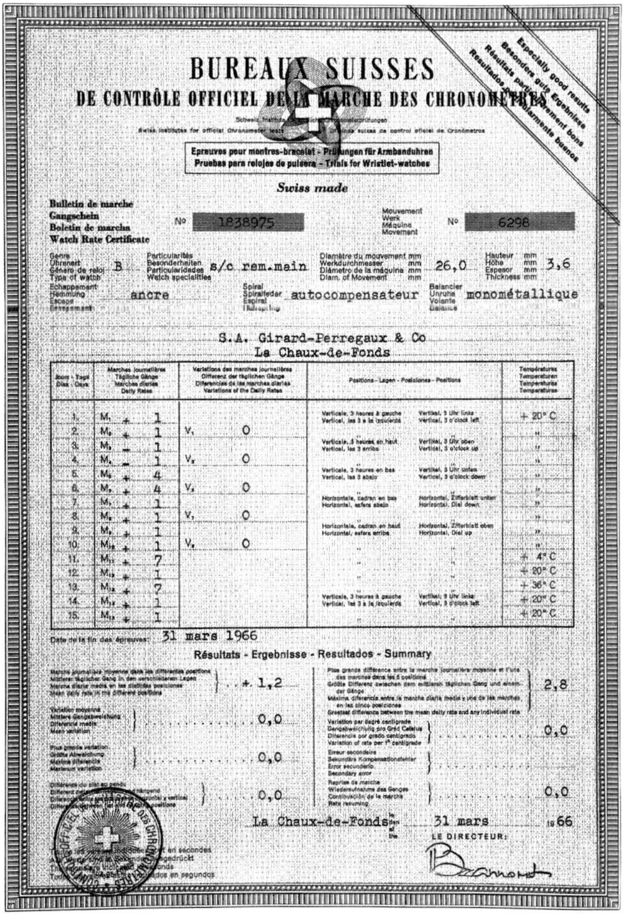

Offizieller
Gangschein
vom 31.März
1966, aus-
gestellt für
einen Arm-
band-Chrono-
meter der
Firma Girard-
Perregaux

Oben: Armband-Chronometer von Laco, Pforzheim, um 1955; Goldgehäuse; 12liniges Ankerwerk Kaliber Durowe 630, 21 Steine, monometallische Schraubenunruh, autokompensierende Flachspirale, Schwanenhals-Feinregulierung für den Rücker, Unruh-Stoppvorrichtung

Unten: Armband-Chronometer mit automatischem Aufzug und Datumsanzeige, Modell ›Constellation‹ von Omega, um 1965; 12½liniges Ankerwerk, 24 Steine, monometallische Ringunruh, autokompensierende Flachspirale, automatischer Aufzug in beiden Drehrichtungen des Rotors

Armband-Chronometer mit automatischem Aufzug und Datumsanzeige von Longines, 60er Jahre; 11½liniges Ankerwerk mit einer Unruh-Frequenz von 36000 Halbschwingungen/ Stunde, monometallische Ringunruh, autokompensierende Flachspirale, 17 Steine, kugelgelagerter Zentralrotor mit Aufzug in beiden Drehrichtungen

60

Gangkorrekturen lassen sich bei den meisten Armbanduhren am leichtesten durch Verschieben des sogenannten Rückers ausführen. Dabei wird die wirksame Länge der Spiralfeder verändert. Verschiedene Armbanduhren, z. B. aus dem Hause Rolex und Patek Philippe, besitzen indes völlig freischwingende Spiralen ohne Rücker. Dafür sind sie mit speziellen Unruhreifen ausgestattet (z. B. Rolex: ›Superbalance‹, Patek Philippe: ›Gyromax‹-Unruh), bei denen die Gangregulierung durch Veränderung des Trägheitsmoments erfolgt.

Ohne eine kontinuierliche dosierte Energiezufuhr würde das gangregulierende Organ des Uhrwerkes bereits nach kurzer Zeit wieder aufhören zu schwingen, weil Luftdruck und Lagerreibung bremsend wirken. Um eine möglichst isochrone Schwingung aufrechtzuerhalten, muß die durch den Aufzugsvorgang im Federhaus gespeicherte potentielle Energie dem Regulierorgan über das Räderwerk zugeführt werden. Die mehrfache Energieübertragung von (Zahn-)Rad auf (Zahn-)Trieb führt zu einer Vergrößerung des Weges und damit zu einer Verminderung der Kraft. Schließlich leitet die Hemmung auf dem Wege über Ankerrad, Anker und Hebelscheibe die Energie in kleinen Stößen (das ›Tick-Tack‹ einer Uhr) an das Reguliersystem weiter. Das Uhrwerk ›geht‹.

Bei Armbanduhren besserer Qualität hat die Schweizer Ankerhemmung (der Name resultiert aus der Form des Verbindungsgliedes zwischen Hemmungsrad und Unruhwelle, nämlich des Ankers) die größte Verbreitung gefunden. Die Zähne des Hemmungsrades übertragen hier die Energie auf die Steinpaletten des Ankers.

In billigen Armbanduhren, sogenannten Roskopfuhren, findet man dagegen häufig die Stiftankerhemmung. Anstelle der Steinpaletten greifen senkrecht stehende Stahlstifte in das Hemmungsrad. Diese Form der Hemmung wurde 1867 vom Uhrmacher Georg Friedrich Roskopf erstmals bei Taschenuhren verwendet, um damit weniger begüterten Bevölkerungsschichten preiswerte Zeitmesser anbieten zu können. Sie wird heute noch in großen Stückzahlen produziert.

In früheren oder später auch billigen Armbanduhren findet man schließlich noch die Zylinderhemmung, eine Erfindung, die auf das Jahr 1726 und George Graham zurückgeht. Bei dieser Hemmung fehlt der Anker als Verbindungsglied. Vielmehr greifen die Zähne des Hemmungsrades direkt in die als hohlen Zylinder ausgeformte Unruhwelle. Wegen der ungenügenden Gangleistungen wird die Zylinderhemmung heute nicht mehr verwendet.

Bewegungsschema
einer
Ankerhemmung

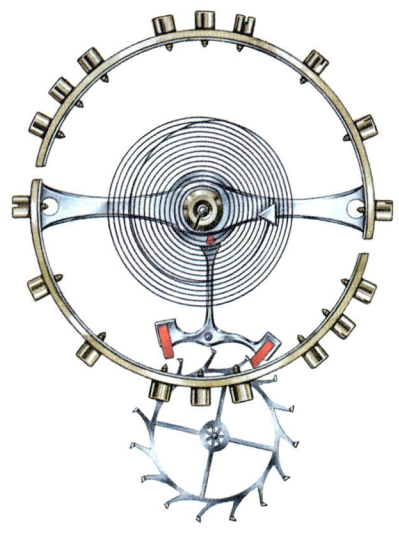

Schweizer
Ankerhemmung
(dargestellt mit
bimetallischer Unruh
und Breguet-Spirale)

Stiftankerhemmung
System ›Roskopf‹

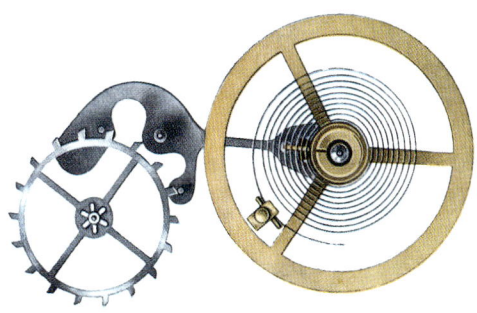

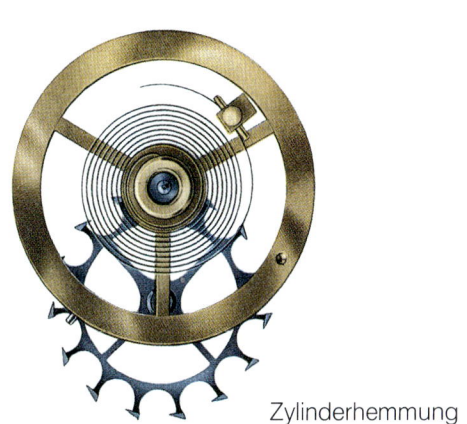

Zylinderhemmung

Wie gelangt nun aber die Uhrzeit aufs Zifferblatt?

Zunächst einmal über den vorderen langen Zapfen der Minutenradwelle. Er dreht sich innerhalb von 60 Minuten einmal um die eigene Achse, vermag also, mit einem Zeiger versehen, den Ablauf einer Stunde anzuzeigen. Dieses Zeitintervall ist allerdings für die Praxis zu kurz, da der Benutzer einer Uhr zusätzlich wissen möchte, um welche Stunde des Tages es sich gerade handelt. Erforderlich ist demnach ein Zählwerk, das die abgelaufenen Stunden addiert. Diese Funktion übernimmt das Zeigerwerk. Es reduziert die Umdrehungszahl des Minutenrades in der Regel auf $1/12$, führt also zu einer Umdrehung des Stundenzeigers innerhalb von 12 Stunden. Für besondere Uhren gibt es jedoch auch Zeigerwerke, die eine Umdrehung des Stundenzeigers innerhalb von 24 Stunden herbeiführen. Das Zeigerwerk hat jedoch noch eine weitere wichtige Aufgabe: In Verbindung mit dem Zeigerstellsystem lassen sich – über die gezogene Krone – Stunden- und Minutenzeiger exakt richten.

Die Anzeige der Sekunden geschieht entweder direkt über den nach vorne verlängerten Zapfen des Sekundenrades (kleine Sekunde) oder mit Hilfe eines Zusatzwerkes, wenn die Sekundenindikation aus der Mitte des Zifferblattes erfolgen soll. Bei der sogenannten Zentralsekunde ist zu unterscheiden, ob deren Antrieb im Kraftfluß (direkte Z.) oder außerhalb des Kraftflusses (indirekte Z.) liegt.

Bei Handaufzugswerken muß der Zugfeder täglich bzw. bei den seltenen 8-Tage-Werken wöchentlich neue Energie zugeführt werden. Dazu ist die Krone so lange vorsichtig hin- und herzudrehen, bis ein Widerstand spürbar wird. Über das Aufzugssystem gelangt diese Energie zum Federhaus und damit zur Zugfeder. Das Gesperr verhindert dabei ein Zurückdrehen des Sperrades und die Entspannung der Zugfeder auf dem Wege über das Aufzugssystem.

Diese Arbeit wird dem Besitzer einer Armbanduhr mit automatischem Aufzug von einem kleinen Zusatzwerk abgenommen, mit dessen Hilfe die aus den Armbewegungen resultierende kinetische Energie zum Spannen der Zugfeder nutzbar gemacht wird. Damit bietet die Armbanduhr mit automatischem Aufzug jedoch nicht nur ein höheres Maß an Bequemlichkeit, sondern, als weiteren Vorteil, auch eine größere Ganggenauigkeit. Diese resultiert letztlich aus einem konstanteren Drehmoment der Zugfeder, die ja durch jede Armbewegung nachgespannt wird.

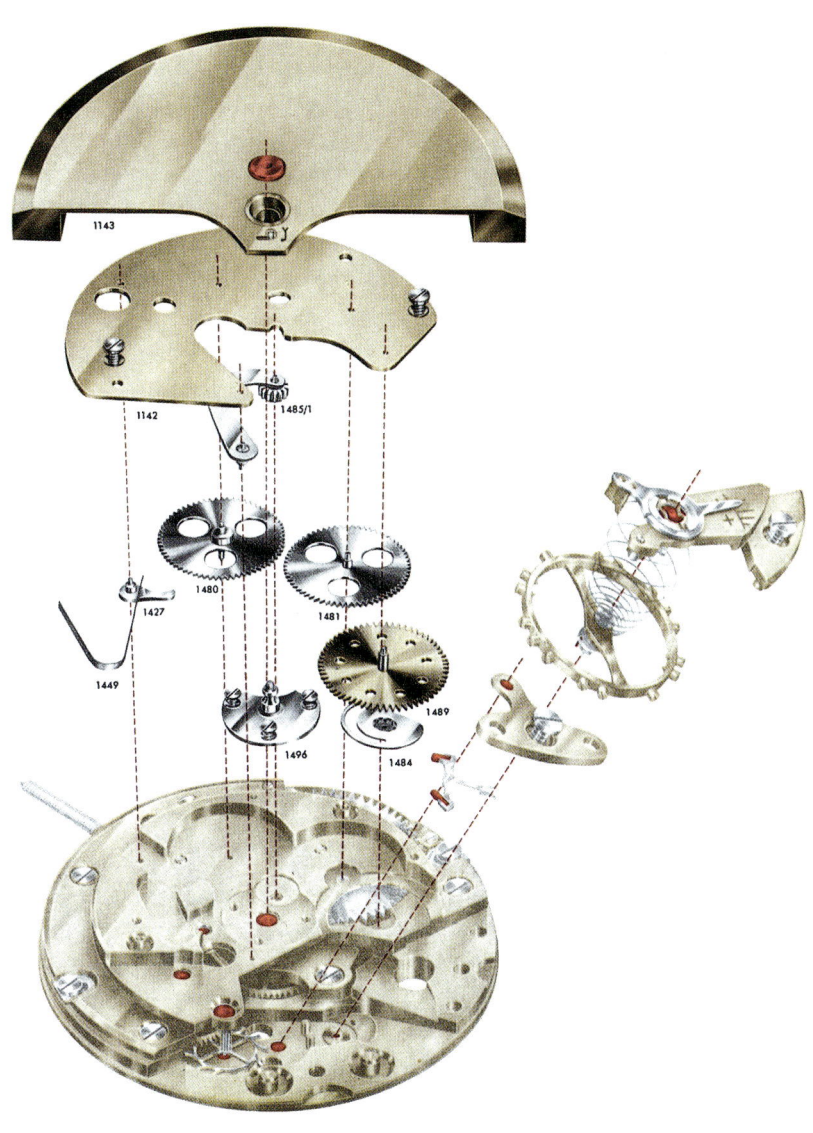

Explosionsdarstellung eines Felsa-Kalibers
mit automatischem Aufzug
durch einen unbegrenzt drehenden Zentralrotor,
der die Zugfeder in beiden Drehrichtungen
spannt

Antriebseinheit des automatischen Aufzugssystems ist heute fast ausnahmslos ein Rotor, ein segmentförmiges Massestück, das mit Hilfe
einer Achse am Grundwerk befestigt wird und das sich, hervorge-
rufen durch Gravitations- und Trägheitskräfte, frei um seine Achse
dreht. Bis in die fünfziger Jahre wurden dagegen hauptsächlich Pen-
delschwungmassen verwendet, die sich hin- und herbewegten und
deren Weg beidseitig durch Pufferfedern begrenzt war.
Zwischen Rotorwelle und Sperrad sind bei modernen Konstruktionen zwei Getriebe geschaltet:

Schematische
Darstellung
der Funktion
eines Wechsel-
getriebes bei
Rechts- und
Linksdrehung
des Rotors

- Das Wechselgetriebe formt die beiden Drehrichtungen des Rotors in die eine um, die zum Spannen der Zugfeder benötigt wird.
  Wechselgetriebe erhöhen die Effizienz automatischer Aufzüge, da
  alle Rotorbewegungen sinnvoll ausgenützt werden können.
- Das Reduktionsgetriebe transformiert die schnellen Rotorbewegungen in langsame Drehbewegungen mit höherem Drehmoment,
  die sich wiederum zum Spannen der Zugfeder verwenden lassen.

Eine weitere Besonderheit bei Uhrwerken mit automatischem Aufzug
verhindert, daß die Zugfeder überspannt werden und damit reißen
kann. Zu diesem Zweck wird bei Armbanduhren mit automatischem
Aufzug das äußere Ende der Zugfeder nicht direkt mit der Federhaustrommel verbunden, sondern mit einer Art Rutschkupplung verknüpft. Sobald die Zugfeder ihr Spannungsmaximum erreicht hat,
rutscht der ›Gleitzaum‹ an der inneren Wand der Federhaustrommel
entlang.

66

Federhaustrommel
mit eingelegtem
Gleitzaum

Um den mechanischen Mikrokosmos eines Uhrwerks mit automatischem Aufzug entstehen zu lassen, sind rund 160 Teile, waren unzählige Forschungs- und Entwicklungsstunden erforderlich. Daß sie, sorgfältig zusammengefügt, imstande sind, etwas Abstraktes wie die Zeit zu messen, ist Ausdruck einer fast genialen Symbiose. Die gestaltlose Zeit wird durch das tickende Werk der mechanischen Räderuhr mit einem Mantel technischer Ästhetik umhüllt.

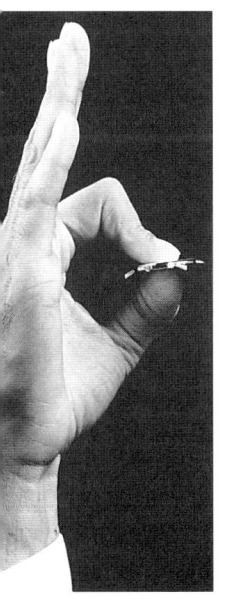

Als Krönung auf dem Gebiet der ultraflachen Armbanduhr gilt nach wie vor das nur 1,2 mm hohe Handaufzugskaliber 1200 von Jean Lassale, Genf, das 1978 vorgestellt wurde; bei einem Durchmesser von 20,4 mm besitzt es ein Gesamtvolumen von 397 mm^3

67

Das Gehäuse
der Armbanduhr – mehr als
nur schützender Mantel

So bedeutsam das Werk für den eigentlichen Zweck des Zeitmessers am Handgelenk auch sein mag, ins Auge fällt zuerst das Gehäuse, Gesicht einer Armbanduhr und schützende Hülle des Werkes. Es ist klar, daß die Armbanduhrgehäuse in erster Linie die Designer und Gehäusemacher herausforderten, die sie dem jeweiligen Zeitgeschmack stilistisch anzupassen hatten. Dies betraf Form, Funktionalität und Material der Gehäuse stets in gleicher Weise. Unzählige stilistische Varianten hat es im Laufe von mehr als hundert Jahren Armbanduhrendesign gegeben, die im einzelnen kaum mehr nachvollziehbar sind, angefangen bei den klassischen runden Gehäusen bis hin zu asymmetrischen, dreieckigen oder sonstigen Phantasiemodellen. Konstruktiv bestehen Armbanduhrengehäuse zumeist aus zwei oder drei Teilen. Zweiteilige Gehäuse setzen sich aus Boden und Gehäuserand (mit eingepreßtem Glas) zusammen, dreiteilige Gehäuse aus Mittelteil, Boden und Glasrand. Die einzelnen Gehäuseteile werden entweder zusammengepreßt oder -geschraubt. Scharniergehäuse, gar solche mit zusätzlichem Staubschutzdeckel (Cuvette) wurden bis in die dreißiger Jahre bei ständig sinkender Stückzahl produziert, danach aber wegen der kostenintensiven Fertigung gänzlich eingestellt.

Bei den Materialien rangierte in der Beliebtheit das Edelmetall Gold zwar immer ganz oben, doch waren Armbanduhren mit massiven Goldgehäusen aus rein finanziellen Gründen immer nur einer begrenzten Käuferschicht zugänglich. Für diejenigen, die ihren Zeitmesser trotz nicht vorhandener Mittel in goldenem Glanze erstrahlen lassen wollten, blieb als Ausweg immer schon die durch eine hauchdünne Goldauflage veredelte Gehäuseoberfläche, allerdings verbunden mit dem Nachteil, daß diese im Laufe der Zeit immer

Damenarmbanduhren von Wyler aus den 40er Jahren

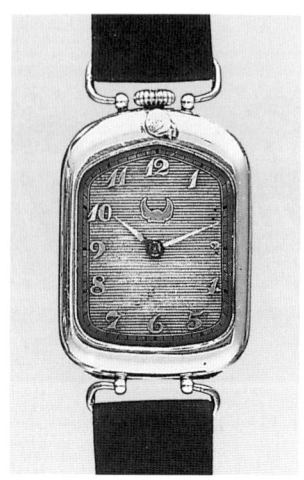

Silberne navetteförmige
Armbanduhr von Movado,
um 1915; 15steiniges
Ankerwerk

Silberne Armbanduhr in
Form eines Autokühlers,
Mido, Mitte der 20er Jahre

Armbanduhr in Form eines
Lenkrades mit Zifferblatt-
aufschrift ›Buick‹, 60er
Jahre; Stiftankerwerk

Damenarmbanduhr in
Form eines Auges,
Blancpain, 60er Jahre

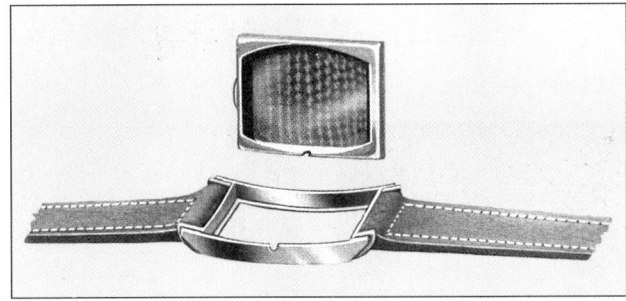

Dieses ver-
einfachte
Armbanduhr-
gehäuse be-
steht nur aus
zwei Teilen,
dem Gehäuse-
rand mit Glas-
reif und dem
Gehäuse-
boden

Rechteckige
Armbanduhr
mit Scharnier-
gehäuse,
Tissot, 1937

dünner wurde oder gar abzublättern begann und dadurch das Basis-
metall zum Vorschein kam. Ähnliches gilt für die verchromten oder
vernickelten Gehäuse, die in den dreißiger Jahren modern wurden.
Zu Beginn dieses Jahrhunderts erfreuten sich auch massive Silbergehäuse großer Beliebtheit. Diese verloren im Laufe der Jahrzehnte
aber immer mehr an Bedeutung, weil sie durch Oxidation schwarz
und damit unattraktiv wurden, wenn man ihnen nicht eine regelmä-
ßige Pflege zuteil werden ließ. Bereits in den zwanziger Jahren waren
auch die Tulasilber-Gehäuse aus der Mode gekommen. Bleibt als
letztes Edelmetall das seltene, silbrig schimmernde und vorneh-
me Zurückhaltung ausstrahlende Platin, das wegen seiner hohen
Material- und Bearbeitungskosten allerdings auch im Bereich der
Armbanduhrgehäuse höchst rar ist.

Unten: Tonnenförmige
Tulasilber-Armbanduhr aus
den 20er Jahren

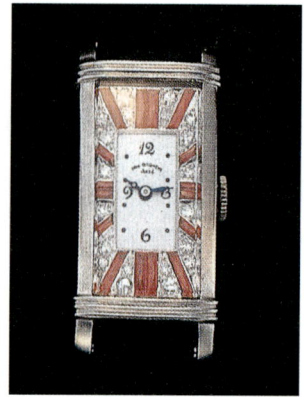

Rechteckige Plantinarm-
banduhr, signiert ›Paul
Ditesheim‹, Mitte der
20er Jahre; das Zifferblatt
ist mit Brillanten und Rubin-
Baguetten besetzt

Rechts: Herrenarmbanduhr
in einem braunen Bakelit-
Gehäuse mit transparentem
Boden, signiert ›Lanco‹,
um 1950; 15steiniges Ankerwerk, Lanco-Kaliber

Nicht selten wurden die Edelmetallgehäuse mit zusätzlichem, teilweise sehr üppigem Edelstein-Besatz versehen, die Armbanduhren
dadurch von reinen Zeitmessern zu kostbaren Schmuckstücken um-
funktioniert. Zeitweise dienten auch emaillierte, geprägte, ziselierte
oder guillochierte Gehäuseoberflächen der Attraktivitätssteigerung.

Zum dominierenden Material für anspruchsvolle Armbanduhrengehäuse des täglichen Gebrauchs entwickelte sich ab den dreißiger Jahren mehr und mehr der Edelstahl. Auf der einen Seite zwar äußerst schwierig zu bearbeiten, überzeugte dieses Metall jedoch durch die Eigenschaft, robust und beinahe unverwüstlich zu sein. Die Zeit nach dem Zweiten Weltkrieg führte zu verschiedenen Experimenten mit neuen Gehäusematerialien, darunter auch Kunststoff, der allerdings erst gegenwärtig wirklich große Verbreitung gefunden hat. Die Ergebnisse der Weltraumforschung brachten in den achtziger Jahren zuerst die leichten, aber dennoch widerstandsfähigen Gehäuse aus Titan, später auch solche aus keramischen Materialien. Daneben sind Uhrengehäuse aus Stein ebenso zu haben wie Holzgehäuse.

Zu einer technischen Herausforderung wurde das Gehäuse jedoch auf einem ganz anderen Gebiet als dem des Designs. Mangelnde Funktionalität hatte immer wieder den Zorn der Uhrmacher heraufbeschworen. Bruno Hillmann faßte diesen 1925 in folgende Worte: »Und wie sind nun gar die Gehäuse vieler Armbanduhren beschaffen? Je schöner und geschmackvoller und auch origineller das Gehäuse ist, desto mehr ist dem Eindringen von Staub, Schmutz und Feuchtigkeit Tür und Tor geöffnet. Wenn das Gehäuse aber auch wirklich solide wäre, welche Uhr könnte wohl einer derartigen Behandlung widerstehen, wie sie die Armbanduhr zu erdulden hat? Bei größter Kälte und stärkstem Sonnenbrande, beim Putzen, Fegen, Waschen, Tanzen, Turnen, beim Sport, aus Vergeßlichkeit selbst beim Baden und sogar im Bett wird die Uhr anbehalten. Und das soll nun alles gerade eine so empfindliche kleine Uhr aushalten.«
Wären Hillmanns Ausführungen nur ein Jahr später erschienen, hätte sich vieles bereits relativiert. Zwar lehnten es die meisten Armbanduhrenhersteller zu jener Zeit schlichtweg noch ab, sich mit der Frage der wasserdichten Uhr zu beschäftigen, doch wuchs die Zahl der Techniker, Uhr- und Gehäusemacher, denen Schmutz und Feuchtigkeit, die beinahe ungehindert ins Gehäuse eindringen konnten, ein Dorn im Auge war. Auf sie gehen in den zwanziger Jahren, als die Armbanduhr gerade einen Marktanteil von rund 35 Prozent besaß, erste Versuche zurück, das Problem des dichten Gehäuses in den Griff zu bekommen. Die unterschiedlichen Erfindungen und Entwicklungen muten heute, wenn man sie auf ihre Alltagstaug-

lichkeit hin untersucht, mitunter ebenso kurios wie abenteuerlich an. Der betriebene Aufwand war zumeist gewaltig, die Resultate jedoch oftmals recht kümmerlich: So ließ sich Jean Finger 1921 eine Zweischalen-Konstruktion patentieren, bei dem das eigentliche Werksgehäuse durch ein verschraubtes Übergehäuse geschützt wurde, das jedoch zum täglichen Aufziehen jedesmal aufgeschraubt werden mußte. Auch bei anderen Konstruktionen offenbarten sich durch das tägliche Aufziehen und das in regelmäßigen Abständen vorzunehmende Zeigerstellen die gravierendsten Schwachstellen rasch: Aufzugskrone und -welle, daneben Glasrand und Boden. Vor allem waren manche Gehäuse nur so lange dicht, als sie sich im fabrikverschlossenen Zustand befanden. Allfällige Reparaturen oder Überholungen führten vielfach dazu, daß die Gehäuse zwar wieder verschlossen, aber beileibe nicht mehr dichtgebracht wurden.

Goldene ›wasserdichte‹ Rolex-
Armbanduhr in einem verschraubten
Zweischalengehäuse, um 1916;
15steiniges Ankerwerk

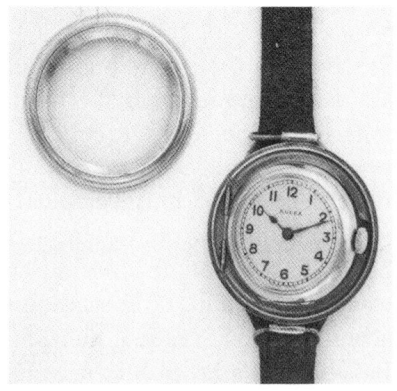

Frühe ›wasserdichte‹ Armbanduhr
in einem silbernen Zweischalen-
Gehäuse, signiert ›Westend Watch‹,
um 1925; 15steiniges Ankerwerk mit
bimetallischer Kompensationsunruh
und Breguet-Spirale

Der Engländer John Harwood, von dem im Zusammenhang mit der Entwicklung des automatischen Aufzugs die Rede ist, hatte sich dieses Problems ebenfalls angenommen: sein automatischer Aufzug machte die Krone überflüssig, die Zeigerstellvorrichtung koppelte er kurzerhand mit einer Drehlunette. Dadurch wurden seine Gehäuse zwar dichter, aber noch lange nicht dicht.

Schließlich waren auch dem Kulmbacher Hans Wilsdorf, der zusammen mit Aegler die Firma ›Rolex‹ gegründet hatte, die oben genannten neuralgischen Punkte der Armbanduhrengehäuse schon bald aufgefallen. Obwohl von Beruf Kaufmann, hatte Wilsdorf pragmatisch festgestellt, daß elastische Dichtmaterialien altern und damit Gefahren heraufbeschwören würden. Seine Ideen gingen deshalb in ganz andere Richtungen, nämlich eine rein mechanische Konstruktion ohne die Verwendung zusätzlicher Dichtmaterialien. Die Lösung bestand

1. im hermetischen Verschluß des eigentlichen Gehäuses, dessen Einzelteile wasserundurchlässig gegeneinander zu verschrauben waren,

2. in einem vollkommen abschließenden Glas aus synthetischem Material, welches sich absolut formschlüssig ins Gehäuse einpassen ließ, und

3. in einer Aufzugskrone, die auch bei täglicher Benützung das Werk zuverlässig vor eindringender Feuchtigkeit schützen würde.

Spezielle Aufmerksamkeit schenkte Wilsdorf Krone und Aufzugswelle. Das Ergebnis umfangreicher Versuche, die mit dem Gehäusemittelteil verschraubte Aufzugskrone, konnte Hans Wilsdorf am 18. Oktober 1926 beim Eidgenössischen Amt für geistiges Eigentum, Bern, zum Patent anmelden.

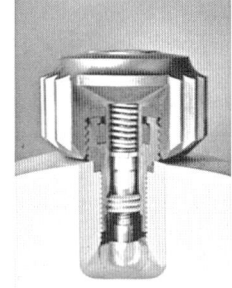

Für Rolex
patentiertes System
einer verschraubten
Aufzugskrone

THE MOST ACCURATE WRIS

WATERPROOF · DUS

· SEALED AGAINS

THE 'C
effecti
and sa
of the
regions nor th
wonderful pre

ON THE TRACK. ' . . . *and it is keeping perfect time under somewhat strenuous conditions. I was wearing it on the occasion of the J.C.C. Double 12 Hours Race . . . and the vibration which this watch had to withstand during this long period has not upset its timekeeping properties in the least. I would like to congratulate you on having produced a very first-class watch suitable for really rough treatment.'*
Yours faithfully,
M. CAMPBELL.

IN THE SEA. ' . . . *the only w I have known that would withstand severe conditions experienced du long swims. The water or the sand salt air do not affect it in the sligh Miss West and I frequently spend periods in the sea during training the 'Oyster' always goes in with us.*
Yours faithfully JABEZ WOL

IN THE AIR. . . . *The peculiar qualities of this Rolex watch render it eminently suitable for flying purposes and I propose to use it on any long distance flights in the future.'* *Yours faithfully, C. D. BARNARD.*

. . . . so dead accurate that I have now dispensed with ground timing in practice flights as my own aerial timing did not vary by more than $\frac{1}{10}$th second from that of two observers with chronometers of the first class. . . . . extreme temperatures did not affect the watch. . . . The Rolex Oyster is the best ever for aerial work.'
Sincerely, I. D. M. GRAY

We have obtained permission to publish the opinions of one or two of many sportsmen who rely upon the Rolex 'Oyster.' We value their testimony more especially as they refuse even the fee to which such experts would be entitled, and we take this opportunity to thank them for the trouble they have taken on our behalf.

25 WORLD'S RECORDS
FOR ACCURACY

Auszug
aus einem
Rolex-Katalog;
Anfang der
30er Jahre

...ATCH IN THE WORLD MADE
...ROOF · SANDPROOF
THE ELEMENTS ·

...' Wrist watch is the world-famous Rolex movement
...led against all the elements. It is waterproof, dustproof
...f. Extremes of temperature cannot affect the reliability
...er'—neither the intensely cold atmosphere of Arctic
...moist climate of Equatorial countries, can disturb the
...movement which is hermetically sealed against *all*
harmful elements. This remarkable watch is even
perspiration proof .... it is essential for use in
the Tropics and especially recommended to all
active Sportsmen and Sportswomen.

Patent Nos.   260554—274789—281315.

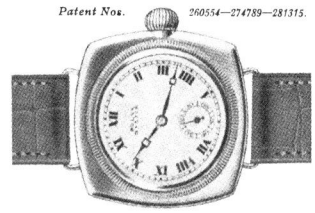

IN SIZES FOR MEN AND WOMEN

Snowite	- -	£5 15 0
9 Carat	- -	£10 10 0
18 Carat	- -	£15 15 0

Luminous Dial 5/- extra.

THE ROLEX
...OYSTER'
WRIST WATCH
...ESTED UNDER **ALL** CONDITIONS

Taucher-Armbanduhr, Edel-
stahl, mit verschraubtem
Schutz für die Aufzugs-
krone, hergestellt für die
US-Navy von Bulova,
um 1940; 10liniges Anker-
werk mit Zentralsekunde,
16 Steine

Die Rolex-
Oyster im
Goldfischglas,
präsentiert
von
Evelyn Layh

Auf das verschraubte Gehäuse selbst hatte Wilsdorf bereits am 21. September des genannten Jahres patentrechtlichen Schutz beantragt. Ein passender Name war schnell gefunden, ›Oyster‹ (Auster), der trefflich die Charakteristika des neuen Gehäuses zusammenfaßte. Seinen ersten Test hatte das ›Oyster‹-Gehäuse am 7. Oktober 1927 zu bestehen, als die Londoner Stenotypistin Mercedes Gleitze den Ärmelkanal in 15 Stunden und 15 Minuten durchschwamm und danach den staunenden Reportern ihren Arm mit dem immer noch funktionierenden Zeitmesser präsentierte.

Interessant ist, daß gegen Ende der zwanziger Jahre noch verschiedene andere Anträge auf patentrechtlichen Schutz wasserdichter Gehäuse und vor allem auch verschraubter Aufzugskronen bei den einschlägigen Behörden eingingen. Doch wurden nur wenige davon in die Praxis umgesetzt. Im Gegensatz zur Wilsdorfschen Konstruktion waren zumeist nicht die Kronen selber gegen das Gehäuse verschraubt, sondern normale Aufzugs- und Zeigerstellkronen mit Schraubkappen, die durch Kettchen gegen Verlust gesichert waren, überdeckt. Dennoch mußte sich Hans Wilsdorf auch gegen direkte Nachahmer seiner Idee zur Wehr setzen, so z. B. 1934 gegen den Gehäusefabrikanten Gebr. Schmitz in Grenchen. Nach einer zweieinhalbjährigen Verfahrensdauer entschied das Schweizer Bundesgericht am 8. Juli 1937 einstimmig zugunsten Wilsdorfs und verurteilte den Beklagten zur Zahlung des von Rolex geforderten Schadensersatzes.

Im Urteil wurde klar festgestellt, daß die Idee der wasserdichten Uhr zwar nicht von Wilsdorf stamme, er jedoch der erste gewesen sei, der die praktische Umsetzung unter Verwendung industrieller Fertigungsmethoden realisiert habe. Anläßlich des Prozesses kam auch ans Tageslicht, daß Rolex zur Einführung und Verbreitung des Oyster-Gehäuses die für damalige Verhältnisse stattliche Summe von 1,2 Millionen Schweizer Franken ausgegeben, damit erheblich zur Vertrauensbildung hinsichtlich der wasserdichten Uhr beigetragen und schließlich für die gesamte Uhrenindustrie neue Märkte eröffnet hatte. Allein 1935/36 sollen rund 200 000 wasserdichte Armbanduhren Schweizer Produktion verkauft worden sein. Der Firma Schmitz wurde besonders vorgeworfen, daß sie, im Gegensatz zu den anderen Schweizer Gehäusefabrikanten mit eigenständigen Systemen dichter Schalen, auf eine zur ›Oyster‹ stark analoge Konstruktion gesetzt und damit zusätzlich von der Oyster-Werbung profitiert habe. Wegen eingesparter Entwicklungskosten habe Schmitz zudem die eigenen Gehäuse wesentlich billiger anbieten können und Rolex dadurch weiteren Schaden zugefügt.

Aus dem geschilderten Urteilstenor wird ersichtlich, daß der immense Markterfolg der Rolex ›Oyster‹ die Entwicklung und Verbreitung dichter Armbanduhren allgemein beflügelt hatte, doch der strenge patentrechtliche Schutz, der auf dem Oyster-Gehäuse lag, erforderte bei der Konkurrenz davon weitgehend unabhängige Systeme. Deshalb wurden bis zum Ende der dreißiger Jahre für die unterschiedlichsten Gehäusekonstruktionen Patente beantragt. Alle hatten die beiden grundsätzlichen Probleme dichter Gehäuse zum Gegenstand, nämlich

1. die Abdichtung der Fuge zwischen den Berührungsflächen der festen Gehäuseteile und
2. die Abdichtung der Fuge zwischen Gehäuse und beweglichen Teilen, wie z. B. Aufzugskrone, Drücker für Chronographen oder Kalenderuhren.

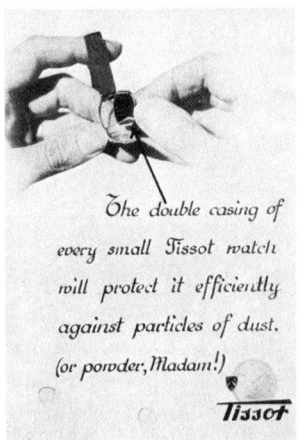

Damenarmbanduhr
mit einem doppelschaligen
rechteckigen Gehäuse,
Tissot, 30er Jahre

Wenn auch in diesem Zusammenhang immer wieder primär von wasserdichten Armbanduhrengehäusen die Rede ist, so muß man doch unter diesen Begriff wesentlich mehr subsumieren, nämlich die Resistenz gegen Feuchtigkeit und vor allem Gase. Letztere tragen Staubpartikel ins Innere und führen dazu, daß die anfängliche Präzision eines Uhrwerks rasch nachläßt.

Deshalb verfolgten alle Konstruktionen dichter Gehäuse zwei verschiedene Ziele:

1. Die Steigerung der Alltagstauglichkeit, d. h. den Verwendungsradius einer Armbanduhr zu erhöhen und
2. den ursprünglichen Zustand des Uhrwerks, seine Genauigkeit so lange als möglich zu erhalten.

Eine zweijährige Forschungsreihe der Versuchsanstalt der Schweizerischen Uhrenindustrie führte im Jahre 1942 zu dem eindeutigen Ergebnis, daß die Schwingungsweite der Unruh bei nichtdichten Gehäusen jährlich im Durchschnitt um 32% abnimmt, gegenüber nur 5% in dichten Gehäusen.

Die nachfolgenden Abbildungen repräsentieren nur einen geringen Ausschnitt des breitgefächerten, in den vierziger Jahren mehr als 50 verschiedene Konstruktionsprinzipien umfassenden Spektrums wasserdichter runder und rechteckiger Armbanduhrengehäuse. Vielen damals preiswerten Lösungen haftete indes der große Nachteil an, daß die Uhrmacher zum Öffnen und Schließen der Gehäuse die verschiedensten Gerätschaften benötigten. Fehlten diese, war es mit der Dichtigkeit spätestens nach der ersten Reparatur vorbei.

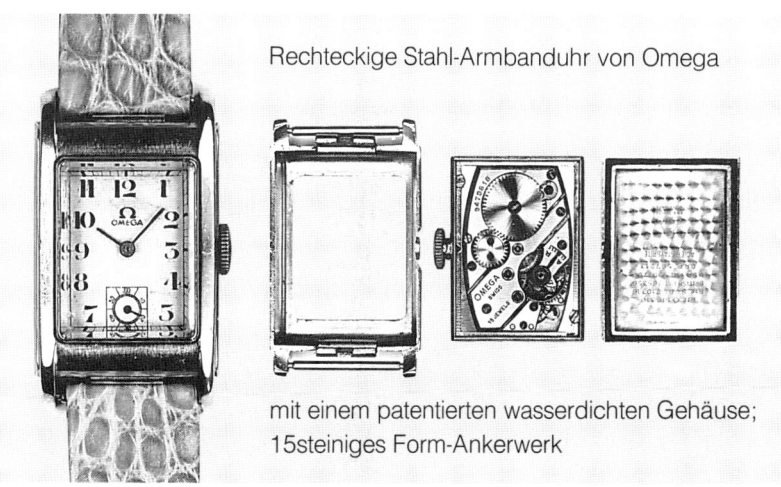

Rechteckige Stahl-Armbanduhr von Omega

mit einem patentierten wasserdichten Gehäuse;
15steiniges Form-Ankerwerk

1001 breveté	
0312	
0312 V	
1024 breveté	
444	
1026 breveté	
1027 breveté	

Verschiedene Konstruktionen wasserdichter Armbanduhrgehäuse aus den 40er Jahren

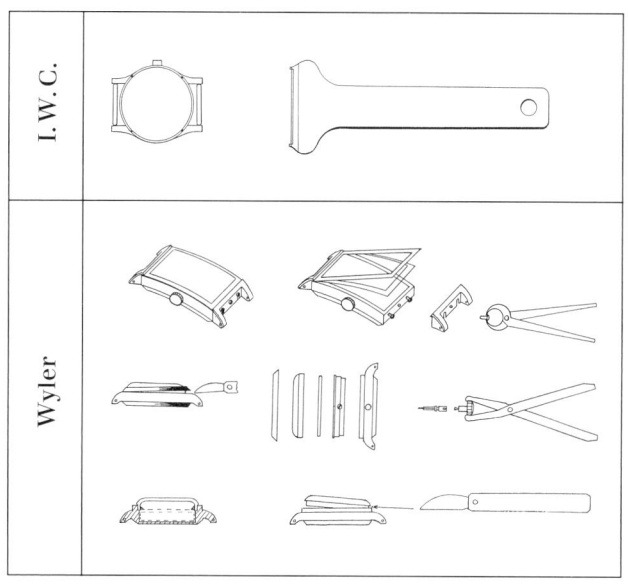

In den vierziger Jahren führten einschlägiger Bedarf – zunächst wiederum bei Militärs, Expeditionscorps und Sportlern – und später das gestiegene Vertrauen der ›normalen‹ Kundschaft zu einer ersten Blütephase für wasserdichte Armbanduhren. Sie gehörten ebenso zur Kollektion der Uhrenhersteller wie die eleganten oder komplizierten Modelle. Vor allem durch gezielte Werbung wurde der Verkauf wasserdichter Zeitmesser fürs Handgelenk stark forciert.

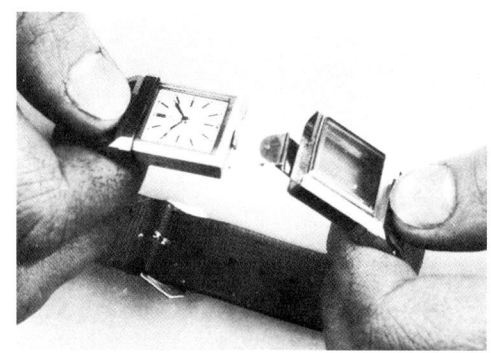

Herrenarmbanduhr von Omega mit einem zusammenschiebbaren wasserdichten Gehäuse; Konstruktion des Jahres 1936; rundes 15steiniges Ankerwerk

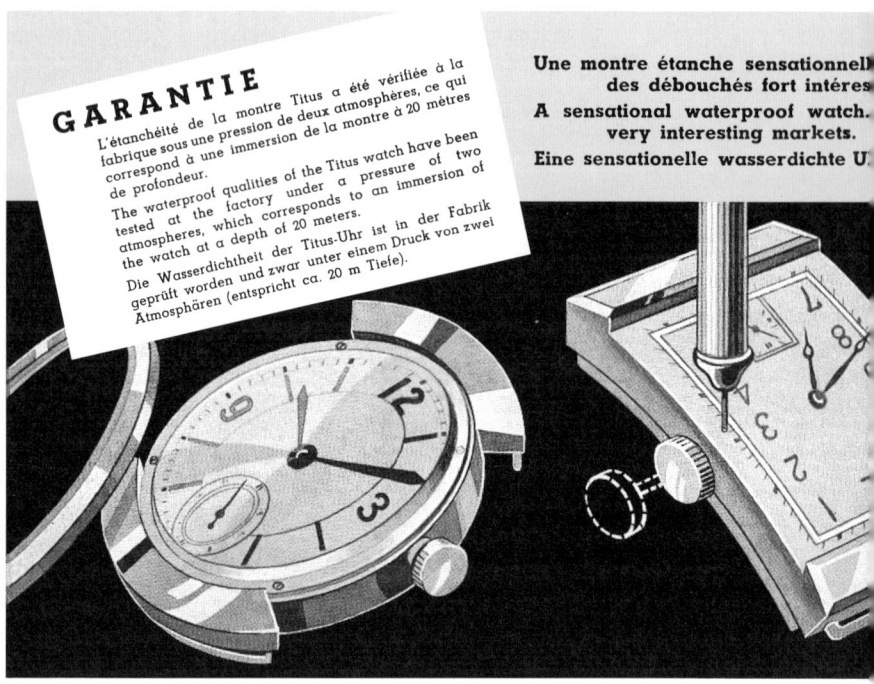

GARANTIE

L'étanchéité de la montre Titus a été vérifiée à la fabrique sous une pression de deux atmosphères, ce qui correspond à une immersion de la montre à 20 mètres de profondeur.

The waterproof qualities of the Titus watch have been tested at the factory under a pressure of two atmospheres, which corresponds to an immersion of the watch at a depth of 20 meters.

Die Wasserdichtheit der Titus-Uhr ist in der Fabrik geprüft worden und zwar unter einem Druck von zwei Atmosphären (entspricht ca. 20 m Tiefe).

Une montre étanche sensationnell des débouchés fort intéres

A sensational waterproof watch. very interesting markets.

Eine sensationelle wasserdichte U.

Auszug aus einem ›Titus‹-Prospekt für wasserdichte Armbanduhren; Ende der 30er Jahre

Die Armbanduhr im Reagenzglas oder Aquarium zeigte, welchen Widerstand sie dem nassen Element entgegenzusetzen vermochte. Andere Hersteller präsentierten stolz Dankesschreiben Ihrer Kunden, in denen die Bewährung auch bei härtesten Einsätzen attestiert wurde. Dieser Trend verstärkte sich in den folgenden Jahrzehnten weiter und führte letztendlich dazu, daß ein wasserdichtes Gehäuse selbst bei billigen Plastik-Armbanduhren gegenwärtiger Produktion beinahe zur Selbstverständlichkeit geworden ist.

Nach derzeit gültigen Maßstäben darf eine Armbanduhr dann als ›wasserdicht‹ bezeichnet werden, wenn sie gegen Schweiß, Wassertropfen, Regen oder beim Tauchen bis zu 1 Meter Wassertiefe für die Dauer von 30 Minuten resistent ist. Ist eine wasserdichte Armbanduhr höher belastbar, finden sich die entsprechenden Werte zumontre qui offre au grossiste et à l'horloger de nouvelles possibilités de vente et

ch which offers to the wholesaler and the retailer new sales possibilities and

len Grossisten wie für den Uhrmacher neue Verkaufs- und Absatzmöglichkeiten.

meist als Gehäusegravuren wieder, z. B. in Form des Prüfdrucks ›bar‹ oder einer Meterangabe. Für Taucheruhren gelten dagegen noch strengere Maßstäbe: Sie müssen konstruiert sein für einen täglichen Gebrauch von mindestens 1 Stunde in einer Wassertiefe von 100 Meter. Doch eines gilt es bei alledem sorgfältig zu bedenken: Angaben über den Grad der Wasserdichtigkeit sind ›Momentaufnahmen‹ und keine lebenslang garantierten Werte. Manipulationen am Gehäuse, starke Temperaturschwankungen (z. B. vom Sonnenbad ins kühle Naß) oder sonstige äußere Einflüsse können rasch dazu führen, daß das Prädikat ›wasserdicht‹ nicht mehr oder nur noch eingeschränkt gilt. Deswegen empfiehlt es sich vor allem bei älteren Sammler-Armbanduhren, diese vor einer derartigen Benützung bei einem Uhrmacher auf die Dichtigkeit des Gehäuses hin überprüfen und ggf. die Dichtungen austauschen zu lassen.

85

PIERCE - NACHRICHTEN

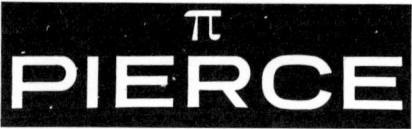

π
PIERCE

SIE BLIEB AM LEBEN...
...trotzdem sie 200 Meter
tief stürzte und
ein Jahr im ewigen Eis lag!

*Es handelt sich um eine automatische, wasserdichte,
stossgesicherte Armbanduhr Marke Pierce.*

Aus Biel wird uns mitgeteilt :
Anlässlich einer Besteigung des Mönchs — jenes Gipfels,
der mit Eiger und Jungfrau ein weltbekanntes Trio von
Bergriesen bildet — fiel dem Bergsteiger Fredy Lanz ein
Eisklumpen auf das Handgelenk, wobei dessen Armbanduhr berührt wurde und sich vom Arm loslöste. Laut Angaben des Alpinisten wirbelte die Uhr durch die Luft, rollte
auf dem Hartschnee etwa 200 Meter tiefer, um dann endlich irgendwo liegen zu bleiben.

*(Links) Herr F. Lanz, der glückliche Besitzer der auf dem Mönch
wiedergefundenen Uhr.*
*(Rechts) Herr M. Perrenoud, der Bergsteiger, welcher die Uhr
entdeckte.*

Verzicht auf den Aufstieg — oder auf die Uhr ?

Selbstverständlich war nicht daran zu denken umzukehren,
um die Uhr zu suchen, da sonst das Unternehmen höchst
wahrscheinlich mit einem Misserfolg geendet hätte. So
wurde denn der Aufstieg fortgesetzt und der Gipfel erklom-
men. Doch hinterliess dieser Sieg Herrn Lanz einen etwas
bitteren Nachgeschmack, hatte er doch dabei seine getreue
Gefährtin verloren.

Wie man sich ein Jahr später wiederfand !

Am 24. Juni 1962 stiess Herr Martial Perrenoud, ebenfalls
aus Biel, auf dem Hartschnee des zum Mönch führenden
Nollengrats, auf eine wasserdichte Pierce-Armbanduhr Ref.
2039k, automatisch mit Kalender, gelbgoldplattiert mit
Stahlboden. Die Uhr hing an einem Eisblock.
Einige Wochen später erzählte Herr Perrenoud einigen
Freunden die Einzelheiten seines Erlebnisses. Zu seinem
grenzenlosen Erstaunen erklärte ihm nun einer unter ihnen,
Herr F. Lanz, es handle sich zweifellos um seine eigene Uhr,
die er anlässlich der gleichen Besteigung am 23. Juli 1961
verloren habe. Als ihm das Stück vorgelegt wurde, erkannte
er es sofort. Übrigens stimmte auch die Nummer der Uhr
mit derjenigen des Garantiescheins überein.

Eine mehr als unverwüstliche Gesundheit !

*Die Uhr wurde von einem Eisklumpen getroffen, wurde ne
einem Sturz von 200 Metern den schlimmsten atmosphärisch
Einflüssen ausgesetzt, und blieb trotzdem gänzlich unversel
Kein Rostfleck, kein Kondenswasser, kein Bruch eines mecl
nischen Organs.*

*Diese Uhr wurde von einem
Eisblock getroffen, stürzte 200
Meter tief, verbrachte ein Jahr
im ewigen Schnee — und sie bewegt sich doch !*

Nachdem Herr Perreno
sie aufgezogen und gerich
hatte, stellte er nach B
digung der Bergtour ti
dass sie nichts von ihrer C
nauigkeit eingebüsst hatte
Der Beweis ist somit
bracht, dass Pierce-Uhr
unter den härtesten Bed
gungen wie am Handgele
Ihrer Kunden die gleiche h
vorragende Präzision at
weisen. Wenn Sie diese A
gumente zweckmässig vi
werten, werden Sie i
Kundschaft bestimmt ver
lassen, Ihnen eine Pierce-l
abzukaufen, die auch d
strengsten Strapazen star
hält.

Anzeige der
Uhrenfirma Pierce
aus dem Jahre
1963

86

Stahl-Armbanduhr von Rolex, die am 23. Januar 1960, an der Außenhaut des U-Bootes ›Trieste‹ befestigt, bis auf 10916 Meter tauchte, und hinterher noch einwandfrei funktionierte

Stahl-Armbanduhr mit eingebautem Tiefenmesser bis 50 Meter, Modell ›bathy 50‹ von Favre-Leuba; Ende der 60er Jahre; die Anzeige der Tauchtiefe erfolgt über einen zentral angeordneten Zeiger; der Wasserdruck wird mit Hilfe einer Membrandose gemessen

Taucher-Armbanduhr mit automatischem Aufzug und Datumsanzeige, Modell ›Aquatimer‹ von IWC, um 1970; wasserdicht bis 200 Meter; ein Drehring zur Einstellung der Tauchzeit läßt sich über die Krone bei der ›4‹ betätigen; Ankerwerk Kaliber 8541B, bei dem der Aufzug durch einen unbegrenzt drehenden Rotor erfolgt

Eine Sonderform der Armbanduhrengehäuse waren stets diejenigen, welche dem Werk einen speziellen Schutz gegenüber starken Magnetfeldern boten. An sich ist der Ferromagnetismus, der aus dem atomaren Aufbau der Materie resultiert, etwas ganz natürliches. Andererseits hatte der Däne Hans Christian Oersted schon um 1820 entdeckt, daß eine Kompaßnadel in der Nähe eines elektrischen Leiters eine Ablenkung erfährt, und damit die Grundlagen der Lehre vom Elektromagnetismus geschaffen.

Nun können sich die beispielsweise von starken Elektromotoren, Magnetkupplungen oder magnetischen Bremsen ausgehenden Magnetfelder auch durchaus negativ auf den Gang eines Uhrwerks auswirken, weil der zu dessen Herstellung unentbehrliche Stahl magnetisiert wird.

Erhöhter Gefahr ausgesetzt sind bei mechanischen Armbanduhren insbesondere Anker, Ankerrad, Plateau und Unruhspirale. Aber auch die übrigen Stahlteile können durch starke Magnetfelder negativ beeinflußt werden. Dies führt entweder zu Gangabweichungen oder in Extremfällen auch zum Stillstand einer Uhr.

Stahl-Armbanduhr mit einem bis 200 Meter wasserdichten sowie antimagnetischen Gehäuse, Modell ›Fifty Fathoms-Milspec I‹ von Blancpain; Ende der 50er Jahre; bei der ›6‹ befindet sich eine Indikation, anhand derer sich erkennen läßt, ob Feuchtigkeit ins Innere der Uhr gelangte

Vor allem Armbanduhren von Eisenbahnern auf E-Loks, Fliegern und Ingenieuren hatten starke Magnetfelder immer wieder zu schaffen gemacht. Deshalb tauchten bereits in den vierziger Jahren erste Spezialgehäuse auf, bei denen das Uhrwerk zusätzlich von einem sehr leitfähigen Innengehäuse aus einer Speziallegierung, z. B. Weicheisen, Mumetall oder Permalloy umgeben ist. Dieser Schutz war und ist jedoch nur sehr unvollkommen, wenn nicht auch das Zifferblatt aus diesem Material besteht.

Ein solcher, rundum geschlossener ›Mantel‹ verhindert die Bildung magnetischer Kraftfelder in seinem Inneren weitgehend. Abhängig von seiner Stärke, können Armbanduhren Magnetfelder bis zu 1500 Gauß vertragen, bevor ihr Werk stehenbleibt.

Zu den wichtigen Vertretern der Spezies antimagnetischer Armbanduhren zählen u. a. Modelle von Blancpain (Modell ›Milspec II‹), IWC (Modelle ›Ingenieur‹ und ›Mark XI‹), Jaeger-LeCoultre (Modelle ›E 161‹ und ›E 163‹), Longines, Omega (Modell ›Railmaster‹), Patek Philippe (Modell ›Amagnétic‹), Rolex (Modell ›Milgauss‹) oder Universal (Modell ›Railrouter‹).

Herrenarmbanduhr mit automatischem Aufzug, Datumsanzeige sowie speziellem antimagnetischem Gehäuse, Modell ›Ingenieur‹ von IWC; 1954 auf den Markt gebracht; Ankerwerk mit Aufzug durch unbegrenzt drehenden Rotor, Kaliber 8531

Wasserdichte und antimagnetische Herrenarmbanduhr mit Zentralsekunde, Modell ›Multifort‹ von Mido; um 1937

Flieger-Armbanduhr mit antimagnetischem Innengehäuse, Modell ›Mark XI‹ von IWC; ab 1948 für mehrere Jahrzehnte für die Piloten der englischen und kanadischen Air Force hergestellt; 12liniges Anker werk Kaliber 89, 17 Steine, indirekt angetriebene Zentralsekunde, Glucydur-Unruh, Breguet-Spirale, ›Incabloc‹-Stoßsicherung, Unruh-Stoppvorrichtung; vor ihrer Auslieferung wurde jede ›Mark XI‹ insgesamt 648 Stunden lang getestet

Alle vorgenannten Bemühungen um das Armbanduhrgehäuse haben sicherlich in erheblichem Maße dazu beigetragen, daß die ursprünglichen Kritikpunkte heute längst kein Thema mehr sind.

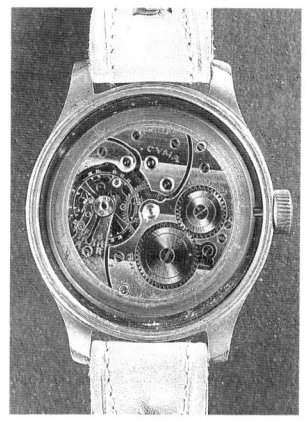

Flieger-Armbanduhr
der Uhrenfirma Tavannes-
Cyma aus den 40er
Jahren; 15steiniges Ankerwerk, Glucydur-Unruh,
autokompensierende
Breguet-Spirale

Große Flieger-Armbanduhr
aus der Zeit des Zweiten
Weltkrieges von Laco,
Pforzheim, Gehäusedurch-
messer 55 mm; 22liniges
Ankerwerk, Durowe-
(Deutsche-Uhren-Roh-
werke-)Kaliber, 22 Steine,
bimetallische Unruh,
Breguet-Spirale, indirekt
angetriebene Zentral-
sekunde

Armbanduhren mit besonderen Fähigkeiten

Den Nutzen eines Zeitmessers durch Zusatzfunktionen unterschiedlichster Art zu erhöhen, ist kein Verdienst, das sich die Armbanduhr zuschreiben könnte. Zusatzfunktionen oder Komplikationen sind schon seit den ersten Jahrzehnten der Räderuhr bekannt. Doch gerade durch die immense Verbreitung des am Handgelenk zu tragenden Zeitmessers, durch die spezifischen Anforderungen der Menschen des 20. Jahrhunderts erfuhren bestimmte Zusatzfunktionen eine Popularität, die ohne das Medium Armbanduhr vermutlich nicht denkbar gewesen wäre. Gemeint sind insbesondere der automatische Aufzug, aber auch Datums- bzw. Kalenderwerke und Chronographen. Andere Komplikationen wie z. B. die Repetitionsschlagwerke konnten sich bei der Armbanduhr als typischem Produkt dieses Jahrhunderts indes nicht durchsetzen, weil dafür kein echter Bedarf mehr vorhanden war.

Wieder andere Komplikationen blieben schon aufgrund ihrer hohen Kosten bei Taschen- wie Armbanduhren marginal, wenn man z. B. an das Tourbillon denkt. Nun ist Zusatzfunktion nicht gleich Zusatzfunktion. Grundsätzlich ist zu unterscheiden zwischen

- denjenigen, welche mit dem Uhrwerk in Verbindung stehen, d. h. deren Funktion vom Uhrwerk abhängig ist, und
- solchen, die ohne direkten funktionalen Zusammenhang einfach zum Uhrwerk addiert werden.

Unter die erste Kategorie fallen im wesentlichen die mechanischen Armbanduhren mit

Achttagewerk,
automatischem Aufzug (und ggf. Gangreserveanzeige),
Chronograph oder start- und stoppbarem Sekundenzeiger,
Datums- bzw. Kalenderwerk,

Ebbe- und Flutanzeige,
Kurzzeitmesser,
Repetitionsschlagwerk,
springender Sekunde,
Tourbillon,
von der Norm abweichenden Zeitanzeige (z. B. digital, ›Duo-Dial‹,
›Regulatorzifferblatt‹)
Wecker,
Weltzeitindikation:

Militär-Armbanduhr ›Bomb Timer‹ von Hamilton; USA um 1944; die Uhr wurde für Bomber-Piloten gefertigt, um beim Bombenabwurf diese genau plazieren zu können; zu diesem Zweck ist der Sekundenzeiger mittels Drücker stoppbar; 19steiniges Ankerwerk Kaliber 982

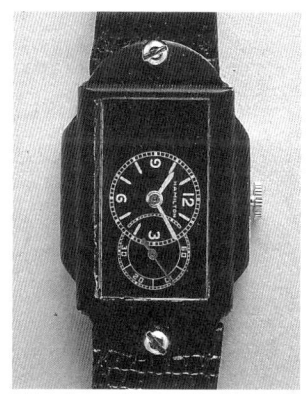

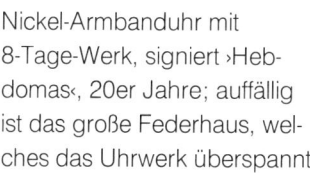

Nickel-Armbanduhr mit 8-Tage-Werk, signiert ›Hebdomas‹, 20er Jahre; auffällig ist das große Federhaus, welches das Uhrwerk überspannt

Herrenarmbanduhr mit Chronograph, 30-Minuten- und 12-Stunden-Zähler sowie Ebbe- und Flut-Anzeige, um 1955; mit Hilfe eines Achsenkreuzes auf einer Drehscheibe und einer 12-Stunden-Skala (y) werden die täglichen ›Solunar-Perioden‹ für einen Hafen oder einen Ort bestimmter geographischer Länge angezeigt; ferner gestatten die vier farbigen Sektoren das Ablesen der Gezeiten Ebbe und Flut an diesem Ort; der Drücker ›Z‹ ermöglicht die genaue Einstellung der Drehscheibe anhand der in Seehäfen aushängenden Gezeitentabellen, danach schaltet das Uhrwerk die Indikation selbsttätig weiter

Stahl-Armbanduhr mit automatischem Aufzug, Tages- und Datumsanzeige sowie Einstell- und Ablesemöglichkeit für Ebbe und Flut, Modell ›Solunar‹ von Heuer, um 1975; im Gegensatz zur vorgenannten Uhr wird die Indikation jedoch nicht vom Uhrwerk gesteuert, sondern sie muß alle 14 Tage auf der Basis von Gezeiten-Tabellen von Hand neu eingestellt werden

Stahl-Armbanduhr mit Kurzzeitmesser bis
60 Minuten, Modell ›MinStop‹ von Vulcain,
60er Jahre; 17steiniges Ankerwerk mit
›Incabloc‹-Stoßsicherung; die 60-Minuten-
Zählscheibe kann mit Hilfe des Drückers
bei der ›2‹ nullgestellt werden und dient
in erster Linie als Gedächtnisstütze
bezüglich der Parkzeit

Stahl-Armbanduhr mit springendem
Sekundenzeiger, Doxa um 1960;
11½liniges Ankerwerk der Ebauches
Chézard, Kaliber 116, 21 Steine; durch
ein Zusatzwerk wird eine Feder gespannt,
die den Sekundenzeiger nach 5 Halb-
schwingen der Unruh um eine Position
weiterspringen läßt

Goldene Herrenarmband-
uhr mit vorne sichtbarem
1-Minuten-Tourbillon,
Breguet 1990

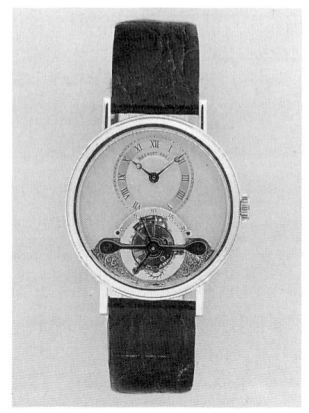

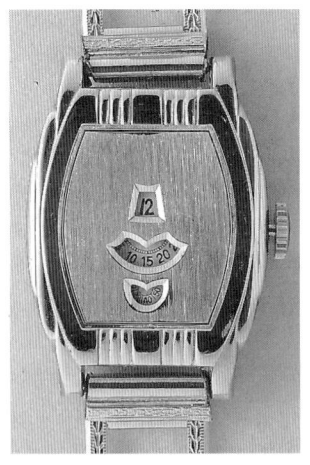

Links: Art-deco-Armbanduhr
mit digitaler Anzeige der
Stunden, Minuten und
Sekunden, signiert ›Abra
Watch Co.‹, 30er Jahre; verchromtes Metallgehäuse;
rundes Ankerwerk mit
7 Steinen

Rechts: Goldene ›Duo-Dial‹-
Armbanduhr, Modell ›Prince‹
von Rolex; hergestellt ab
Anfang der 30er Jahre; hier
in einer Ausführung für den
Eaton-Kaufhauskonzern,
der Mitarbeitern für 25jähri-
ge Betriebszugehörigkeit
u. a. solche Armbanduhren
schenkte, und diese damit
in seinen ¼-Century-Club
aufnahm

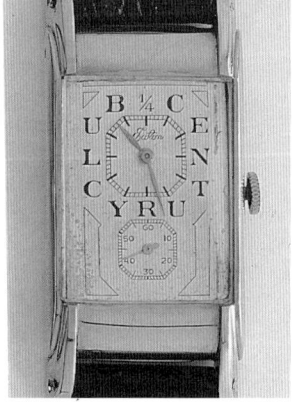

Links: Stahl-Armbanduhr, Modell ›Duo-Dial‹ von Gruen, in einer Ausführung für Damen, insbesondere wohl auch Krankenschwestern, weil die große Sekundenanzeige das Pulsmessen erleichterte; 30er Jahre

Herrenarmbanduhr mit springender 24-Stunden-Anzeige, Modell ›Airflight Jumphour Precision‹ von Gruen; um 1960; ein Zusatzmechanismus unter dem Zifferblatt schaltet einen Zahlenring um 13 Uhr von 1 – 12 auf 13 – 24, um 1 Uhr wieder auf 1 – 12 zurück; 11½liniges Ankerwerk Kaliber N510SS, 17 Steine, Zentralsekunde

Quadratische Stahl-Armbanduhr mit retrograder Stunden- und Minutenanzeige sowie Datumsindikation; Le Phare um 1965;

10½liniges Ankerwerk Peseux Kaliber 7046 mit aufgesetztem Mechanismus für die besondere Form der Zeitindikation

Goldene Herrenarmbanduhr mit retrograder Stunden- und Minutenanzeige, Modell ›Bras en l'air‹ von Gübelin, 1989; die beiden Arme des Mannes zeigen Stunden- und Minuten an

Stahl-Armbanduhr mit
wandernder digitaler
Stundenanzeige; der Pfeil
zeigt jeweils auf die in
der dargestellten Stunde
vergangenen Minuten;
Zentralsekunde; Pinko
›Baladin‹, 1990;
Automatikwerk

Das Feld der zweiten Gruppe wird u. a. besetzt von Armbanduhren mit
Höhen- oder Tiefenmesser,
Kompaß,
manuell schaltbarem Kalender,
manuellen Zählwerken,
Merkzifferblatt,
Rechenscheibe.

Nicht ungewöhnlich ist natürlich auch die Kombination unterschiedlichster Zusatzfunktionen in einer Armbanduhr.

Unten: Herrenarmbanduhr, signiert ›Normandie‹, mit einem im stark gewölbten Glas integrierten Kompaß; Mitte der 40er Jahre; Ankerwerk mit 17 Steinen und ›Incabloc‹-Stoßsicherung, Zentralsekunde

Stahl-Armbanduhr mit eingebautem Höhenmesser, Modell ›bivouac‹ von Favre-Leuba; ab 1963 angeboten; neben dem Uhrwerk (Kaliber Peseux 320, 10½''') befindet sich im Gehäuseinneren ein Dosenbarometer, dessen Welle durch die durchbohrte Minutenradwelle geht und über einen zentral angeordneten Zeiger sowie eine spezielle Skala den Luftdruck anzeigt; eine drehbare Lunette mit Höhenskala (0 – 3000 Meter) muß am Ausgangspunkt einer Bergwanderung entsprechend justiert werden

Herrenarmbanduhr mit vier einzeln zu betätigenden Zählwerken (z. B. für Tore und Ecken zweier Fußball-Mannschaften), signiert ›Players‹, um 1950; 12liniges Ankerwerk Kaliber FHF 27, 17 Steine; die Zählwerke lassen sich mit Hilfe der vier Drücker bei der ›2‹, ›4‹, ›8‹, ›10‹ fortschalten

Militär-Armbanduhr von Bulova mit Merkskalen für Stunden und Minuten, die sich über die Kronen bei der ›2‹ bzw. ›4‹ separat einstellen lassen; Mitte der 40er Jahre; Ankerwerk Kaliber 10AK, 10½‴, 16 Steine, Zentralsekunde

Herrenarmbanduhr Modell ›Cronoplan‹ von Movado mit zwei drehbaren Lunetten (Stunden und Minuten) zum direkten Ablesen der Zeitdauer einer Begebenheit, z. B. Dauer einer Autofahrt; mit Hilfe des Stundenringes kann aber auch eine zweite Zeitzone eingestellt werden; die ›Cronoplan‹ wurde im Jahre 1937 am Markt lanciert; 15steiniges Ankerwerk, bimetallische Kompensationsunruh, Breguet-Spirale

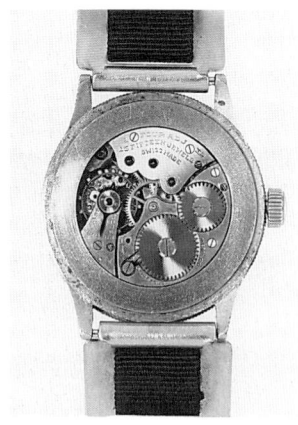

Herrenarmbanduhr mit Chronograph, 30-Minuten- und 12-Stunden-Zähler, Datumsanzeige und Rechenscheibe, Modell ›Navitimer‹ von Breitling, um 1970

Stundenwinkel-Armbanduhr von Longines, Modell ›Lindbergh‹; entwickelt nach 1927 in Zusammenarbeit zwischen Charles Lindbergh und Longines für die speziellen Bedürfnisse der Langstrecken-Aviatik; Stahlgehäuse, Durchmesser 47 mm; infolge der durchdachten Kombination von verschiedenen Zifferblättern und einer Drehlunette läßt sich der Greenwicher Sonnenzeitwinkel direkt ablesen, kann die Uhr unproblematisch zur Ortsbestimmung verwendet werden; 17steiniges Ankerwerk mit Zentralsekunde

Oben: Doublé-Herrenarmbanduhr Zenith ›Pilot‹ mit zentralem Sekundenzeiger; um 1955; 12liniges Ankerwerk Kaliber 120 mit Unruh-Stoppvorrichtung; wird die Aufzugskrone gezogen, bleibt das Uhrwerk stehen, auf ein Zeitsignal hin läßt sich dann das Uhrwerk wieder sekundengenau starten

Platin-Armbanduhr mit Minutenrepetition, ›ewigem‹ Kalender, Jahres- und Mondphasenanzeige, Chronograph mit 30-Minuten- und 12-Stunden-Zähler sowie automatischem Aufzug, Modell ›Grande Complication‹ von IWC, Schaffhausen; 1990 am Markt lanciert

Detailansicht der Repetitions-Kadratur

Goldene Herrenarmband-
uhr mit 1-Minuten-Tour-
billon, Datums- und Gang-
reserveanzeige; ab 1989
von Daniel Roth für Asprey,
London, gefertigt.

Die Uhr besitzt zwei Zifferblätter: vorne sind Stunden,
Minuten und Sekunden
(man beachte die drei
unterschiedlich langen
Sekundenzeiger über dem
Tourbillon) ablesbar, ferner
kann man das Tourbillon
durch einen Zifferblattausschnitt beobachten, hinten
befinden sich die Datums-
und Gangreserveanzeige

In den folgenden sechs Kapiteln wird auf die Zusatzfunktionen automatischer Aufzug, Chronograph, Datums- und Kalenderwerke, Repetitionsschlagwerke, Wecker und Weltzeitindikation detailliert eingegangen, weil sie entweder technisch von besonderer Bedeutung
sind und/oder aber eine relativ große Verbreitung gefunden haben.

Der automatische Aufzug – ein Produkt, das nicht nur der Bequemlichkeit dient

Wäre der automatische Aufzug für mechanische Uhrwerke nicht schon viel früher erfunden worden, so hätten die Entstehungsgeschichte der Armbanduhr und die Suche nach deren permanenter Vervollkommnung mit Sicherheit auch die Idee eines sinnvollen Selbstaufzuges mit sich gebracht. Insbesondere der in den frühen Jahren der Armbanduhr immer wieder geäußerte Vorwurf, dieser Zeitmesser werde an der ungünstigsten Körperstelle getragen, dort wo er u. a. den meisten Bewegungen ausgesetzt sei, hätte unumgänglich dazu führen müssen, daß sich die daraus resultierende kinetische Energie zum Spannen der Zugfeder verwenden läßt.

Doch der menschliche Erfindergeist war dieser unabdingbaren Entwicklung wieder einmal um viele Jahrzehnte voraus und hatte bereits um 1770 die ersten Taschenuhren mit Selbstaufzugssystemen geboren. Mit deren Erfindung werden in geschichtlichen Forschungen stets mehrere Namen in Verbindung gebracht, darunter auch der des großen Abraham-Louis Breguet, auf den einige der bedeutendsten Erfindungen in der Geschichte der Uhrmacherei zurückgehen. Mittlerweile besteht jedoch Einigkeit darüber, daß als Vater des automatischen Aufzugs für tragbare Uhren der uhrmacherische Autodidakt Abraham Louis Perrelet d. Ä. (1729–1826) zu gelten hat. Ihm kommt das Verdienst zu, um 1770 die ersten funktionstüchtigen Taschenuhren mit automatischem Aufzug entwickelt und auch angefertigt zu haben. Dabei verwendete Perrelet sowohl eine Pendelschwungmasse (Pedometerprinzip) als auch bereits einen zentral angeordneten, unbegrenzt drehenden Rotor und schöpfte so schon damals alle praktikablen Möglichkeiten aus.

In der Folge konzentrierte sich die uhrmacherische Kreativität hauptsächlich auf die technische Vervollkommnung der Perreletschen Erfindung, was dadurch zu belegen ist, daß sich bis zur Gegenwart der unbegrenzt drehende Rotor als effektivste Form des automatischen Aufzugs erwiesen hat.

Allerdings war die Steigerung der Bequemlichkeit nur ein – untergeordneter – Aspekt bei der Erfindung des Selbstaufzugs.

Ein anderer, wesentlich wichtigerer Beweggrund resultierte aus der seinerzeit geläufigen Form des Handaufzugs durch einen Schlüssel. Dieser, ständig der Gefahr ausgesetzt verlorenzugehen, hatte die Uhrmacher immer wieder zur Erfindung von Aufzugs-Alternativen angespornt (z. B. auch in Form von Pumpaufzügen, bei denen die Feder durch mehrmaliges Herausziehen und Hineindrücken des Bügelknopfes gespannt werden konnte).

Beleg für diese These ist das weitgehende Verschwinden der gegen Ende des 18. Jahrhunderts so beliebten ›Perpetualuhren‹ vom Markt, nachdem in der ersten Hälfte des 19. Jahrhunderts u. a. durch Louis Audemars, Charles Antoine LeCoultre und vor allem durch Adrien Philippe alltagstaugliche Kronenaufzugssysteme erfunden und zur Serienreife entwickelt worden waren.

Allein wegen der Art, sie meist senkrecht im Sakko, in der Weste oder am Gürtel zu tragen, konnte sich das Prinzip der perpetuellen Taschenuhr nicht nachhaltig bewähren, und es sollte einmal mehr der Armbanduhr zukommen, ein wichtiges Kapitel Uhrentechnik, nämlich das des automatischen Aufzugs, mitzuschreiben.

Doch der Weg zur allgemeinen Anerkennung dieses an sich genialen Systems war auch hier alles andere als eben. Mehrere Anläufe und Jahrzehnte dauerte es, bis sich die Armbanduhr mit automatischem Aufzug bei Käufern und Verkäufern durchgesetzt hatte. Eine kurze Chronologie der Entwicklungsgeschichte des automatischen Aufzugs bei Armbanduhren soll dies verdeutlichen:

Damenarmband mit Brillantbesatz und eingebautem Ührchen mit patentiertem ›automatischem‹ Aufzug (∅ 24 mm) beim Öffnen und Schließen des Bandes; um 1900; vergoldetes Zylinderwerk

Sozusagen als ›Abfallprodukt‹ der Herstellung einiger Taschenuhren mit automatischem Aufzug können die ersten, 1922 von Léon Leroy, Paris, in einer sehr geringen Auflage für Sir David Salomons angefertigten Selbstaufzugs-Armbanduhren gelten. Sieben dieser Armbanduhren waren zusätzlich mit einem Kalenderwerk versehen.

Navetteförmige Armband-
uhr mit automatischem
Aufzug von Léon Leroy,
Paris, 1922; der Aufzug
erfolgt mit Hilfe einer
Pendelschwungmasse, die
im Gehäuse allerdings nur
sehr wenig Platz hat

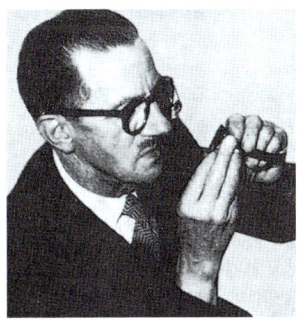

John Harwood

Prototyp der ›Harwood‹
mit automatischem Aufzug

Im gleichen Jahr dachte in einer kleinen Ortschaft auf der Insel Man auch der Uhrmacher John Harwood darüber nach, daß es für das Leben und die Ganggenauigkeit einer Armbanduhr von großem Nutzen wäre, wenn man ihr Werk besser vor Schmutz und Feuchtigkeit schützen könnte, die fast zwangsläufig durch die Öffnung der Aufzugswelle ins Gehäuseinnere eindringen. Deshalb widmete er sich in der folgenden Zeit zusammen mit seinem Mitarbeiter Harry Cutts der Entwicklung eines im Gehäuseinneren befindlichen, automatischen Aufzugssystems, wiederum unter Verwendung einer Pendelschwungmasse. Um auf die Krone als Quelle allen Übels gänzlich verzichten zu können, koppelte Harwood das Zeigerstellsystem kurzerhand mit einer Drehlunette, ein Handaufzug des Werkes war nicht möglich.

John Harwood meldete seine Erfindung 1923 in der Schweiz, in Deutschland sowie in den USA zum Patent an. Nach seiner Auffassung war die Schweiz das einzige Land, in dem seine Uhr mit Erfolg hergestellt werden konnte. Deshalb besuchte er nach Patenterteilung eine Reihe der wichtigsten Ebauches-Fabrikanten. Doch das Interesse an seiner Erfindung war zunächst denkbar gering. Erst nachdem er in England finanzielle Unterstützung zur Anschaffung der nötigen Werkzeuge gefunden hatte, war die A. Schild S.A. in Grenchen ab 1929 zur Serienfertigung der Harwood-Rohwerke bereit. Die Fertigstellung der Uhren wurde dem benachbarten Uhrenhersteller Fortis sowie – exklusiv für den französischen Markt – der Uhrenmanufaktur Blancpain in Villeret übertragen. Insgesamt konnten, trotz der damals schlechten Wirtschaftslage, in den folgenden beiden Jahren mehrere tausend Harwoods verkauft werden. Andererseits wurden aber keine Anstrengungen zur Vervollkommnung dieser zukunftsträchtigen Armbanduhr unternommen, wie Harwood in seinen Erinnerungen mit Bedauern schrieb. Die Weltwirtschaftskrise 1931 führte schließlich zum Aus für die Harwood.

Silberne tonnenförmige
›Harwood‹. Die Zeiger-
stellung erfolgt über eine
Drehlunette, durch ein
Fenster oberhalb der ›6‹ ist
erkennbar, ob nach dem

Zeigerstellen der Kraftfluß
zwischen Uhr- und Zeiger-
werk wiederhergestellt
wurde. 10½liniges Anker-
werk, 15 Steine, bimetal-
lische Unruh, Flachspirale

Trotzdem war der Stein ins Rollen gekommen, die
Weiterentwicklung der Armbanduhr mit automatischem Aufzug nicht mehr aufzuhalten:

■ Mit Schreiben vom 30. September 1930 erhielt die
bereits erwähnte Uhrenmanufaktur Blancpain von
der Léon Hatot S.A., Paris, das alleinige Recht,
bis zum 31. März 1934 die Armbanduhr ›Rolls‹
herzustellen und zu vertreiben. Der automatische
Aufzug erfolgte bei dieser Armbanduhr durch das
Hin- und Herrollen des Werkes im Gehäuse und
gehörte deshalb zur Gattung der ›Rüttelaufzüge‹.

›Rolls‹.
Zur Zeigerstellung
ist das Gehäuseoberteil
hochzuklappen

111

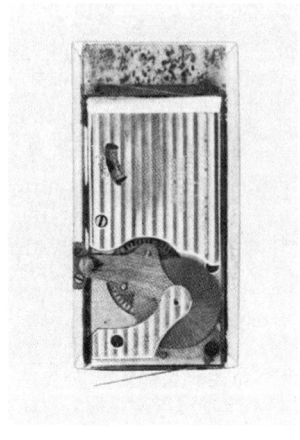

Uhrwerk der Rolls in
der mittelgroßen, 5½linigen
Ausführung

Anzeige aus dem Jahre
1932 für die Armbanduhr
›Rolls‹ in den drei möglichen
Größen

THE LATEST ACHIEVEMENT IN WATCHMAKING

ROLLS

The BALL-BEARING
Feature Assures
Smooth Winding

Automatic Control
Prevents
Over-winding

ACTUAL SIZE
17-JEWEL MOVEMENT

The Only SELF WINDING Watch

Sponsored by the Paris Elite

————————THE WATCH OF THE FUTURE————————

Accurate — Elegant — Dependable

The HALLMARK Company, Inc.
16 East 40th Street   New York

Sole Distributors of the Famous and Old Established
Hallmark and A. Lecoultre Watches

Autogrammkarte der Schauspielerin Joan Crawford mit der Aufschrift ›Die Rolls bedeutet Ewigkeit in einer Schachtel‹

Unten: Rechteckige Herrenarmbanduhr mit automatischem Aufzug, Modell ›Wig-Wag‹ der Uhrenfabrik La Champagne. Das Uhrwerk bewegt sich in einer Rüttelkammer hin und her, spannt dadurch die Zugfeder; rundes Ankerwerk mit 17 Steinen

- Von der Uhrenfabrik La Champagne S.A., Biel, kam 1931 gleichfalls eine Armbanduhr mit Rüttelaufzug, das Modell ›Wig-Wag‹, bei dem sich wie schon bei der ›Rolls‹ das Werk im Gehäuse hin- und herbewegte.
- Auf der Basis eines Schweizer Patents von 1933 fertigte die Bulova S.A. ebenfalls eine Armbanduhr mit Rüttelaufzug. Im Gegensatz zur ›Rolls‹ und zur ›Wig-Wag‹ bewegt sich das Werk jedoch nicht im Gehäuseinneren, sondern zusammen mit dem Gehäuseoberteil auf einer Gehäuse-Grundplatte. Die Kraftübertragung übernehmen außen angebrachte Hebel.
- Eine Idee John Harwoods lag der ab 1931 wiederum von der A. Schild S.A. hergestellten ›Autorist‹ zugrunde. Die beim Öffnen und Schließen der Hand entstehenden Veränderungen im Umfang des Handgelenks werden zum automatischen

Armbanduhr mit automatischem Aufzug nach dem Rüttelprinzip, Patent Bulova 1933, signiert ›Aramis‹; die Zeigerstellung kann nach dem Hochklappen des Glasrandes vorgenommen werden (Rändelscheibe bei der ›3‹); Form-Ankerwerk

Silberne Armbanduhr mit automatischem Aufzug, System ›Autorist‹, signiert ›Universe Self-Winding‹, in der Ausführung für Herren

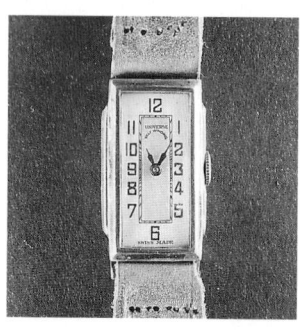

Links:
Die ›Autorist‹
für Damen,
Silbergehäuse

Der untere Bandanstoß ist beweglich befestigt, damit die aus der Veränderung des Handgelenkumfanges resultierende Bewegung zum Spannen der Zugfeder ins Gehäuseinnere übertragen werden kann

Rechts:
Form-
Ankerwerk,
7 Steine,
bimetallische
Unruh,
Flachspirale

Aufzug des Uhrwerks verwendet. Über beweglich angebrachte Bandanstöße sowie einen ausgeklügelten Hebelmechanismus erfolgt die Kraftübertragung aufs Werk.

■ Die Uhrenfabrik Wyler S.A. präsentierte gleichfalls im Jahre 1931 eine rechteckige Armbanduhr, deren Aufzugssystem ähnlich der ›Autorist‹ funktionierte. Allerdings waren nicht die Bandanstöße, sondern der Gehäuseboden beweglich befestigt. Ein ins Gehäuseinnere ragender Dorn sorgte für die Übertragung der Energie.

■ In den Jahren um 1935 wurde von der Frey & Co., Biel, für die ›Perpetual Self Winding Watch Co. New York‹ das Modell ›Perpetual‹ produziert. Der automatische Aufzug erfolgte unter Verwendung einer an einem Formwerk befestigten Pendelschwungmasse.

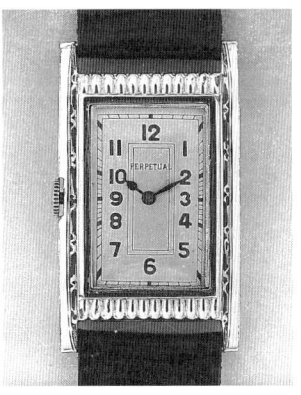 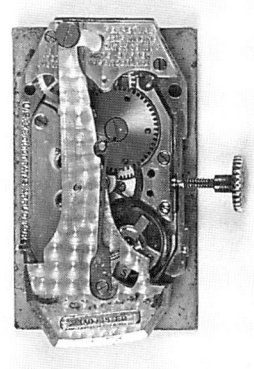

Rechteckige Armbanduhr mit automatischem Aufzug, Modell ›Perpetual‹, um 1935; die linke Krone dient nur dem Zeigerstellen

Der Aufzug erfolgt bei der ›Perpetual‹ nach dem Pendelprinzip. An einem Form-Ankerwerk mit 15 Steinen ist eine pendelförmige Schwungmasse befestigt

Aus verschiedenen Gründen besaßen alle vorgenannten Uhrenmodelle keine Möglichkeit, die Zugfeder auch über die Krone zu spannen. Letztere, zum Teil verdeckt unter dem – aufklappbaren – Gehäuse-Oberteil angebracht, diente ausschließlich der Zeigerstellung. Wurde eine solche Uhr über längere Zeit nicht getragen, mußte zunächst durch Schütteln die nötige Energie zugeführt werden, um ihr Werk in Gang zu setzen. Bei näherer Betrachtung muten die oben beschriebenen Automatik-Armbanduhren heute eher kurios als funktionell an. Wohl auch deswegen war ihnen kein dauerhafter Erfolg beschieden. Vielmehr verschwanden sie nach relativ kurzer Produktionzeit wieder von der Bildfläche. Doch gerade deswegen werden heute hohe Preise für diese technisch und historisch interessanten Sammelobjekte bezahlt.

Tonnenförmige Herrenarmbanduhr mit automatischem Aufzug von Bulova, um 1935.

Der automatische Aufzug erfolgt, ähnlich wie bei der oben abgebildeten Leroy, durch eine über dem Werk angeordnete Pendelschwungmasse; Form-Ankerwerk mit 17 Steinen

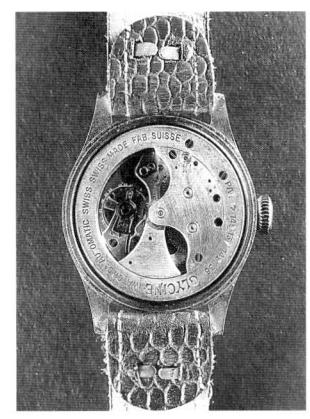

Stahl-Armbanduhr mit automatischem Aufzug von
Glycine; 1931 patentiert;
rundes Ankerwerk mit
zentral angeordneter
Pendelschwungmasse; die

gesamte Aufzugskonstruk-
tion kann bei Reparatur-
arbeiten nach Lösen einiger
Schrauben vom eigent-
lichen Uhrwerk abgehoben
werden

Ungleich erfolgreicher waren hingegen Hans Wilsdorf und seine Genfer Rolex S.A. mit ihrer ›Perpetual‹. Wilsdorf hatte bei seinen Überlegungen zum
automatischen Aufzug jedoch nicht nur die Bequemlichkeit seiner Kundschaft im Auge. Ihm war, wie
schon Harwood, aufgefallen, daß der tägliche Hand-
aufzugsvorgang mit der Krone die Zuverlässigkeit
der von ihm favorisierten wasserdichten Uhr in
Frage stellte. Deshalb bildete der automatische Aufzug nach seiner Meinung die ideale Ergänzung zum
wasserdichten Gehäuse. Die Aufzugskrone sollte nur
noch zum seltenen Zeigerstellen da sein, eine Auffassung die in späteren Jahren als zukunftsweisendes
Konzept allgemein geteilt wurde. Die Konstruktion
der ›Perpetual‹ basierte, erstmals in der Geschichte
der Armbanduhr, auf der Perreletschen Erfindung
des unbegrenzt drehenden Rotors. Dieser geräusch-
los, stoßfrei ohne Puffer arbeitende, zukunftsweisen-

de Selbstaufzug wurde 1932 für alle Länder patentiert und kann sich rühmen, der Armbanduhr mit automatischem Aufzug den weiteren Weg geebnet zu haben. Nachteile des Rolex-›Perpetual‹-Werkes waren allenfalls seine verhältnismäßig große Bauhöhe von 7,52 mm und die Tatsache, daß der Aufzug nur in einer Drehrichtung des Rotors erfolgte. Letzteres bedingte relativ viel Bewegung, um die Zugfeder regelmäßig zu spannen.

Wasserdichte Armbanduhr mit automatischem Aufzug von Rolex, Modell ›Oyster Perpetual‹, um 1941; der Aufzug erfolgt erstmals durch einen unbegrenzt drehenden Rotor, allerdings nur in einer Drehrichtung; 18steiniges Ankerwerk

Diesem Manko half der Ebauches-Fabrikant Felsa 1942 mit seinem Kaliber 692 ›Bidynator‹ ab. Bei dem nur mehr 5,80 mm hohen Werk zog der Rotor, wie der Name besagt, erstmals in beiden Drehrichtungen auf und arbeitete dadurch wesentlich effizienter. Ebenfalls 1942 kam Eterna mit seinem 9¾linigen Kaliber 1033 auf den Markt. Mit diesem, wiederum nach dem Pedometer-Prinzip arbeitenden Werk war auch die Damenarmbanduhr mit automatischem Aufzug Realität geworden. Doch trotz aller Bemühungen der Uhrenindustrie mißtrauten viele Kunden der Wirksamkeit und Funktionssicherheit automatischer Aufzugssysteme auch gegen Ende der vierziger Jahre immer noch. Hinzu kam ein hoher Preis. Immerhin waren Armbanduhren mit automatischem Aufzug zu jener Zeit fast doppelt so teuer wie Handaufzugsmodelle, gleiche Qualität des Uhrwerks vorausgesetzt. Der Ausweg aus diesem Dilemma glich fast einer Quadratur des Kreises, denn nur eine Massenproduktion konnte zu einer nachhaltigen Preissenkung führen. Also bemühte sich die Uhrenindustrie, die zuverlässige Funktion des automatischen Aufzugs deut-

Herrenarmbanduhr mit automatischem Aufzug durch unbegrenzt drehenden Rotor (in beiden Drehrichtungen) und digitale Gangreserveanzeige durch Fenster bei der ›6‹; Junghans um 1953; 10½liniges Ankerwerk mit 22 Steinen, Kaliber 80/12, Junghans-Stoßsicherung lich sichtbar unter Beweis zu stellen, in Form der seit langem von den Marine-Chronometern her bekannten Gangreserveanzeige. Beim 1948 von Jaeger-LeCoultre vorgestellten System wurde der Träger dieser automatischen Armbanduhr ständig über die verbleibende Gangdauer und die einwandfreie Funktion des Aufzugssystems durch einen kleinen Zifferblattausschnitt informiert. Andere Firmen folgten rasch, und in den fünfziger Jahren waren höchst unterschiedliche Konstruktionen und Anzeigeformen auf dem Markt.

Goldene Herrenarmband-uhr mit automatischem Aufzug durch Pendel-schwungmasse sowie mit Gangreserveanzeige, Modell ›Futurematic‹ von Jaeger-LeCoultre; 1953 vorgestellt.

14liniges Ankerwerk Kaliber 497, 17 Steine, Stoß-sicherung; bei dieser Armbanduhr wurde wegen des effizienten Aufzugssystems ganz auf einen Handaufzug verzichtet, die Krone auf der Rückseite der Uhr dient deswegen nur zur Zeiger-stellung; sobald die Feder ganz gespannt ist, wird die Pendelschwungmasse arretiert

Maßgeblich für die Mitte der fünfziger Jahre ständig wachsende Akzeptanz der automatischen Armbanduhren waren schließlich die Faktoren der Zuverlässigkeit, der Bequemlichkeit und auch der – konstruktiv bedingten – größeren Ganggenauigkeit. Weitere Leistungen der Uhrenkonstrukteure und -fabrikanten erhöhten die Attraktivität des selbstaufziehenden Zeitmessers am Handgelenk noch zusätzlich:

1. die Konstruktion immer flacherer Werke: Beispielsweise reduzierte die Entwicklung von in die Werksebene integrierten Mikrorotoren die Bauhöhe bis auf 2,30 mm beim 1959 vorgestellten Kaliber Piaget 12 Pl., wobei dessen Rotor zur Erhöhung der effektiven Masse aus 24 karätigem Gold bestand. Ihren Gipfelpunkt erreichten die Bemühungen um möglichst flache Uhrwerke mit automatischem Aufzug im Jahr 1978 mit der Markteinführung des – exotischen – Jean-Lassale-Kalibers 2000: Nur mehr 2,00 mm hoch war dieses technische Wunderwerk mit zentral angeordnetem Rotor.

2. die Einführung billiger Roskopf-Kaliber mit automatischem Aufzug (ebnete den Weg zur ›Volks-Automatik‹).

3. die Addition bzw. Integration automatischer Aufzugsysteme bei komplizierten Armbanduhren, wie z. B. Chronographen, Kalenderuhren oder Armband-Weckern.

Insgesamt haben mehr als sechzig Jahre automatische Armbanduhren ein beinahe unüberschaubares Spektrum an Kalibern mit verschiedensten Aufzugsystemen, Rotor- bzw. Schwungmassenformen und -lagerungen, Wechsel- und Reduktionsgetrieben hervorgebracht. Nicht zu Unrecht kann man heute den automatischen Aufzug als die erfolgreichste ›Komplikation‹ mechanischer Armbanduhren bezeichnen, wie anhand einiger statistischer Zahlen deutlich wird:

Rechts: Stahl-Armbanduhr
mit automatischem Aufzug,
Gangreserve- und Datums-
anzeige, Modell ›Conquest‹
von Longines; um 1960;
24steiniges Ankerwerk mit
Rotoraufzug in beiden Drehrichtungen, Anzeige der
Gangreserve bis 45 Stun-
den durch einen zentral
angeordneten Zeiger,
Datumsfenster bei der ›12‹

Quadratische Armbanduhr
mit automatischem Aufzug
durch Pendelschwung-
masse, Movado, um 1950;
17steiniges Ankerwerk,
12‴, Kaliber 115,
›Incabloc‹-Stoßsicherung;
die Pendelschwungmasse
ist an einem s-förmigen
Hebel federnd befestigt, um
Stöße abzufangen, Aufzug
in einer Drehrichtung

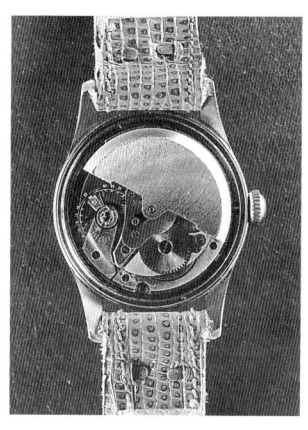

Stahl-Armbanduhr von Ebel
mit automatischem Aufzug
in beiden Drehrichtungen
des Rotors; 50er Jahre;

11½liniges Ankerwerk
Kaliber AS 1361 mit Zentralsekunde, ›Incabloc‹-Stoß-
sicherung

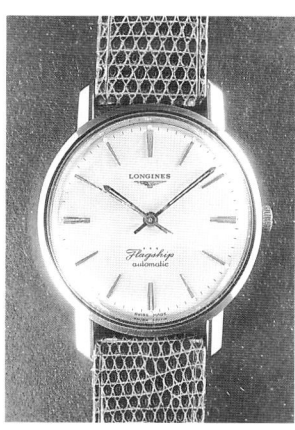

Herrenarmbanduhr mit
automatischem Aufzug von
Longines, um 1960, Modell
›Flagship‹;
12liniges Ankerwerk mit
17 Steinen, Kaliber 340;

mittels Kugellager exzen-
trisch gelagerter Rotor, der
die Feder in beiden Dreh-
richtungen über einen
innenverzahnten Kranz
spannt

Blinden-Armbanduhr mit
automatischem Aufzug,
signiert ›Lignal‹; vernickeltes
Gehäuse mit aufklapp-
barem Glasrand; um 1970;
11½liniges Ankerwerk mit
25 Steinen, Eta-Kaliber 2784,
Rotoraufzug in beiden
Drehrichtungen

Stahl-Armbanduhr mit
automatischem Aufzug und
24-Stunden-Anzeige von
Juvenia, um 1965; 11½lini-
ges Ankerwerk Kaliber 652
(≙ AS-Kaliber 1680),
17 Steine, ›Incabloc‹-Stoß-
sicherung; der Aufzug
erfolgt über einen unbe-
grenzt drehenden Rotor

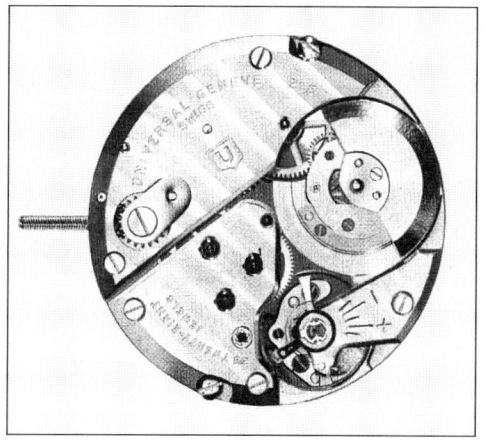

Uhrwerk mit einem in die Werksebene integrierten Planetenrotor, Kaliber 215 ›Microtor‹ von Universal, 1958 der Öffentlichkeit vorgestellt; Werkshöhe 4,10 mm, Durchmesser 12½''', 28 Steine, Gangreserve 60 Stunden

Uhrwerk Jean-Lassale-Kaliber 2000 mit automatischem Aufzug, Durchmesser 20,4 mm, Höhe 2,08 mm, 9 Steine, 18 Kugellager; vorgestellt im Jahre 1978

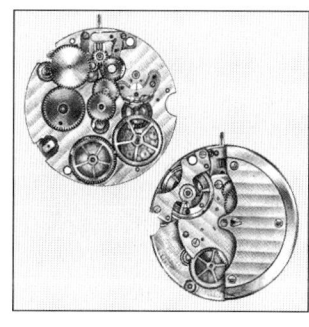

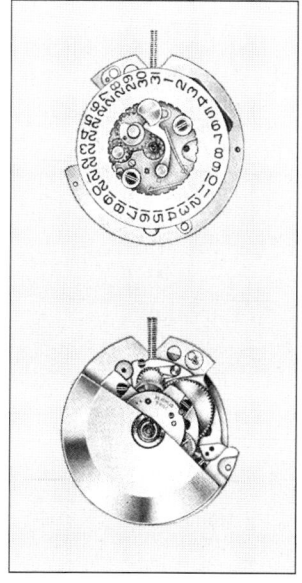

11½liniges Stiftankerwerk mit automatischem Aufzug der Ebauches Bettlach S.A., um 1970; Kaliber 8175, Höhe 5,5 mm, Aufzug durch unbegrenzt drehenden Rotor; als Kaliber 8177 auch mit Datumsanzeige erhältlich

125

■ Alleine von der Kaliber-Familie Eta 2770 wurden zwischen 1969 und 1976 rund 18 Millionen Werke produziert.

■ In den Jahren von 1968 bis 1977 exportierte die Schweiz mehr als 90 Millionen automatische Werke und Uhren mit automatischem Aufzug und Ankerhemmung, und zwar

1968 6 635 034,
1969 7 398 771,
1970 8 005 712,
1971 8 259 886,
1972 8 743 311,
1973 10 944 397,
1974 11 653 514,
1975 9 749 709,
1976 9 122 808,
1977 9 629 262 Stück.

Danach gingen die Zahlen bis zur Mitte der achtziger Jahre kontinuierlich zurück.

Zwar steigt der Marktanteil der automatischen Zeitmesser am Handgelenk heute wieder zusehends, doch beschränkt sich deren Innenleben auf relativ wenige, heute noch, wieder oder neu produzierte Werkstypen. Dazu zählen z. B. die seit 1976 mit großem Erfolg hergestellte Kaliber-Familie 2890 von Eta, die verschiedenen Frédéric-Piguet-, LeCoultre-, Piaget- und Rolex-Kaliber. Die einstmals vorhandene Vielfalt wird es indes nie mehr geben. Grund genug, Armbanduhren mit automatischem Aufzug in einer Sammlung angemessen zu berücksichtigen.

Neuauflage der ›Harwood‹ im
Jahre 1987 durch die Firma Fortis,
Grenchen, unter Verwendung des
Automatik-Kalibers Eta 2892 mit
kugelgelagertem Zentralrotor; das
System der Zeigerstellung basiert
auf den Plänen John Harwoods

Die Armbanduhr
mit Chronograph –
ein multifunktionales
Zeitmeßinstrument

Aus verschiedensten Gründen kam der Armbanduhr mit Chronograph in den rund achtzig Jahren ihrer Existenz stets eine spezielle Bedeutung zu. Die Ursachen mögen, wie später noch darzustellen ist, vor allen Dingen in ihrer universellen Verwendbarkeit zu suchen sein. Hinzu kommt sicherlich auch das Flair des Besonderen, das der Chronograph mit den zusätzlichen Drückern im Gehäuserand und dem auffälligen Zifferblatt verbreitet. Letzteres führte sogar dazu, daß die Armbanduhren mit Chronograph eines bestimmten Herstellers in Werbekampagnen der sechziger Jahre als Objekte zum Spielen und Vorzeigen präsentiert wurden. Doch man täte dieser wichtigen Zusatzfunktion Unrecht, ließe man es bei derartigen Trivialitäten bewenden. Vielmehr führten die mannigfachen gesellschaftlichen Veränderungen des ausgehenden 19. Jahrhunderts unter anderem zu einem nachhaltigen Wandel in den Anforderungen, die an eine Uhr als täglichen Wegbegleiter zu stellen waren.

Die bereits beschriebene Genese und allmähliche Verbreitung der Armbanduhr als eigenständigem Uhrentyp, damit verbunden die kontinuierliche Verdrängung der Taschenuhr, können als Konsequenz dieser Entwicklung betrachtet werden.
Die andere Konsequenz bestand in der kontinuierlichen Steigerung chronometrischer Präzision sowie der Neuentwicklung oder Vervollkommnung sinnvoller und hilfreicher Zusatzfunktionen.

Eine dieser war eben auch der ›Chronograph‹, der in seiner heute bekannten Form etwa auf das Jahr 1880 zurückgeht.

Allerdings ist die inzwischen allgemein eingeführte Gewohnheit, für eine Uhr mit unabhängig vom Werk start-, stopp- und nullstellbarem Sekundenzeiger den Terminus ›Chronograph‹ zu verwenden, verwirrend und unrichtig zugleich.

Der Begriff ›Chronograph‹ bedeutet, korrekt aus dem Griechischen übersetzt, eigentlich ›Zeitschreiber‹, während die heute mit diesem Terminus kategorisierten Uhren richtiger ›Chronoskop‹ heißen müßten, weil sie Instrumente sind, die zwar einen bestimmbaren Zeitabschnitt anzeigen, diesen aber nicht aufschreiben.

Einen echten Chronographen, einen Zeitschreiber, hatte der Franzose Rieussec 1821 erfunden und 1822 zum Patent angemeldet. Bei diesem Gerät drehte sich das Zifferblatt und ein Schreibmechanismus hielt darauf Zeitintervalle in Form von Strichen und Punkten fest.

Schon seit etwa 1800 hatte es zwar Taschenuhren mit einem stoppbaren Sekundenzeiger gegeben, doch bewirkte die Auslösung des Stoppmechanismus, daß das ganze Werk angehalten, die Zeitindikation danach fehlerhaft wurde. Die Uhr mit unabhängig von der Funktion des Werkes anhaltbarem Sekundenzeiger geht auf den Österreicher und nach seiner Uhrmacherlehre Breguet-Mitarbeiter Joseph Thaddäus Winnerl (1799–1886) zurück. Er stellte seine Erfindung im Jahre 1831 der Öffentlichkeit vor und präsentierte später auch noch den Chronographen mit zwei übereinander angeordneten Sekundenzeigern, von denen einer den Start eines Ereignisses markierte, der andere dessen Ende. Nachteil der Winnerlschen Konstruktion: die Zeiger ließen sich nicht nullstellen. Damit war zwar eine Basis, jedoch noch keine wirklich befriedigende Lösung geschaffen.

Als eigentlicher Vater des ›Chronographen‹ gilt indes Adolphe Nicole, Mitinhaber der im Vallée de Joux beheimateten Firma Nicole & Capt. Er war es, der im Jahre 1844 das auf der Welle des Sekundenrades befestigte Nullstellherz zum Patent anmeldete. Unter Mitwirkung des in seiner Firma beschäftigten Henri Féréol Piguet entstand schließlich die erste uneingeschränkt brauchbare Taschenuhr mit Chronograph, deren Präsentation im Jahre 1862 erfolgte.

Doch damit war die endgültige Form, wie sie heute zumeist bekannt ist und verwendet wird, nämlich mit dem werksseitig über den Brücken und Kloben angeordneten Zusatzmechanismus, immer noch nicht gefunden. Vielmehr mußten beinahe weitere zwanzig Jahre ins Land gehen, ehe diese auf Auguste Baud zurückzuführende Entwicklung um 1880 ihre uhrmacherische Realisation fand und ›der Chronograph‹ geboren war. Über das, was ein Chronograph ist, herrschen aber auch heute immer noch sehr uneinheitliche Vorstellungen.

Per definitionem ist nach heutigem Sprachgebrauch ein ›Chronograph‹ eine Uhr mit Stunden-, Minuten- und Sekundenzeiger, die es mit Hilfe eines speziellen zusätzlichen Mechanismus ermöglicht, einen zumeist zentral angeordneten Chronographenzeiger durch Betätigung eines Drückers zu starten, zu stoppen und wieder in seine Nullposition zurückzustellen, ohne daß das eigentliche Uhrwerk dabei angehalten bzw. die Zeitindikation verändert wird. Damit lassen sich gestoppte Zeitintervalle bis zu einer Minute direkt ablesen. Je nach Ausführung besitzen Chronographen ferner einen Minuten- und gegebenenfalls Stunden-Zählzeiger, die seit Beginn der Stoppung abgelaufene volle Minuten bzw. Stunden registrieren und dadurch die Messung längerer Zeitspannen bis zu 12 Stunden gestatten. Bei Betätigung des Nullstelldrückers springen auch die Zählzeiger automatisch in ihre Ausgangsposition zurück.

Ab den dreißiger Jahren hat sich bei den Armbanduhren im allgemeinen der 2-Drücker-Chronograph durchgesetzt: ein Drücker dient dem Starten und Stoppen des Chronographenzeigers, der andere ausschließlich der Nullstellung. Solche Chronographen ermöglichen in aller Regel Additionsstoppungen, d. h. der Chronographenzeiger kann zum Ablesen von Zwischenzeiten beliebig oft angehalten und aus der zuletzt eingenommenen Position heraus erneut gestartet werden.

Die Funktionsweise des Chronographen

Die folgende Beschreibung gilt z. B. für Chronographen-
werke von Valjoux mit einem Schalt- oder Säulenrad.
Einfachere Kaliber, z. B. von Landeron mit einer Kulissenschaltung (ohne Schaltrad), funktionieren aber im Prinzip
ähnlich.

Durch Betätigung des Start-Stopp-Drückers (meist bei
der ›2‹) wird der Chronograph zunächst gestartet. Mit
Hilfe des Schalthebels (1) wird das Schaltrad (2) um
eine Position weiterbewegt. Das Zwischenrad (3) bildet nun eine Verbindung zwischen Chrono-Zentrumsrad
(4) und Mitnehmerrad (5). Der zentrale Chronographenzeiger beginnt zu laufen. Sobald er eine Umdrehung
vollführt hat, werden das Sternrad (6) und damit das
Minutenzählrad (7) jeweils um einen Zahn gedreht. Der
Minuten-Zählzeiger springt auf den ersten Teilstrich.

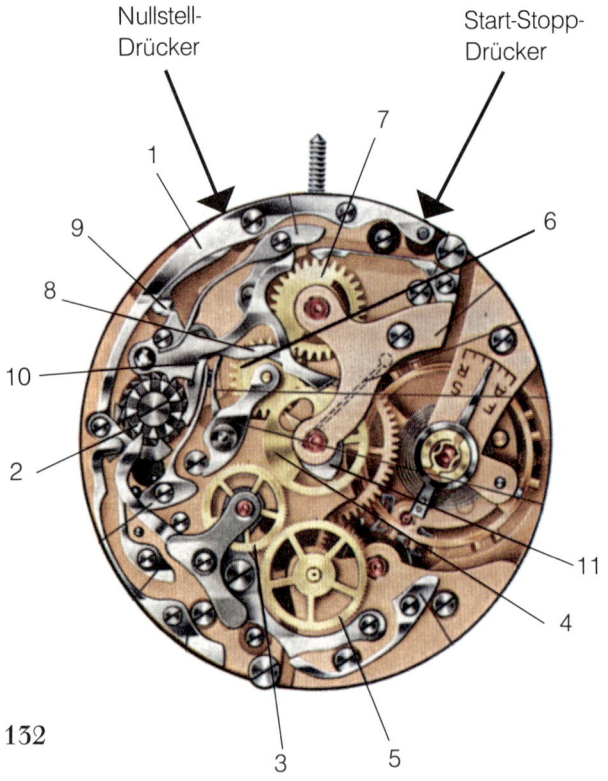

Nullstell-
Drücker

Start-Stopp-
Drücker

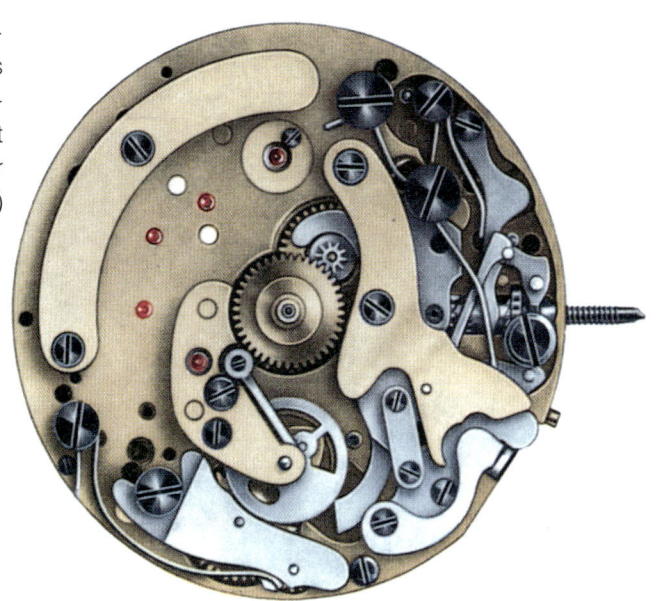

Unterzifferblatt-
ansicht eines
Chronographen-
Kalibers mit
Stundenzähler
(Valjoux)

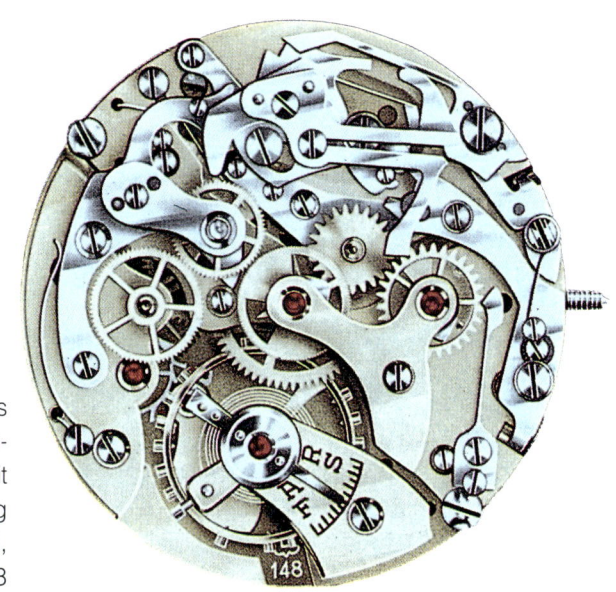

13¾liniges
Chronographen-
Kaliber mit
Kulissenschaltung
(ohne Schaltrad),
Landeron 148

Solange der Chronographenzeiger in Bewegung ist, bleibt der Nullstelldrücker (meist bei der ›4‹) außer Funktion.

Wird der Start-Stopp-Drücker ein weiteres Mal betätigt, dreht sich das Schaltrad wiederum um eine Position und der Kraftfluß zwischen Chrono-Zentrumsrad (4) und Mitnehmerrad (5) wird wieder unterbrochen. Gleichzeitig legt sich ein Blockierhebel (8) an das Chrono-Zentrumsrad (4) und bremst den Chronographenzeiger. Durch eine weitere Auslösung des Start-Stopp-Drückers ließe sich das Schaltrad (2) um eine erneute Position weiterbewegen und der Chronographenzeiger wieder starten, z. B. um Additionsstoppungen vorzunehmen. Über den Nullstelldrücker (meist bei der ›4‹) und den Nullstellhebel (9) bringt, wenn der Chronograph vorher gestoppt wurde, der Herzhebel (10) das Sekunden- (11), Minuten- und ggf. Stundenherz in die Ausgangslage. Chronographen-, Minuten- und ggf. Stundenzählzeiger springen in ihre Nullposition zurück.

Der Chronograph ist für einen neuen Stoppvorgang bereit.

Die Armbanduhr mit Chronograph, mit der je nach Ausprägung des Zifferblattes die unterschiedlichsten Dinge gemessen werden können, erlebte allerdings erst in den Jahren nach 1910 einen beinahe kometenhaften Aufstieg und wurde fortan zum beinahe unverzichtbaren Zeitmesser für Sportler, Militärs und andere Berufsgruppen.

Ein erstes Exemplar läßt sich im Jahre 1909 schriftlich nachweisen, als die Uhrenfabrik A. Ducommun-Müller, La Chaux-de-Fonds, beim eidgenössischen Amt für geistiges Eigentum einen Armband-Chronographen mit 30-Minuten-Zähler unter der Nummer 17070 zum Patent anmeldete. Allerdings kann die rein formale Ableitung von einer offenen Damen-Taschenuhr nicht verleugnet werden, da sich die

›12‹, wie seinerzeit vielfach üblich, bei der Aufzugskrone und damit der heutigen ›3‹ befindet. Unter der Nummer 17864 meldete im Frühjahr 1910 Samuel Jeanneret, St. Imier, einen Armband-Chronographen mit 30-Minuten-Zähler zum Patent an, der mit einem Savonnette-Kaliber ausgestattet und dessen Zifferblatt bereits in der heute üblichen Form gestaltet war Movado, Omega und Ulysse Nardin bewarben 1912 ihre ersten Armbanduhren mit Chronograph, wobei die Omega lediglich über einen 15-Minuten-Zähler verfügte.

Allen Uhren war jedoch gemeinsam, daß es sich um 1-Drücker-Modelle handelte, d. h. Start, Stopp und Nullstellung erfolgten über einen Drücker. Additionsstoppungen, d. h. eine Unterbrechung und spätere Fortsetzung des Stoppvorgangs waren damit noch nicht möglich. Vielmehr folgte auf den Stopp des Chronographenzeigers zwangsläufig dessen Nullstellung bei erneuter Betätigung des Drückers.

Einen ersten größeren Bedarf an Armbanduhren mit Chronograph brachte 1914 der Ausbruch des Ersten Weltkriegs mit sich. In diesem Jahr stellte Lemania auch ein neues 13liniges Chronographen-Kaliber mit 30-Minuten-Zähler vor, erhältlich u. a. in speziellen Gehäusen für Militärs (Aufzugskrone und Drücker bei der ›9‹, um diese vor Beschädigung zu schützen). Auffällig bei den Modellen jener Zeit waren die großen Radium-Ziffern auf den Email-Zifferblättern, um die Uhrzeit auch bei Dunkelheit gut ablesen zu können.

Im Jahr 1921 bot die Firma Ralco eine vermutlich erste Armbanduhr mit Chronograph-Rattrapante (zweiter Chronographenzeiger in Form eines Schleppzeigers) und 30-Minuten-Zähler an.

Während sich die ›einfache‹ Armbanduhr rein formal zu jener Zeit bereits weitgehend emanzipiert hatte und in einer schier unübersehbaren Gehäusevielfalt erhältlich war, glichen die Armbanduhren mit Chronograph bis zum Ende der zwanziger Jahre zumeist noch den Taschen- bzw. frühen Armbanduhren: rund mit angelöteten Bandanstößen.

Die große, vielleicht sogar größte Zeit der Armband-Chronographen brachten indes die dreißiger und vierziger Jahre mit sich: Erstmals tauchten nun die 2-Drücker-Exemplare mit der Möglichkeit von Additionsstoppungen auf. Runde und kissenförmige Gehäuse unterschiedlichster Ausprägungen waren wohlfeil, die Zifferblätter wurden infolge der begehrten zusätzlichen Tachy- und Telemeterskalen mitunter absolut unübersichtlich.

Goldene Armbanduhr mit Chronograph und 30-Minuten-Zähler von Vacheron & Constantin, Genf; 1928 für Alexandre Karadjordjevic, den König von Jugoslawien, angefertigt; 13liniges Ankerwerk mit 19 Steinen, bimetallische Unruh, Breguet-Spirale

Goldene Herrenarmband-
uhr mit Chronograph
und 30-Minuten-Zähler,
Cartier Modell ›Tortue‹,
Ende der 20er Jahre;
Chronographenwerk mit
25 Steinen der European
Watch Co., Schweiz; alle
Chronographenfunktionen
(Start, Stopp, Nullstellung)
werden über die Aufzugs-
krone gesteuert

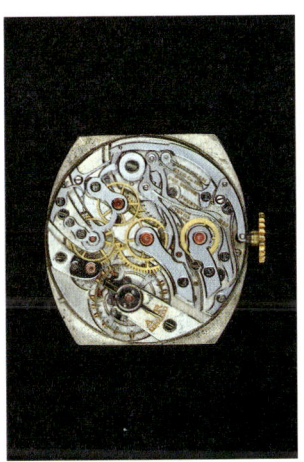

Chronographen-Modelle,
Mitte der 30er Jahre

Im Jahr der Machtergreifung Hitlers, 1933, stellte Universal den angeblich ersten wassergeschützten Armband-Chronographen des Typs ›Colonial‹ vor. Mimo (Modell ›Mimolympic‹) und Invicta (Modell ›Chrono-Sport‹) brachten, ganz im Stil der Zeit rechteckige Chronographen fürs Handgelenk. An den Bandanstößen begannen sich die Gehäuse-Designer ›auszutoben‹, und die Techniker machten sich daran, ein wesentliches Manko der Armband-Chronographen zu beseitigen, das in der relativ kurzen Minuten-Zählspanne (meist nur 30 Minuten) bestand. Universal meldete 1937 unter der Nummer 108 91 91 das Modell 1894 mit zusätzlichem 12-Stunden-Zähler zum Patent an.

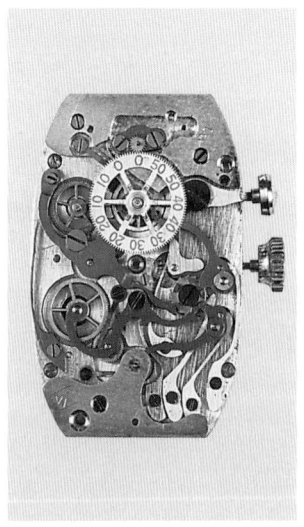

Rechteckige Stahl-Armbanduhr mit Chronograph, Modell ›Chrono-Sport‹ von Invicta, 30er Jahre. Die Chronographen-Kadratur wurde auf ein normales Form-Ankerwerk montiert und wird über den oberhalb der Krone angeordneten Schalter gesteuert

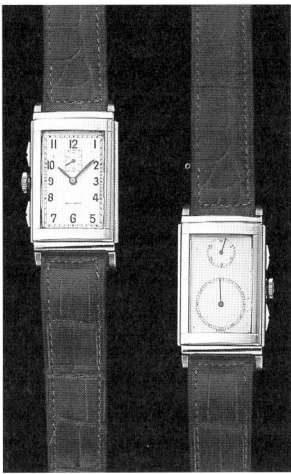

›Reverso‹-Armbanduhr mit Chronograph und 30-Minuten-Zähler von Movado, 1939; auf der Vorderseite ist das Zifferblatt für die Zeitindikation sichtbar, auf der Rückseite befindet sich unten der Chronographen-Zeiger, oben der 30-Minuten-Zählzeiger; die Chronographenfunktionen werden über die beiden Schieber im Gehäuserand gesteuert

Breitling kam 1938 mit einem ähnlichen Modell auf der Basis eines Valjoux-Rohwerkes heraus. 1938/39 folgten Zug um Zug die anderen Uhrenhersteller mit Stundenzähler-Modellen, und die Firma Pierce, Léon Lévy et Frères S.A. Biel, die aus verschiedenen Gründen vom Bezug fremder Ebauches ausgeschlossen war, schickte ihr eigenes, mittlerweile sehr gesuchtes, jedoch vergleichsweise ›vertrackt‹ konstruiertes Chronographen-Kaliber ins Rennen um die Käufergunst.

Sport und Krieg standen im Mittelpunkt der Werbekampagnen für Schweizer Armband-Chronographen, als in Zentral- und Osteuropa der Zweite Weltkrieg tobte.
Gerade die Probleme, die der Zweite Weltkrieg und die damit verbundene Isolation des Deutschen Reiches mit sich brachten, erforderten – zunächst speziell für militärische Zwecke – die Entwicklung eines eigenen deutschen Chronographen-Kalibers. Dieser Auftrag ging 1939, dem Jahr des Kriegsausbruchs, an die UROFA (Uhren-Rohwerke-Fabrikation Glashütte AG), die nach nur zwei Jahren intensivster Arbeit

139

Anzeige des Chronographen-Fabrikanten Excelsior Park aus dem Jahre 1940

die Früchte ihres Schaffens in Form des 15linigen Chronographen-Kalibers 59 mit 30-Minuten-Zähler den zuständigen Ministerien präsentieren konnte. Nach dem Zweiten Weltkrieg waren es übrigens nur die Uhrenhersteller Hanhart und Junghans, die Armband-Chronographen (west)deutscher Produktion für militärische und zivile Zwecke anboten. Doch schon zu Kriegszeiten verlangten die Damen und die feine Gesellschaft nach kleineren als den üblicherweise verwendeten 13linigen Chronographenwerken. Diesem Wunsch entsprachen die Rohwerke-Fabrikanten bereits zu Beginn der vierziger Jahre mit 10½linigen Chronographen-Kalibern (Universal, Valjoux), was wiederum die Herstellung kleiner runder und quadratischer Gehäuse ermöglichte. Der Armband-Chronograph konnte damit auch in die Mode einbezogen werden.

Links: Stahl-Armbanduhr mit Chronograph und 30-Minuten-Zähler von Hanhart, Deutschland, 50er Jahre; 15½liniges Ankerwerk mit 17 Steinen, Kaliber Hanhart 41/51

Oben: Stahl-Armbanduhr mit Chronograph und 30-Minuten-Zähler, signiert ›Tutima Glashütte‹; 40er Jahre; Ankerwerk Kaliber Urofa 59 mit 21 Steinen

Unten: Stahl-Armbanduhr mit Chronograph und 30-Minuten-Zähler von Junghans; Mitte der 50er Jahre hergestellt für die Bundeswehr; 14liniges Ankerwerk, Junghans Kaliber J88 mit 19 Steinen

Stahl-Damenarmbanduhr mit Chronograph und 30-Minuten-Zähler, Zifferblatt mit Tachymeterskala, Modell ›Uni-Compax‹ von Universal; 40er Jahre; 10½liniges Ankerwerk Kaliber Universal 289; Gehäusedurchmesser 25 mm

Hanhart

Patent-Chronograph

D.P. Nr. 903 559
Schweiz. Pat. Nr. 288 801
Franz. Pat. Nr. 1 073 312
Engl. Pat. Nr. 707 768
USA Pat. Nr. 2 679 135
etc.

patentiert in allen Kulturstaaten!

Eine technisch überzeugende, sichere und einfache Lösung des Chronographen-Problems!

○ mit **Lupenglas** ca. 2 x Vergrößerung

Mehrpreis DM 3.—

Hanhart ›Patent Chronograph‹ aus dem Jahr 1955; als Antrieb dient ein normales 10½liniges Hanhart Kaliber 120, welches mit Hilfe zweier Schrauben im Trägerring des Chronographenmechanismus befestigt ist und unabhängig von diesem ein- und ausgebaut werden kann

Publikumspreise ab DM 81.— bis DM 112.—

Lieferbar in 8 verschiedenen Ausführungen – auch mit automat. Kalender.

142

Kleine quadratische Gold-Armbanduhr mit Chronograph und 30-Minuten-Zähler von Rolex, 40er Jahre; 10½liniges Ankerwerk Kaliber Valjoux 69, 17 Steine, bimetallische Unruh, Breguet-Spirale; Seitenlänge des Gehäuses 25 mm

Hanhart Cal. 120 10½'''

Der Chronographenzeiger kann durch den unteren Drücker (auch fliegend) nullgestellt und gleichzeitig wieder gestartet werden, der obere Drücker dient zum Stoppen des Chronographenzeigers

massiv. Ankerwerk 17 rubis, shockproof (KIF) Nivarox 2 unzerbrechliche, antimagnetische Zugfeder

Besonders große Unruh = besonders stetige Reglage in 3 Lagen!

Jahrzehntelange Erfahrungen im Bau komplizierter Uhren unserer bekannten Spezialisten wurden bei der Konstruktion dieses Kalibers zu harmonischem Akkord gebracht:

Einfachheit, Übersichtlichkeit u. Robustheit sind Trumpf!

Zifferblatt: Von innen nach außen: 0 – 60 Minuten

a) Innenkreis: 0 – 100 = 1/100 Minuten für Industrie und Technik

b) 0 – 60: Minuten incl. ¹/₅ Sekunden für Sport, Schule etc.

c) Äußere Skala: Tachometer- oder Geschwindigkeits-Skala, Basis 1000 m. Die Zeit, welche ein Fahrzeug für eine Meßstrecke von 1000 m benötigt, wird mit dem Chrono gestoppt und der Stundendurchschnitt direkt auf dieser Skala abgelesen. Die verzeichnete Höchstgeschwindigkeit beträgt 750 km/h, die geringste 60 km/h. Die Uhren werden auch nachtleuchtend geliefert, ohne Mehrpreis.

Parallel dazu wurde ebenfalls seit Ende der dreißiger Jahre an einer Entwicklungslinie gearbeitet, die für den praktischen Nutzen der Armbanduhr mit Chronograph sehr bedeutsam war und ist. Gemeint sind die zusätzlichen Kalendarien verschiedenster Form und Komplexität, die letztendlich in der Armbanduhr mit Chronograph und ›ewigem‹ Kalender gipfelten, erstmals von Patek Philippe im Jahre 1941 zum freien Verkauf angeboten.

Die breite Masse mußte sich hingegen noch ein weiteres Jahr gedulden, bis Chronographen mit einfachen Kalendarien in größeren Stückzahlen und damit zu erschwinglichen Preisen erhältlich waren: die Modelle ›Chronodato‹ von Angelus und ›Tri Compax‹ von Universal.

Herrenarmbanduhr mit Chronograph, 30-Minuten- und 12-Stunden-Zähler sowie Datumsanzeige, Modell ›Dato-Compax‹ von Universal; Mitte der 40er Jahre

Oben: Stählerne Herrenarmbanduhr mit Chronograph, 30 Minuten- und 12-Stunden-Zähler, einfachem Vollkalendarium und Mondphasenanzeige, Universal, Modell ›Tri-Compax, 1945; Chronographenwerk mit Schaltrad, Kaliber 287TX, 14¾‴, 17 Steine, Ankerhemmung

Erst ein Jahr später, 1943, war ein entsprechendes Valjoux-Kaliber (72 C) verfügbar und wurde von vielen Uhrenfabrikanten in ihren Kalender-Modellen verwendet.

Der Vollständigkeit halber muß schließlich eine weitere Zusatzfunktion zum einfachen Chronographen angesprochen werden, eine technische Besonderheit und inzwischen auch Rarität, die Mitte der vierziger Jahre bei Armbanduhren in größeren Stückzahlen verfügbar war, nachdem entsprechende Serien-Rohwerke vornehmlich von Venus Serienreife erlangt hatten: der auf den bereits genannten Winnerl zurückgehende Schleppzeiger-Mechanismus (Chronograph-Rattrapante).

Goldene Herrenarmband-
uhr mit Chronograph-
Rattrapante, 30-Minuten-
und 12-Stunden-Zähler
von Audemars Piguet,
1943;

13liniges Ankerwerk
(Valjoux-Rohwerk), 20 Steine,
Glucydur-Unruh, auto-
kompensierende Breguet-
Spirale; die Betätigung des
Schleppzeigers erfolgt
durch Druck auf die Krone

Doch auch die ›Groß‹serienarmbanduhren mit Chronograph-Rattrapante konnten, wie schon die in früheren Jahren in Kleinstserien hergestellten Exemplare, vor allem wegen ihrer Kompliziertheit und des damit verbundenen relativ hohen Preises keine allzu große Verbreitung erlangen. Immerhin verteuerte dieser Zusatz die Armbanduhr mit einfachem Chronographen um rund 50%.

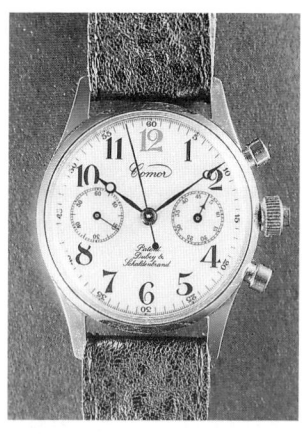 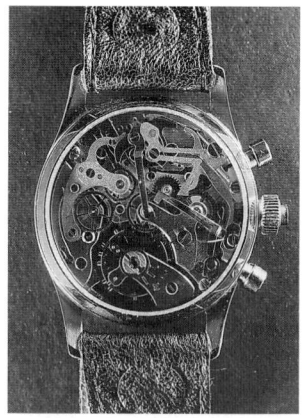

Stahl-Armbanduhr mit Chronograph, 30-Minuten-Zähler und einfachem Schleppzeiger-Mechanismus ›Index Mobile‹, patentiert 1948 für Dubey & Schaldenbrand. Die beiden Chronographenzeiger sind durch eine Spiralfeder miteinander verbunden, wird der in die Aufzugskrone integrierte Drücker betätigt, bleibt der Schleppzeiger solange stehen, bis man den Drücker wieder losläßt; darauf holt der Schleppzeiger den Chronographenzeiger wieder ein; 17steiniges Landeron-Kaliber ohne Schaltrad

Eine von der Ebauches S.A., Neuchâtel, 1952 heraus-
gegebene Broschüre (›Die grundsätzlichen Chrono-
graphen-Typen, erläutert anhand ihrer Zifferblätter‹) bringt eine sinnvolle Zusammenstellung aller,
wie der Titel schon sagt, wesentlichen Typen von
Armband-Chronographen:

1. Der Chronograph mit Minutenzähler (i. d. R. 30-
   oder 45-Minuten-Zähler);
2. der Chronograph mit zusätzlichem (12-)Stunden-
   Zähler;

Goldene Herrenarmband-
uhr mit Chronograph
und 30-Minuten-Zähler
von Heuer, Anfang der
50er Jahre

Stahl-Armbanduhr mit Chronograph, 30-Minuten- und
12-Stunden-Zähler, signiert ›LeCoultre‹, 50er Jahre; 13liniges
Ankerwerk Kaliber Valjoux 72 mit Schaltrad, 17 Steine

3. der Chronograph mit vollständigem einfachen Kalendarium (Anzeige von Tag, Datum und Monat);
4. der Chronograph mit zusätzlicher Mondphasenindikation;
5. der Chronograph mit Schleppzeiger (Chronograph-Rattrapante), auch in Verbindung mit dem Kalender-Chronographen (Ziffer 3);

Stählerne Herrenarmbanduhr mit Chronograph, 30-Minuten-Zähler und einfachem Vollkalendarium, signiert ›Baume & Mercier‹, um 1950; 13¾liniges Ankerwerk Kaliber Landeron 58 ohne Schaltrad, 17 Steine; alle Kalenderindikationen außer der Monatsanzeige schalten automatisch; Korrekturmöglichkeit durch Verdrehen der Lunette

Goldene Herrenarmbanduhr mit Chronograph, 30-Minuten- und 12-Stunden-Zähler, einfachem Vollkalendarium und Mondphasenanzeige, signiert ›Venus‹, 50er Jahre; 13liniges Ankerwerk, Kaliber Valjoux 88, Glucydur-Unruh, autokompensierende Breguet-Spirale

Stahl-Armbanduhr mit Chronograph-Rattrapante und 45-Minuten-Zähler, Modell ›Duograph‹ von Breitling; um 1950; 14liniges Ankerwerk mit 20 Steinen, Kaliber Venus 190, Glucydur-Unruh, autokompensierende Breguet-Spirale

6. der Chronograph mit Tachymeter-Skala auf dem Zifferblatt, zur Geschwindigkeitsmessung;
7. der Chronograph mit einer Telemeter-Skala auf dem Zifferblatt, die zur Messung von Entfernungen verwendet wird;
8. der Chronograph mit einer Skala zur Messung der Pulsfrequenz;

Rechts: Herrenarmbanduhr mit Chronograph, 45-Minuten-Zähler und Zifferblatt mit Tachymeter-Skala von Angelus, um 1950; 14liniges Chronographen-Kaliber Angelus 215

Unten links:
Kissenförmige Armbanduhr mit Chronograph, 60-Minuten-Zähler und Pulsmesser-Skala von Movado, 40er Jahre; 12liniges Chronographen-Kaliber von Movado mit Schaltrad

Herrenarmbanduhr mit Chronograph, Pulsmesser- und Tachymeter-Skala, ›Chrono-Timer‹ von Gruen; um 1950; 17steiniges Ankerwerk Kaliber 450; Betätigung des Chronographen über Drücker bei ›4‹

Oben:
Armband-Chronograph mit Telemeter-Skala

149

9. der Chronograph mit einer Skala zur Messung der Atemfrequenz;
10. der Chronograph mit einer Skala zur Messung von Produktions-Zahlen;
11. der Chronograph mit zusätzlichem, von Hand einstellbarem Merkzifferblatt, um sich z. B. den Zeitpunkt eines Rendezvous vorzumerken;

Rechts: Armband-Chrono-
graph mit Skala zur
Messung der Atemfrequenz

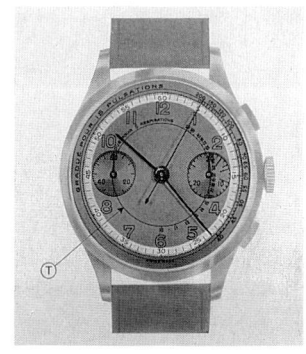

Links: Armband-Chrono-
graph mit Skala zur
Messung der Produktions-
Zahlen

Stahl-Armbanduhr mit Chronograph,
30-Minuten- und 12-Stunden-Zähler sowie
Merkzifferblatt bei der ›12‹, Modell
›Aero-Compax‹ von Universal; 1940 erstmals vorgestellt; mit Hilfe der Krone bei
der ›9‹ läßt sich auf dem Merkzifferblatt
eine beliebige Zeit einstellen, die man
nicht vergessen darf; 12¼liniges Ankerwerk mit 17 Steinen

12. der Chronograph mit einer Gezeitenindikation auf dem Zifferblatt und einer Skalierung für den Segelsport;

13. der Chronograph, der mit einem Orientierungszeiger zur Bestimmung der Himmelsrichtung ausgestattet ist;

14. der Chronograph mit Rechenscheibe.

Links: Stahl-Armbanduhr mit Chronograph, 30-Minuten- und 12-Stunden-Zähler sowie Anzeige der Solunar-Perioden, Modell ›Seafarer‹ von Abercrombie & Fitch; 50er Jahre; Ankerwerk Kaliber Valjoux 721

Rechts: Stahl-Herrenarmbanduhr mit Chronograph, 45-Minuten-Zähler und Himmelsrichtungszeiger, signiert ›Gallet‹, 40er Jahre; hält man den Stundenzeiger der flach liegenden Uhr Richtung Sonne, weist der Zeiger mit ›N‹ gegen Norden; mit Hilfe der Krone bei der ›9‹ läßt sich der Sekundenzeiger nach einem Zeitsignal richten; 17steiniges Ankerwerk

Stahl-Armbanduhr mit Chronograph und 30-Minuten-Zähler in einer speziellen Ausführung für den Segelsport (Start von Regatten), signiert ›Gallet‹; um 1960; 17steiniges Ankerwerk Kaliber Valjoux 7730

Stahl-Armbanduhr mit
Chronograph, 30-Minuten-
und 12-Stunden-Zähler,
Rechenscheibe, Datums-
und Mondphasenanzeige,

Modell ›Chronomat‹ von
Breitling; 1948 auf den
Markt gekommen; 13liniges
Ankerwerk Kaliber
Venus 187

Herrenarmbanduhr mit
Chronograph und 30-Minu-
ten-Zähler sowie Ziffernblatt
mit Tachy- und Telemeter-
skala, signiert ›Gala‹, um
1950; Ankerwerk Kaliber
Venus 170

Es mag sich von selbst verstehen, daß verschiedene der unter 1. bis 14. genannten grundsätzlichen Typen und Indikationsmöglichkeiten immer wieder auch kombiniert wurden und so zur Genese des Multifunktions-Chronographen führten. Vor allem die unter 6. bis 10. genannten Skalierungen wurden mitunter so gehäuft auf einem Zifferblatt verwendet, daß, wie schon erwähnt, die Übersichtlichkeit und das rasche, genaue Ablesen nicht mehr ohne weiteres gewährleistet waren.

Nur in ganz geringen Stückzahlen und zu entsprechenden Preisen waren die bereits angesprochenen Chronographen mit ›ewigem‹ Kalender am Markt vertreten, noch seltener die mit Chronograph-Rattrapante und ›ewigem‹ Kalender und schließlich war bis vor wenigen Jahren nur eine Armbanduhr bekannt, die neben dem Chronographen einen ›ewigen‹ Kalender sowie ein Minuten-Repetitionsschlagwerk besitzt. Letztgenannte Armbanduhr wurde am 30. Oktober 1989 bei Sotheby's New York für US-$ 539 000 oder umgerechnet DM 991 000,– versteigert. Eine weitere Armbanduhr dieses Typs (gleiches Rohwerk) wurde bei Patek Philippe erst 1987 fertiggestellt und befindet sich im firmeneigenen Museum.

Die fünfziger Jahre brachten auf dem Sektor der Armband-Chronographen keine entscheidenden und weitreichenden Neuerungen. Erwähnung verdienen allenfalls die in hohen Stückzahlen auf den Markt geworfenen ›Chronographes Suisses‹, zumeist eingeschaltet in äußerst dünnwandige Goldgehäuse und ausgestattet mit preiswerten Landeron- oder Venus-Kalibern ohne Stundenzähler. Doch war damit der goldene Volks-Chronograph geboren, den sich auch weniger betuchte Zeitgenossen leisten konnten. Gleichzeitig wurde in den Entwicklungsabteilungen fieberhaft daran gearbeitet, die Bequemlichkeit des automatischen Aufzugs mit den Funktionen eines Chronographen verknüpfen zu können, also den

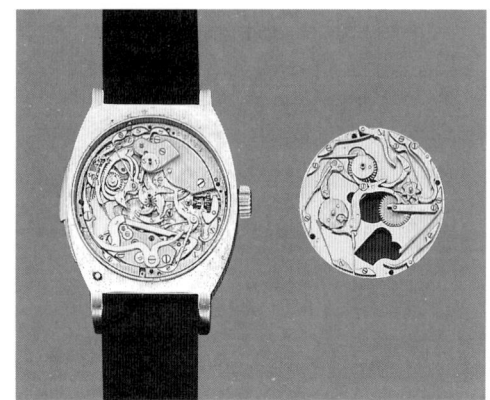

Tonnenförmige Platin-Arm-
banduhr mit Chronograph
und 30-Minuten-Zähler,
Minutenrepetition, ›ewigem‹
Kalender sowie Mond-
phasenindikation, verkauft
um 1930 von James Schulz,
New York; 11liniges Ankerwerk mit 40 Steinen, bimetallischer Kompensations-
unruh, Breguet-Spirale; das
Rohwerk stammt vermutlich
von der Firma Victorin
Piguet im Vallée de Joux

Links: die Kadratur des
Minuten-Repetitions-
schlagwerkes;

Rechts:
Kandratur
des ›ewigen‹
Kalenders

Chronographen mit automatischem Aufzug zur Serienreife gedeihen zu lassen.
Hauptkonkurrenten in diesem Wettlauf waren auf
der einen Seite die Firmengruppe Zenith/Movado,
auf der anderen Seite die Zweckgemeinschaft Breit-
lung, Hamilton-Büren und Heuer. Beide versuchten
das hochgesteckte Ziel auf unterschiedliche Weise zu
lösen und schafften es 1969, die Früchte ihrer Arbeit
der Öffentlichkeit zu präsentieren: Zenith/Movado

mit ihrem 13linigen Kaliber 3019 PHC (6,50 mm hoch) mit zentral angeordnetem, kugelgelagertem Rotor; Breitling & Co. mit dem 13¾linigen Kaliber 10/11 (7,70 mm hoch), einem in zwei Etagen aufgebauten Modulwerk mit Mikrorotor. Erst 1972 folgte Omega mit dem 13¾linigen Kaliber 1040 (Höhe 8,00 mm, Zentralrotor), und 1973 konnte Valjoux seinen wiederum 13¾linigen ›Dauerbrenner‹ 7750 (Höhe 8,00 mm, Zentralrotor) vorstellen. Letztgenanntes Kaliber ›beseelt‹ auch gegenwärtig noch die Mehrheit aller produzierten Automatik-Chronographen.

Herrenarmbanduhr mit automatischem Aufzug, Chronograph mit 30-Minuten- und 12-Stunden-Zähler, Datumsanzeige sowie Tachymeter-Skala auf dem Zifferblatt, Modell ›El Primero‹ von Zenith; 1969 auf den Markt gebracht; 31steiniges Ankerwerk mit zentral angeordnetem Rotor, Kaliber 3019 PHC

Herrenarmbanduhr mit automatischem Aufzug, Chronograph mit 30-Minuten- und 12-Stunden-Zähler, einfachem Vollkalendarium und Mondphasenindikation, signiert ›Waldan International‹; gegenwärtige Produktion unter Verwendung des 1969 lancierten Zenith-Kalibers 3019 PHC

Stahl-Armbanduhr mit automatischem Aufzug, Chronograph mit 15-Minuten-Zähler, Datumsanzeige und ›Count-down‹-Drehring, Modell ›Chrono-Matic‹ von Breitling; um 1970; Automatik-Kaliber 8510

8510

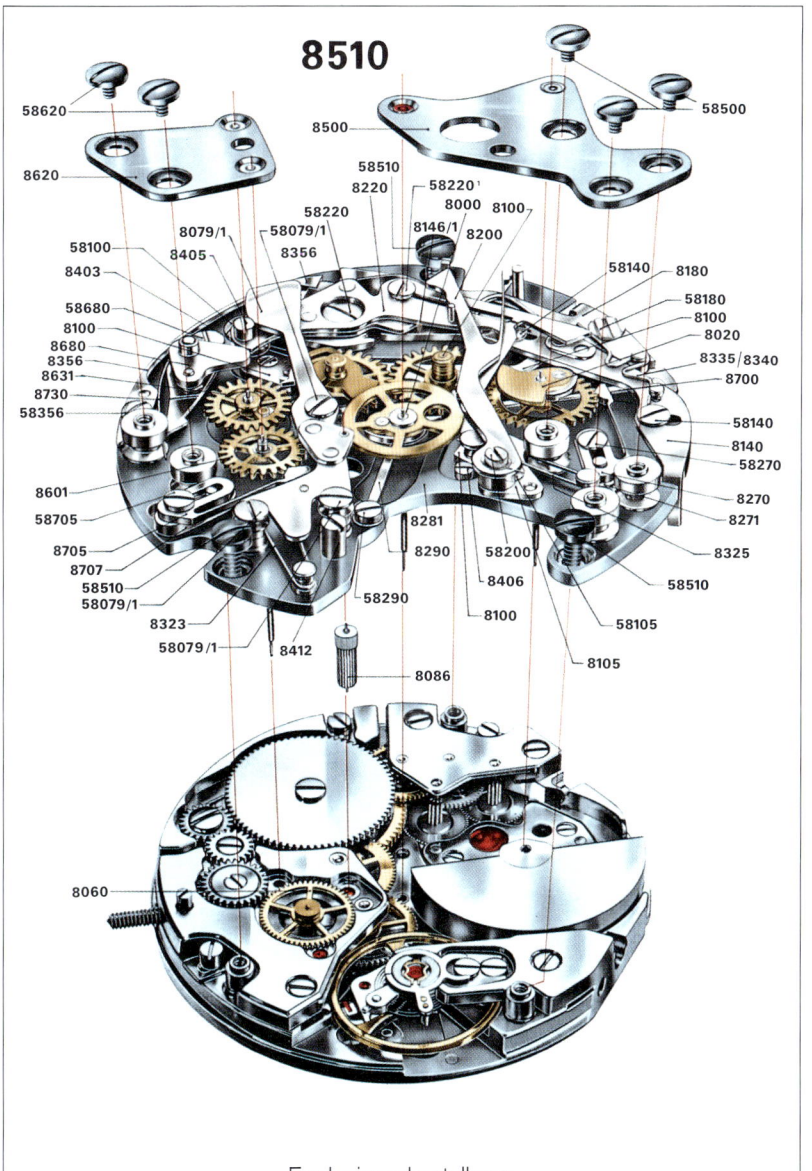

Explosionsdarstellung
des 1969 zur Serienreife gediehenen Chronographenkalibers 10/11
der Produktionsgemeinschaft Breitling, Hamilton/Büren, Heuer;
Ankerwerk mit Mikrorotor und aufgesetztem Chronographen-Modul

157

Wenig Beachtung fand hingegen das 1974 in aller Stille fertiggestellte Kaliber D.B.K. 1369 von Kelek. Bei einem Durchmesser von 11½ Linien (knapp 26 mm) und einer Höhe von 7,60 mm galt es für mehr als zehn Jahre als das kleinste erhältliche Werk mit automatischem Aufzug und Chronograph.

Gegen Ende der siebziger Jahre waren die goldenen Zeiten der mechanischen Armband-Chronographen scheinbar vorbei, denn die billigen fernöstlichen Digital-Multifunktionszeitmesser lieferten u. a. einen Chronographen sozusagen gratis mit.

Stundenwinkel-Chrono-graph Modell ›Lindbergh‹ von Longines; gegen-wärtige Produktion; die Armbanduhr ist mit dem Automatik-Kaliber Voljoux 7750 ausgestattet, besitzt einen 30-Minuten- und 12-Stunden-Zähler sowie eine Tages- und Datums-anzeige

Doch die vergangenen fünf Jahre ließen die mechanische Armbanduhr mit Chronograph (und hauptsächlich auch automatischem Aufzug) erneut und beständig in der Beliebtheitsskala klettern. Allerdings reichen die wenigen verschiedenen Chronographen-Kaliber gegenwärtiger Produktion nicht aus, um die starke Nachfrage zu befriedigen. Lange Lieferzeiten für die begehrten Rohwerke von Frédéric Piguet, Lemania, Valjoux und Zenith sind normal. Um dieser

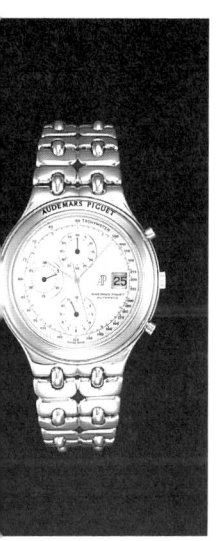

Misere zu entgehen, entwickelte die im Vallée de Joux
beheimatete mikromechanische Werkstätte Dubois-
Dépraz, die auch an der Entwicklung der Automatik-
Chronographen von Breitling und Kelek beteiligt war,
ein knapp 3 mm hohes Chronographen-Modul (›Chronoskop‹), das sich auf gängige Automatik-Kaliber
montieren läßt. Armband-Chronographen, die mit einem solchen Modulwerk ausgestattet sind, erkennt
man leicht an einem Schacht bei der ›3‹, durch den
hindurch man auf die Datumsanzeige des Basiskali-
bers blickt.

Uhrwerk in Modul-Bauweise, d. h. das Chronographen-
Modul wird auf ein normales Automatik-Kaliber aufgesetzt

IWC und Jaeger-LeCoultre setzten hingegen auf eine
quarz-mechanische Eigenentwicklung mit einem
nach klassischen Gesichtspunkten konstruierten mechanischen Chronographenmechanismus und zwei
quarzgesteuerte Schrittschaltmotoren, einer für das
Geh-, der andere für das Chronographenwerk.
Selbst der totgeglaubte mechanische Chronograph-
Rattrapante erlebte 1988 bei Blancpain seine Wiedergeburt, erstmals ergänzt durch einen automatischen
Aufzug und eine Datumsanzeige.
Die mechanische Armbanduhr mit Chronograph hat,
wie es derzeit scheint, eine gute Zukunft vor sich.

Kalender-Armbanduhren –
Orientierungshilfen durch das Jahr

Was geschah in der Zeit vom 5. bis 14. Oktober 1582 in Rom? Nichts, rein gar nichts, und das aus folgendem Grund: Unser derzeit gültiger Gregorianischer Kalender basiert im Prinzip auf demjenigen des Römischen Reiches. Dieser beruhte ursprünglich jedoch eher auf einem Erraten der Neumondeintritte oder deren Ansage im nachhinein, als auf exakten astronomischen Verhältnissen. Ein Mondjahr hatte zunächst zehn, später zwölf Monate. Die Monate wurden, um dem Jahreslauf in etwa zu folgen, willkürlich hintereinandergesetzt. Unsere Monatsnamen September, Oktober, November, Dezember bergen etymologisch in sich noch den Sachverhalt, der siebte, achte, neunte und zehnte Monat des Jahres gewesen zu sein, das wiederum am 1. März begann. Doch war Papst Gregor XIII. nicht der erste, der Kalenderkorrekturen für nötig erachtete. Schon im Jahre 153 v. Chr. wurde der Jahresbeginn definitiv auf den 1. Januar gelegt. Eine grundlegende Kalenderreform nahm Gajus Julius Cäsar dann im Jahre 46 v. Chr. vor. Er orientierte sich an den Ägyptern, die schon rund 200 Jahre zuvor die Länge des Sonnenjahres mit 365¼ Tagen definiert hatten. Nach logischer Rechnung mußte also auf drei Jahre mit jeweils 365 Tagen ein Schaltjahr mit 366 Tagen folgen. Zu Ehren Cäsars und seines Julianischen Kalenders benannten die Römer einen Monat in Julius (Juli) um. In späteren Jahren wurde Augustus eine ähnliche Ehre zuteil. Außerdem gestand man dem heutigen August außerhalb des eigentlichen Rhythmus 31 Tage zu. Der dazu erforderliche Tag wurde dem ohnehin schon ›gerupften‹ Februar genommen.

Die Übernahme des Julianischen Kalenders durch die Christen führte dazu, daß dessen wichtigste Einrichtungen (Monatsnamen und -längen, Februar als Schaltmonat, alle vier Jahre ein Schaltjahr) ins Mittelalter gelangten.

Die Kirche hatte wiederum festgelegt, daß das Osterfest auf den Sonntag zu fallen hatte, der auf den ersten Frühlingsvollmond folgt, und bereits 325 beim Konzil von Nicäa den 21. März als Frühlingsanfang bestimmt. Rein mathematisch mußte dieser erste Frühlingsvollmond spätestens am 18. April eintreten. Den Astronomen des späten Mittelalters war jedoch das kontinuierliche Vorrücken dieses Termins aufgefallen. Gegen Ende des 16. Jahrhunderts betrug die Differenz bereits 10 Tage, weil das Julianische Jahr um 0,0078 Tage zu lang war.

Die nächste Kalenderreform ward fällig und wurde nach langen Beratungen 1582 durch Papst Gregor XIII. vollzogen.

Ihre erste Konsequenz führt zur Lösung der eingangs aufgeworfenen Fragestellung: In der Zeit vom 5. bis 14. Oktober 1582 konnte in Rom nichts passieren, weil diese Tage nicht existieren. Die Einführung des Gregorianischen Kalenders machte einen Sprung vom 4. auf den 15. Oktober erforderlich, um den über die Jahrhunderte aufgelaufenen Saldo von zehn ganzen Tagen auszugleichen, und das neue Kalendersystem von einer astronomisch korrekten Basis aus zu starten.

Damit sich dieser Fehler künftig nicht wiederholen könne, wurde die Anordnung der Schaltjahre nun so festgelegt, daß von den Säkularjahren 1600, 1700, 1800 ff. nur diejenigen Schaltjahre sein würden, die sich durch 400 teilen lassen, der Schalttag trotz des 4-Jahres-Zyklus in den Jahren 1700, 1800, 1900, 2100,

2200, 2300 usw. auszufallen habe. Doch damit nicht genug: Alle 4000 Jahre muß zusätzlich ein weiteres Mal auf den 29. Februar verzichtet werden.

In den katholischen Ländern trat der Gregorianische Kalender mit Wirkung vom 15. Oktober 1582 in Kraft, das protestantische Deutschland folgte am 1. März 1700, und Griechenland schloß sich 1923 als eines der letzten Länder an.

Die Menschen in ihrer zeitlichen Orientierung zu unterstützen, ihnen mit Hilfe von Uhren nicht nur die Stunden, Minuten und Sekunden richtig zu weisen, war in der Entwicklung der mechanischen Zeitmessung stets ein Ziel der Uhrmacher. So findet man eine der wichtigsten Zusatzfunktionen bei Uhren, die Datumsanzeige, bereits bei frühesten Räderuhren. Es gab aber bereits auch Vollkalendarien (Monat, Tag, Datum) z. T. mit Angabe des Mondalters. Im 16. Jahrhundert tauchen Kalenderangaben bei den tragbaren Uhren auf.

Doch allen Uhren mit ›normalen‹ Kalenderwerken ist ein entscheidender Nachteil gemeinsam, ihre begrenzte Anzeigegenauigkeit. Infolge der unterschiedlichen Monatslängen währt die genaue Datumsangabe ununterbrochen höchstens 92 Tage/Jahr, und zwar in der Zeit vom 1. Juli bis 30. September. Spätestens dann zeigt die Uhr den 31., während realiter bereits der 1. (Oktober) hereingebrochen ist. Die Datumsanzeige gerät aus dem Takt und erfordert eine Korrektur per Hand. Mit dem gleichen Manko ist die Monatsindikation behaftet, sofern sie überhaupt nach 31 Tagen von der Uhr selbsttätig weitergeschaltet wird.

Schon kurz nach Einführung des Gregorianischen Kalenders waren die Uhrmacher bestrebt, diesen zwangsläufig eintretenden Mißweisungen durch geeignete Zusatzwerke beizukommen. Der Genfer Uhrmacher Duboule schaffte dies 1615, sein Kollege Sermand 1636. Damit war der ›ewige‹ Kalender geboren, das Problem konzeptionell weitestgehend gelöst, wie die unterschiedlichen Monatslängen verteilt über vier Jahre mit Hilfe einer Uhr samt Zusatzwerk ›überlistet‹ werden können.

Das Wörtchen ›weitestgehend‹ führt zur Klärung der möglicherweise auftauchenden Frage, warum der Begriff ›ewig‹ hier in Anführungsstrichen verwendet wird.

Aus den vorangegangenen Erläuterungen zum System des Gregorianischen Kalenders sollte deutlich geworden sein, daß dieser zwei technische Hürden in sich birgt, nämlich die der zusätzlich ausfallenden Schaltjahre. Diejenige, welche sich auf das 4000. Schaltjahr bezieht, wurde von Uhrmachern a priori als rein akademische betrachtet. Die zweite Hürde, einen noch überschaubaren Zeitraum von knapp mehr als 100 Jahren anbetreffend, kann indes als übersprungen gelten. Die (Taschen-)Uhr mit ewigem Kalender, die auch den nicht vorhandenen 29. Februartagen in den Jahren 2100, 2200, 2300... gerecht zu werden vermag, existiert. Allerdings ist an eine Serienfertigung des erforderlichen höchst komplizierten Mechanismus derzeit nicht zu denken.

Deshalb ist bei Uhren mit ›ewigem‹ Kalender in den vorgenannten Jahren eine kleine Datumskorrektur vorzunehmen, d. h. der Datumszeiger von Hand um einen Tag weiterzuschalten, um ihn auf den 1. März springen zu lassen.

Wenden wir uns nun zunächst der Armbanduhr mit einfacher Datumsanzeige oder einfachem Kalendarium zu. Für sie wurden im Laufe von neun Jahrzehnten die unterschiedlichsten Formen und Möglichkeiten ersonnen, das Datum und ggf. auch noch Wochentag, Monat und Mondphasen darzustellen. Dabei macht es technisch kaum einen Unterschied, ob die Indikationen mittels entsprechender Scheiben durch Zifferblattausschnitte oder mit Hilfe von Zeigern und demgemäß bedruckten Zifferblättern erfolgen. Die gewählte Anzeigeform unterliegt, wie vieles bei der

Armbanduhr, zumeist modischen Ansprüchen. Allerdings lassen sich digitale Indikationen in aller Regel besser und leichter ablesen als analoge. Bei allen Datums- oder Kalenderwerken wird im wesentlichen auf gleiche Konstruktionsprinzipien zurückgegriffen:

Uhrwerke mit Datums- und Tagesanzeige von A. Schild S. A., 1966

11½ 1902 ▶

Ankerwerk,
Zentralsekunde,
automatischer Aufzug.

11½ 1903 ▶▶

Ankerwerk,
Zentralsekunde,
automatischer Aufzug,
augenblicklicher Datumwechsel,
Schnell-Datumeinstellung.

Abb. 1   Abb. 2

11½ 1862 ▶

Ankerwerk,
Zentralsekunde,
automatischer Aufzug mit Kugellager.

11½ 1876 ▶▶

Ankerwerk,
Zentralsekunde,
automatischer Aufzug mit Kugellager,
augenblicklicher Datumwechsel,
Schnell-Datumeinstellung,
Datumanzeige mittels Fenster,
Schnell-Datumkorrektor mittels
Aufzugwelle.

Abb. 3   Abb. 4

11½ 1882 ▶

Ankerwerk,
Zentralsekunde,
automatischer Aufzug.

13¾ 1895 ▶▶

(31,0 mm)

Ankerwerk,
Zentralsekunde,
automatischer Aufzug mit Kugellager,
augenblicklicher Datumwechsel,
Schnell-Datumeinstellung,
Datumanzeige mittels Fenster.

Abb. 5   Abb. 6

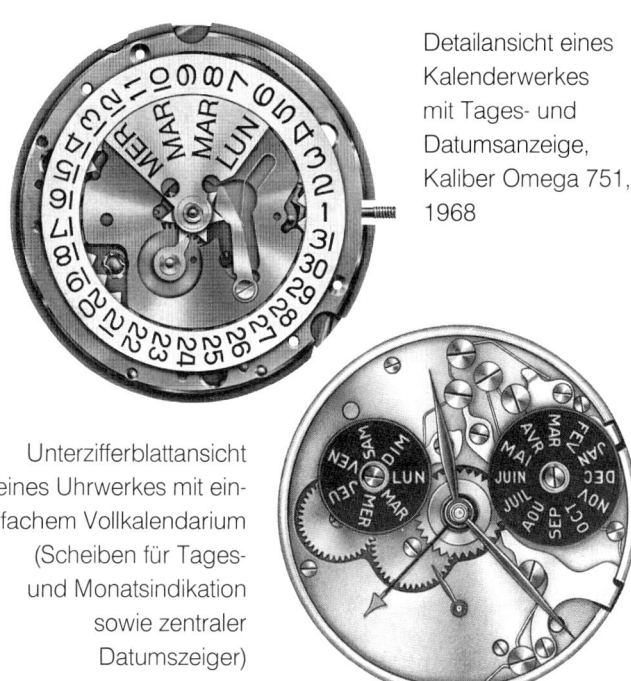

Detailansicht eines Kalenderwerkes mit Tages- und Datumsanzeige, Kaliber Omega 751, 1968

Unterzifferblattansicht eines Uhrwerkes mit einfachem Vollkalendarium (Scheiben für Tages- und Monatsindikation sowie zentraler Datumszeiger)

- Bei der einfachen Datumsindikation schaltet das Räderwerk der Uhr den zugehörigen Anzeigemechanismus ohne Berücksichtigung der wahren Monatslänge täglich um eine Position, von 1 bis 31, weiter. In Monaten mit weniger als 31 Tagen sind also Korrekturen mit der Hand unumgänglich.
- Auch die Anzeige der Wochentage wird täglich fortgeschaltet, nur mit dem Unterschied, daß deren Abfolge regelmäßig und deshalb immer stimmig ist.
- Bei den Monatsanzeigen sind diejenigen mit ausschließlich manueller Fortschaltmöglichkeit von solchen zu unterscheiden, die mit dem Räderwerk gekoppelt sind. Letztere bewegen sich in der Nacht vom 31. auf den 1. um einen Monat weiter, bleiben also nach Monaten mit 31 Tagen weiterhin korrekt. Wird am Ende kürzerer Monate ein manuelle Datumskorrektur vorgenommen, erfolgt automatisch auch die Korrektur der Monatsindikation.

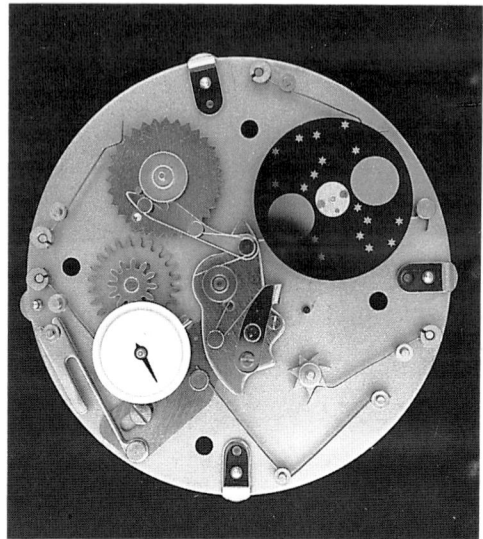

Kalender-
werk –
einfacher
Kalender
mit
Mondphasen-
anzeige

■ Bleibt die Mondphasenanzeige. Im Mittel bewegt
sich der Mond täglich um 13° 11' in östlicher Richtung weiter. Daraus errechnen sich als Zeitintervall von Neumond zu Neumond exakt 29 Tage, 12
Stunden, 44 Minuten und 2 Sekunden.
Die meisten Mondphasenanzeigen basieren jedoch
auf einem gerundeten Wert von 29½ Tagen. Auch
sie werden vom Räderwerk täglich um eine Position weiterbewegt. Eine geringfügige Korrektur
von Hand ist aber nur einmal innerhalb von etwa
drei Jahren nötig.

Zur Korrektur der beschriebenen Anzeigen besitzen
die meisten Armbanduhren mit vollständigem Kalendarium Drücker, die im Gehäuserand eingelassen
sind und häufig eine Doppelfunktion ausüben, z. B.
leicht eingedrückt den Monat, fest zusätzlich noch
den Wochentag fortschalten. Bei neueren Konstruktionen lassen sich die Indikationen, wie bei den meisten Armbanduhren mit einfacher Datumsanzeige,
mit Hilfe der Krone verstellen.

Die Bedeutung, welche der Datumsanzeige bei Armbanduhren in den hektischen Jahren am Ende unseres Jahrhunderts zukommt, kann man in den Anfangsjahren des Zeitmessers am Handgelenk in keiner Weise ausmachen. Das Datum ließ sich vom Abreißkalender ablesen. Wirklichen Zeitmeßfunktionen wurde eine wesentlich höhere Bedeutung beigemessen. Aus diesen Gründen war die Armbanduhr mit Chronograph früher auf dem Markt als die mit Kalenderfunktionen, konnte sich erstere rascher Marktanteile sichern und konstruktiv weiterentwikkeln, obwohl oder gerade weil sie technisch wesentlich aufwendiger war.

Dennoch, schon im Jahre 1915 wurde durch die Firma A. Hämmerly, La Chaux-de-Fonds, beim eidgenössischen Amt für geistiges Eigentum in Bern der Schutz für zwei Armbanduhrenmodelle beantragt, von denen eines über Datums-, das andere zusätzlich noch über Tagesanzeige verfügte. Das Datum wurde analog über einen zentral angeordneten Zeiger, der Wochentag digital durch einen Zifferblattausschnitt dargestellt. Ob dies allerdings die ersten Serien-Armbanduhren dieser Art waren, läßt sich heute jedoch nicht mehr mit letzter Bestimmtheit feststellen.

Frühe Herrenarmbanduhr
mit Datumsanzeige,
unsigniert, um 1915;
brüniertes Stahlgehäuse,
Emailzifferblatt mit großen
Leuchtziffern; Ankerwerk,
15 Steine, monometallische
Schraubenunruh, Flach-
spirale

Frühe Herrenarmbanduhr
mit Tages- und Datums-
anzeige von Henry Moser,
um 1916; Nickelgehäuse;
Ankerwerk mit 16 Steinen,
bimetallische Kompensationsunruh, Breguet-Spirale

Goldene rechteckige Herrenarmbanduhr mit einfachem Vollkalendarium und Mondphasenanzeige, signiert ›E. Gübelin, Lucerne‹, hergestellt 1924 für L. Stewart Barr, USA, als erste Kalender-Armbanduhr dieser Firma; Brücken-Ankerwerk mit 18 Steinen, bimetallischer Kompensations-Unruh, Breguet-Spirale

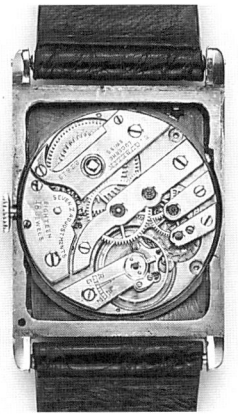

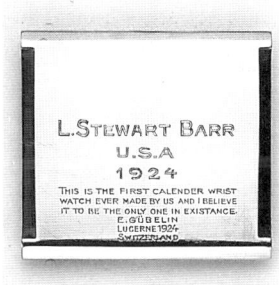

Im Jahre 1922 erfolgte die Anmeldung zweier Armbanduhren mit dezentral angeordnetem Datumszeiger entweder bei der ›12‹ oder bei der ›3‹ zum Patent. Einige Jahre vorher war Movado mit einer Damenarmbanduhr auf den Markt gekommen, bei der das Datum digital durch ein Fenster im Gehäuserand abgelesen werden konnte. Audemars Piguet wartete 1927 mit einem vollständigen Kalendarium für Armbanduhren (Tag, Datum, Monat, Mondphase) auf, wobei die Tages- und Monatsindikation entweder digital durch Zifferblattausschnitte oder aber mit Hilfe entsprechender Zeiger erfolgte.

Zwei rechteckige Armband-
uhren von Audemars Piguet
aus dem Jahre 1927.

Beide Uhren besitzen ein
einfaches Vollkalendarium
sowie eine Mondphasen-
anzeige

Trotz allem blieb die Armbanduhr mit Kalender in
jenen Jahren weiterhin eine Ausnahmeerscheinung.
Während sich im ›Goldenen Buch der Uhrmacherei‹
des Jahres 1927 schon eine ganze Reihe verschiedener Armband-Chronographen finden lassen, spielte
die Kalender-Armbanduhr noch keine größere Rolle.
Unter dem Namen ›Ditis‹ stellte die Uhrenfabrik Sol-
vil des Paul Ditisheim 1930, ganz im Trend, eine
rechteckige Armbanduhr vor, bei der die Datumsindikation durch zwei getrennte Scheiben (Zehner- und
Einerscheibe, wie schon die oben beschriebene Movado) vorgenommen wurde. Im gleichen Jahr folgten
weitere Fabrikanten mit Datumsanzeigen, meist digital durch Fenster ablesbar. LeCoultre lancierte 1937
für 98 Franken sein Day-Date-Modell mit Datumszeiger und Tagesfenster. 1939 wartete Movado mit
einer Armbanduhr mit Vollkalendarium auf. Doch
der Triumphzug des Armband-Chronographen ließ
auch in den dreißiger Jahren der Armbanduhr mit
Datumsanzeige nur wenig Entfaltungsmöglichkeiten.
Neue Modelle waren selten.

170

Rechteckige Stahl-Armbanduhr mit Datumsanzeige,
Girard Perregaux, Anfang
der 40er Jahre; die Anzeige
des Datums erfolgt mit
Hilfe zweier Scheiben (Zehner-
und Einerscheibe); Drücken
der Aufzugskrone bewirkt
eine schnelle Fortschaltung
der Datumsindikation; tonnenförmiges Ankerwerk, 8¾ × 12‴,
Kaliber 97, 17 Steine, Stoßsicherung

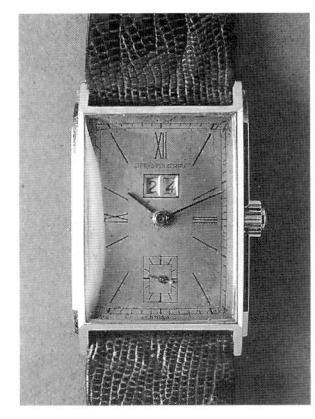

Rechteckige Herrenarm-
banduhr mit Datumsanzeige,
signiert ›Asprey‹, 30er Jahre;
gold-filled Scharniergehäuse;
rundes 12liniges Ankerwerk
mit 15 Steinen

Armbanduhr mit manuell
schaltbarem Kalender,
signiert auf dem Zifferblatt
›Sperina‹, Schweiz, 30er Jahre;
Chrom-Nickel-Gehäuse
mit wulstförmigen Bandanstößen;
darin befinden sich von außen
verstellbare Trommeln für
Wochentage und Datum;
Stiftankerwerk mit 7 Steinen

Platin-Herrenarmbanduhr
mit einfachem Vollkalen-
darium und Mondphasen-
anzeige von Patek Philippe
(1927/1935); 11liniges

Ankerwerk 2. Qualität,
18 Steine, bimetallische
Unruh, Flachspirale, Wolfs-
verzahnung der Aufzugs-
räder

Herrenarmbanduhr mit
vollständigem einfachen Kalendarium, Modell ›Calendo-
graph‹ von Movado; 1939
am Markt lanciert; 15steiniges

Ankerwerk mit indirekter
Zentralsekunde, mono-
metallischer Schrauben-
unruh, autokompensierender
Breguet-Spirale

Eine schrittweise Änderung brachten erst die vierziger Jahre, als Zug um Zug Armbanduhren mit den verschiedensten Formen von Kalendarien bzw. Datumsanzeigen auftauchten. Die klassische runde Herrenarmbanduhr mit zentralem Datumszeiger wurde ebenso entdeckt (und bald zur Pflichtübung in der Kollektion) wie die Mondphasenanzeige als hübsches Beiwerk.

 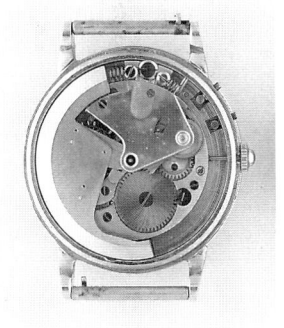

Herrenarmbanduhr mit vollständigem einfachen Kalendarium und automatischem Aufzug, 40er Jahre;

17steiniges Ankerwerk Kaliber Omega 330 mit Aufzug durch Pendelschwungmasse, monometallische Schraubenunruh, autokompensierende Flachspirale; die Datums- und Monatsanzeige lassen sich über die Drücker bei der ›4‹ korrigieren

Herrenarmbanduhr von
Movado mit automatischem
Aufzug und vollständigem
einfachen Kalender, Modell
›Calendomatic‹, 40er Jahre;
17steiniges Ankerwerk mit
automatischem Aufzug
durch Pendelschwung-
masse, Kaliber 223 A
(12¾‴); indirekte Zentralsekunde, monometallische
Schraubenunruh, auto-
kompensierende Breguet-
Spirale

Herrenarmbanduhr mit
digitaler Tages- und Datumsanzeige, Modell ›Calendar‹
von Orvin, 40er Jahre;
17steiniges Ankerwerk,
Kaliber AS 1356,
11½‴, Schraubenunruh,
Flachspirale; verchromtes
Messinggehäuse, Stahl-
boden

Stahl-/Gold-Herrenarm-
banduhr mit automatischem
Aufzug durch Pendel-
schwungmasse sowie einem
zentral angeordneten
Datumszeiger, Mido ›Multifort Datometer‹; Schweiz,
Anfang der 50er Jahre;
17steiniges Ankerwerk mit
Zentralsekunde

Goldene Herrenarmband-
uhr mit Vollkalendarium und
Mondphasenanzeige von
Movado, 40er Jahre;
10¾liniges Ankerwerk mit
15 Steinen, monometallischer
Schraubenunruh und auto-
kompensierender Flach-
spirale; Korrekturmöglichkeit
für die Kalenderangaben
über im Gehäuserand ein-
gelassene Drücker

Rechteckige Herrenarm-
banduhr von Jaeger-
LeCoultre mit einfachem
Vollkalendarium und Mond-
phasenanzeige, 40er Jahre;
Form-Ankerwerk 7¾ × 11‴,
17 Steine, monometallische
Schraubenunruh, auto-
kompensierende Flach-
spirale

Zwei Herrenarmbanduhren
mit vollständigem einfachen
Kalendarium von Record
Watch, Genf, Modell ›Datofix‹,
40er Jahre.

Modell mit Tages- und
Monatszeiger sowie Zentral-
sekunde; Ankerwerk,
Kaliber 107, 10½‴, 17 Steine

Modell mit digitaler Tages-
und Datumsanzeige sowie
dezentral angeordnetem
Sekundenzeiger.

176

Zum vierzigjährigen Firmenjubiläum 1945 präsentierten Hans Wilsdorf und seine Firma Rolex das Modell ›Datejust‹, dessen digitale Datumsanzeige zwar nicht unbedingt den letzten technischen Schrei bedeutete, das aber in Verbindung mit dem automatischen Aufzug als Vorläufer der klassischen Datums-Armbanduhr gelten kann.

Rolex-Anzeige aus dem Jahre 1946 zur Werbung für das 1945 lancierte Modell ›Datejust‹ mit automatischem Aufzug und digitaler Datumsanzeige

Un nouveau triomphe de l'industrie horlogère suisse

ROLEX—DATEJUST

Damit war die Entwicklung auf dem Gebiet der einfachen Kalender-Armbanduhr weitgehend abgeschlossen. Die folgenden Jahrzehnte bauten im wesentlichen auf diesen Modellen auf, brachten Experimente im Design, aber keine grundlegenden technischen Neuigkeiten mehr.

Stahl-/Gold-Armbanduhr mit einfachem Vollkalendarium und Mondphasenanzeige von Jaeger-LeCoultre, nach 1947; Handaufzugswerk Kaliber 494/1, 17 Steine, 12¾''', monometallische Schraubenunruh, autokompensierende Spirale

Links: Goldene Herrenarmbanduhr mit einfachem Vollkalendarium und Mondphasenanzeige von Omega, Modell ›Cosmic‹, mit Verkäufersignatur ›Türler‹ auf dem Zifferblatt; Ende der 40er Jahre; Ankerwerk Kaliber 381 CLD, 17 Steine, Durchmesser 27 mm, Höhe 5,25 mm; monometallische Glucydur-Unruh, autokompensierende Flachspirale

Herrenarmbanduhr mit vollständigem einfachen Kalendarium von Universal Genf, um 1950; 13liniges Ankerwerk Kaliber 291, 17 Steine, monometallische Schraubenunruh, autokompensierende Breguet-Spirale

Links: Vernickelte Herrenarmbanduhr mit automatischem Aufzug und einfachen Vollkalendarium, signiert ›Heuer‹, um 1950; Ankerwerk von AS mit automatischem Aufzug durch Pendelschwungmasse, 17 Steine, Flachspirale

Herrenarmbanduhr mit einfachem Vollkalendarium, Mondphasen- und 24-Stunden-Anzeige von Cortébert, Modell ›Spirofix Sport‹, nach 1950; Besonderheit des auf dem 12linigen Cortébert Kaliber 677 aufgebauten Kalenderwerks ist die 24-Stundenanzeige mit dem rot markierten Feld; während sich der kleine Zeiger in diesem Feld befindet, dürfen keine Korrekturen an den Kalenderindikationen vorgenommen werden

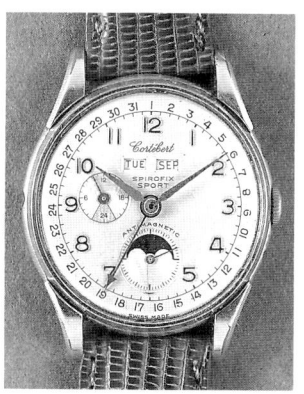

Herrenarmbanduhr mit Tages- und Datumsanzeige von Cornavin Watch, Genf, um 1952; Doublé-Gehäuse; die Tagesanzeige erfolgt durch eine wandernde Sonne unterhalb der ›12‹, die Datumsindikation durch einen zentral angeordneten Zeiger; 10liniges Ankerwerk, 17 Steine

Doublé-Herrenarmbanduhr mit Datumsanzeige durch zwei Scheiben, Modell ›Datocor‹ von Cornavin, um 1955; 11½liniges Ankerwerk, Venus Kaliber

180

Rechts: Herrenarmbanduhr mit patentiertem Kalendarium und automatischem Aufzug, Modell ›Speed Date‹ von Pronto, 1964; 11½liniges Ankerwerk Kaliber Eta 2472, 25 Steine, Aufzug durch unbegrenzt drehenden Rotor, springende digitale Datumsanzeige; mit Hilfe der Krone bei der ›2‹ kann man die Tages-/Datums-Relation für einen ganzen Monat voraus einstellen; wasserdichtes Doublé-Gehäuse

Stahl-Armbanduhr mit automatischem Aufzug und Datumsanzeige von IWC, 60er Jahre;

12½liniges Ankerwerk Kaliber 8541, 25 Steine, monometallische Glucydur-Unruh, autokompensierende Breguet-Spirale; der unbegrenzt drehende Rotor zieht in beiden Drehrichtungen auf

Goldene Herrenarmband-
uhr mit automatischem
Aufzug und springender
Datumsanzeige von Patek
Philippe, 60er Jahre; Ankerwerk Kaliber 27 – 460 M
(monodate); monometal-
lische ›Gyromax‹-Unruh,
autokompensierende
Breguet-Spirale, 37 Steine;
Aufzug in beiden Dreh-
richtungen des goldenen
Rotors

Herrenarmbanduhr
mit automatischem Aufzug
und Datumsanzeige, Modell
›Ambassador‹ von Bulova;
um 1968; 30steiniges
Ankerwerk mit Mikrorotor,
12½''', monometallische
Glucydur-Unruh, autokom-
pensierende Flachspirale;
der Aufzug erfolgt in beiden
Drehrichtungen des Rotors

Stahl-Armbanduhr mit automatischem Aufzug, 24-Stunden- und Datumsindikation, Tissot ›Navigator‹, um 1975; 21steiniges Ankerwerk, Kaliber 788, 11½'''; automatischer Aufzug in beiden Drehrichtungen des Rotors

Tonnenförmige Armbanduhr von Svend Andersen, Genf, um 1985, mit einfachem Vollkalendarium und Mondphasenanzeige; Uhr- und Kalenderwerk liegen nebeneinander, um die Uhr flacher gestalten zu können

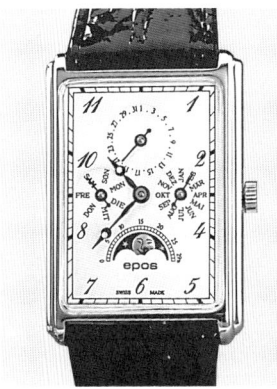

Rechteckige Doublé-Armbanduhr mit einfachem Vollkalendarium und Mondphasenanzeige; Handaufzugswerk; Epos, Biel; 1988

183

Die kompliziertere Variante der Kalender-Armbanduhr, nämlich diejenige mit ›ewigem‹ Kalender, ist serienmäßig erst seit etwa 50 Jahren erhältlich. Im Gegensatz zum Chronographen- oder zum Repetitions-
Werk ist für den ›ewigen‹ Kalender keine spezifische
Werkskonstruktion erforderlich. Vielmehr wird das
aufwendige Kalenderwerk auf einer separaten Platine montiert und dieses Modul dann auf der vorderen Platine eines normalen Uhrwerks befestigt.
In der Regel werden bei Armbanduhren mit ›ewigem‹
Kalender Datum, Wochentag, Monat und Mondphasen angezeigt. Verschiedene Modelle, vor allem solche neuerer Konstruktion, verfügen weiter über eine
Schaltjahresindikation, die angibt, das wievielte Jahr
des 4-Jahres-Zyklus gerade durchlaufen wird. Beim
›ewigen‹ Kalender von IWC und Jaeger-LeCoultre
läßt sich sogar die jeweilige Jahreszahl vollständig
ablesen.

Goldene Herrenarmband-
uhr mit ›ewigem‹ Kalender,
Schaltjahres- und Mond-
phasenanzeige von Svend
Andersen, Genf, um 1985;
das Kalenderwerk verfügt
über eine retrograde
Datumsanzeige; Ankerwerk
von Frédéric Piguet mit
automatischem Aufzug

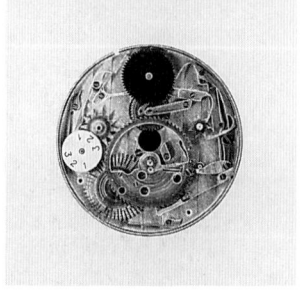

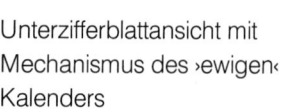

Unterzifferblattansicht mit
Mechanismus des ›ewigen‹
Kalenders

Goldene Herrenarmband-
uhr mit ›ewigem‹ Kalender,
4-Jahres- und Mondphasen-
anzeige von Vacheron &
Constantin, Genf, ab 1983
hergestellt; 36steiniges
Ankerwerk mit automatischem
Aufzug, Rohwerk von LeCoultre

Unterzifferblattansicht
mit Kadratur des ›ewigen‹
Kalenders

Rechts: Goldene rechteckige
Herrenarmbanduhr mit
›ewigem‹ Kalender, Jahres-
und Mondphasenanzeige,
Modell ›Novecento‹ von IWC;
gegenwärtige Produktion;
Ankerwerk mit auto-
matischem Aufzug, IWC-
Kaliber 375 (Basis-Kaliber:
Eta 2892) mit 22 Steinen

Schaltjahres- oder Jahresanzeigen sind insbesondere hilfreich, um eine Armbanduhr mit ›ewigem‹ Kalender nach mehrjährigem Liegen wieder einstellen zu können.

Herz- und Kernstück eines jeden Zusatzwerkes für den ›ewigen‹ Kalender ist eine kleine Scheibe, Monatsnocken genannt, in dessen Umfang die unterschiedlich langen Monate eines 4-Jahres-Zyklus durch Kerben entsprechender Tiefe einprogrammiert sind. Dabei ist zwischen zwei grundlegenden Funktionsprinzipien zu unterscheiden:

■ Monatsnocken, die auf einem Viertel ihres Umfangs ein Jahr, auf dem gesamten Umfang vier Jahre tragen, sich also in vier Jahren einmal um 360° drehen.

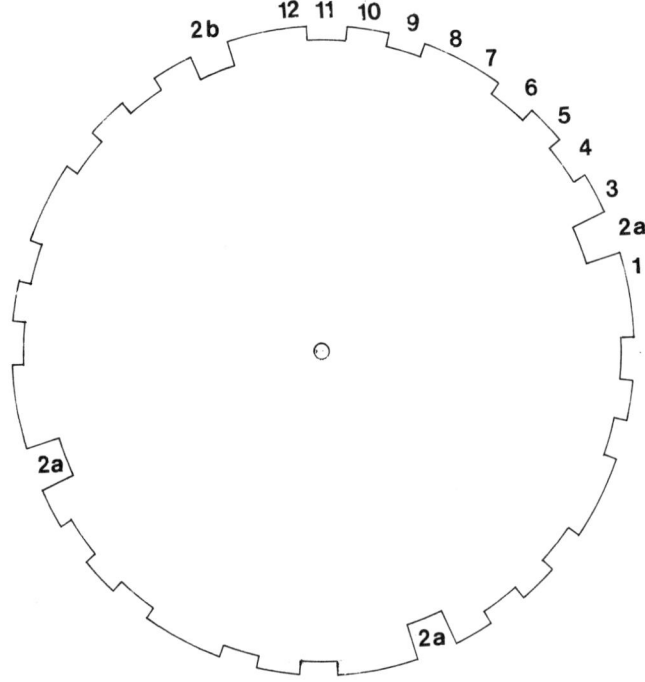

■ Monatsnocken, deren gesamter Umfang einem Jahr entspricht. Sie drehen sich pro Jahr um 360° und benötigen zur Definition der unterschiedlichen Februarlängen ein Zusatzwerk (Vierjahresrad), das sich wiederum in vier Jahren einmal um die eigene Achse bewegt.

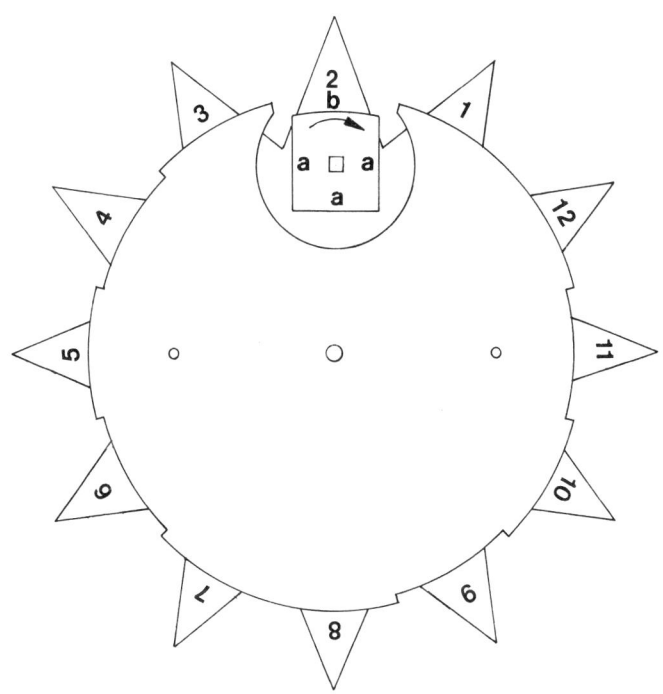

Die Kadratur eines ›ewigen‹ Kalenders stellt ein feinmechanisches Wunderwerk dar, dessen funktionales Wechselspiel von verschiedenen Rädern, Schalthebeln, Schalt- und Sperrklinken höchste Präzision in Konstruktion, feinmechanischer Ausführung und Justage erfordert. Bereits kleinste Ungenauigkeiten und/oder Beschädigungen können zu einer Fehlanzeige des Kalenders führen.

Die Funktionsweise des ›ewigen‹ Kalenders

erläutert anhand einer Patek-Philippe-Kadratur. Die ›ewigen‹ Kalenderwerke anderer Hersteller funktionieren nach ähnlichen Konstruktionsprinzipien:

Bestandteile des ewigen Kalenderwerks

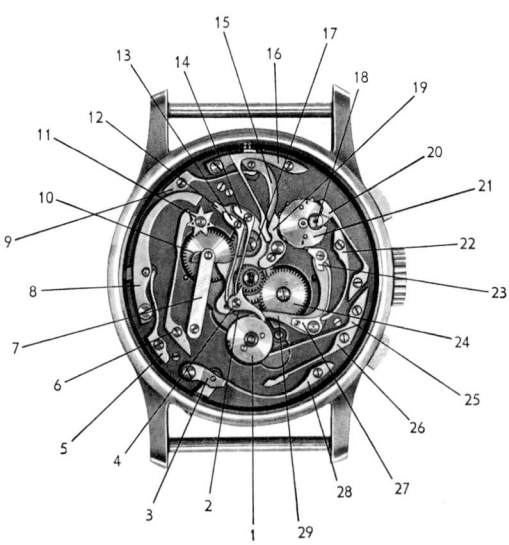

1. Monatsschnecke	16. Hauptschalthebelfeder
2. Kleine Klinke des Hauptschalthebels	17. Zwischenrad
3. Mondphasenkorrektor	18. Vierjahresrad
4. Grosse Klinke des Hauptschalthebels	19. Schnabel des Hauptschalthebels
5. Tageskorrektorfeder	20. Monatssperre (jetzt zweiteilig)
6. Tagessperre	21. Monatsnocken
7. Federbrücke	22. Monatswippenfeder
8. Tageskorrektor	23. Monatswippenklinke
9. Feder des Hauptschalthebelkorrektors	24. Mondrad
10. Mitnehmer	25. Datumsperre
11. Tagesstern	26. Mondsperre
12. Hauptschalthebel	27. Feder der Monatswippenklinke
13. Feder der kleinen Klinke des Hauptschalthebels	28. Feder des Mondphasenkorrektors
14. Feder der grossen Klinke des Hauptschalthebels	29. Monatswippe
15. Hauptschalthebelkorrektor	

Der Mechanismus des ›ewigen‹ Kalenders wird vom Stundenrad im Zentrum gesteuert. Dieses dreht sich jedoch innerhalb von 12 Stunden einmal um seine eigene Achse, weswegen zur korrekten Fortschaltung der Anzeigen (einmal innerhalb 24 Stunden) eine Halbierung der Umdrehungszahl vonnöten ist. Diese besorgt im Falle der Mondphasenindikation das Mondrad (24), welches mit Hilfe eines kleinen Stiftes die hier nicht sichtbare, auf der Achse der Monatsschnecke sitzende Mondscheibe täglich um einen Zahn weiterbewegt.

Daneben treibt das Stundenrad über ein Zwischenrad (17) auch ein Zahnrad samt darauf befestigtem Mitnehmer (10) an. Dieser wiederum dreht sich innerhalb 24 Stunden um seine Achse und betätigt den Hauptschalthebel (12).

Dessen oberes Ende schaltet dabei den Tagesstern mit Tagesscheibe (11), die am unteren Ende befestigte kleine Klinke (2) das Datumsrad (verborgen unter der Monatsschnecke – 1) und damit den Datumszeiger um eine Position fort.

Am Ende eines Monats fällt der untere Schnabel der Monatswippe (29) über die Stufe einer kleinen Schnecke (verborgen wiederum unter der Monatsschnecke – 1). Am anderen Ende der Monatswippe (29) ist die Monatswippenklinke (23) befestigt, die ihrerseits den unter dem Monatsnocken (21) liegenden Monatsstern um 30°, also einen Monat weiterbewegt. Die Besonderheit eines ›ewigen‹ Kalenders besteht indes darin, daß er die unterschiedlichen Monatslängen im Laufe eines Schaltjahreszyklus berücksichtigt. Hierzu ist ein weiteres Schaltwerk erforderlich, das vom Monatsnocken (21) ausgeht. Er besitzt, wie schon dargestellt wurde, auf seinem Umfang verschieden tiefe Einfräsungen, entsprechend den jeweiligen Monatslängen. Das Vierjahresrad (18) wird vom Kalenderwerk einmal jährlich um 90° gedreht und definiert dadurch die Länge des Februars (28 oder 29 Tage). Der obere Schnabel des Hauptschalthebels (19) tastet den Rand des Monatsnockens (21) ab und erhält dort seine Information bezüglich der jeweiligen Monatslänge. In Monaten mit weniger als 31 Tagen fällt er auf der Nockenscheibe (21) ›tiefer‹, die am unteren Ende des Hauptschalthebels befindliche große Klinke (4) greift in die Stufe der Monatsschnecke (1) und schaltet diese mitsamt Datumsrad und kleiner Schnecke (verborgen unter 1) fort. Die Monatswippe wiederum besorgt in der üblichen Weise die Weiterschaltung von Monatsstern und -nocken.

In Monaten mit 31 Tagen rutscht die große Klinke des Hauptschalthebels (4) hingegen funktionslos am Rand der Monatsschnecke entlang.

Die übrigen Sperrhebel (6, 20, 25 und 26) sorgen dafür, daß die Anzeigen sich nicht unbeabsichtigt verstellen. Über die Korrektoren (3, 8 und 15) lassen sich die Anzeigen von Hand beeinflussen.

Dies verdeutlicht, daß eine Armbanduhr mit Kalendarium, besonders eine solche mit ›ewigem‹, alles andere ist als ein Objekt zur Befriedigung des persönlichen Spieltriebs oder zur Demonstration des Innenlebens mittels der im Gehäuserand angebrachten Drücker. Vor allem nehmen solche Uhren Manipulationen zu Zeiten, in denen verschiedene Schaltklinken im Eingriff sind (20 Uhr bis etwa 4 Uhr), besonders übel. Kostspielige Reparaturen können die Folge sein. Deshalb sollte man die Zeiger seiner Kalenderuhr grundsätzlich auf 12 Uhr mittags stellen, bevor Korrekturen an den Indikationen vorgenommen werden.

Blicken wir an dieser Stelle ein wenig zurück in der Geschichte der Armbanduhr mit ›ewigem‹ Kalender. Das erste Exemplar, ein Unikat übrigens, begegnet uns bereits im Jahre 1925, als Patek Philippe eine Damentaschenuhr mit ›ewigem‹ Kalender,

Oben: Herrenarmbanduhr
mit ›ewigem‹ Kalender und
Mondphasenanzeige von
Patek Philippe, 1898/1925,
verkauft 1927; den Hintergrund der Uhr bildet der
entsprechende Auszug aus
dem Patek-Philippe-Stamm-
buch

Herrenarmbanduhr mit
›ewigem‹ Kalender und
Mondphasenanzeige von
Patek Philippe, 1937;
11liniges Ankerwerk,
bimetallische Kompensationsunruh, Breguet-Spirale;
Kalenderwerk mit retrograder
Datumsanzeige

deren Genese bis auf den 14. September 1898 zurückgeht, in eine Armbanduhr umbaute und als solche am 13. Oktober 1927 verkaufte. Ab 1930 wurden als Exklusivität des Hauses Patek Philippe weitere Armbanduhren mit ›ewigem‹ Kalender als Unikate oder im Rahmen von Kleinstserien hergestellt, darunter drei Armbanduhren, die zudem einen Chronographen-Rattrapante besitzen.

Links: Herrenarmbanduhr mit Chronograph-Rattrapante, 30-Minuten-Zähler, ›ewigem‹ Kalender und Mondphasenanzeige, Modell 2571 von Patek Philippe; 13liniges Ankerwerk mit 25 Steinen, monometallische Schraubenunruh, autokompensierende Breguet-Spirale

Goldene Herrenarmbanduhr mit Chronograph, 30-Minuten-Zähler, ›ewigem‹ Kalender und Mondphasenanzeige, Modell 1518 von Patek Philippe, hergestellt von 1941 bis 1954; 13''' Ankerwerk (Rohwerk Valjoux), 23 Steine, monometallische Schraubenunruh, autokompensierende Breguet-Spirale

In Serie gingen die Armbanduhren mit ›ewigem‹ Kalender bei Patek Philippe im Jahre 1941 unter der Referenz-Nummer 1518, ein Modell mit zusätzlichem Chronograph. 1942 folgte die Referenz 1526 mit normalem Handaufzugswerk und kleiner Sekunde, 1944 die Referenz 1591 mit Zentralsekunde. 1962 schließlich kam die Referenz 3448 mit automatischem Aufzug auf den Markt, und 1985 folgten die derzeit ak-

Goldene Herrenarmbanduhr mit ›ewigem‹ Kalender und Mondphasenanzeige, hergestellt von Robert Cart, Le Locle, in zwei Exemplaren, eines davon für Breguet; Brücken-Ankerwerk mit Genfer Streifen, bimetallischer Kompensations-Unruh, Breguet-Spirale; Kalendarium mit retrograder Datumsanzeige, d. h. der Datumsanzeiger springt von der ›31‹ schnell auf die ›1‹ zurück; 40er Jahre; das Kalenderwerk stammt vermutlich von Victorin Piguet im Vallée de Joux

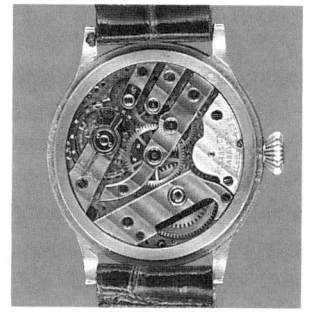

Drei goldene Kalender-Armbanduhren von Audemars Piguet, um 1960, von links nach rechts:

Ref-5513 und 5514: Herrenarmbanduhr mit einfachem Vollkalendarium und Mondphasenanzeige; 9liniges Ankerwerk Kaliber 2001, 18 Steine, monometallische Schraubenunruh, autokompensierende Breguet-Spirale

Ref-5516: Herrenarmbanduhr mit ›ewigem‹ Kalender und Mondphasenanzeige; Handaufzugswerk Kaliber 13‴ VZSS, Durchmesser 30 mm, Höhe (ohne Kalenderwerk) 4,0 mm, monometallische Schraubenunruh, autokompensierende Breguet-Spirale tuellen Referenzen. Insgesamt wurden in den 60 Jahren von 1925 bis 1985 rund 1870 Armbanduhren mit ›ewigem‹ Kalender in den Werkstätten Patek Philippes terminiert.

Audemars Piguet wartete 1950 erstmals mit einer Armbanduhr mit ›ewigem‹ Kalender auf, von der bis zum Jahre 1969 lediglich zehn Exemplare angefertigt und verkauft wurden.

Goldene Herrenarmband-
uhr mit ›ewigem‹ Kalender,
Schaltjahres- und Mond-
phasenanzeige von Aude-
mars Piguet, um 1963;
13liniges Handaufzugswerk
Kaliber 13''' VZSS
(s. Seite 196)

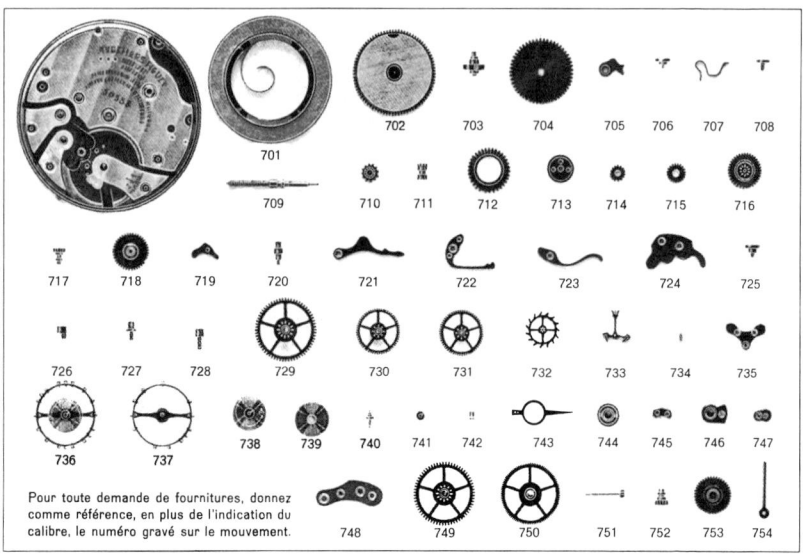

| | | | 702 | 703 | 704 | 705 | 706 | 707 | 708 |

701 709

| 710 | 711 | 712 | 713 | 714 | 715 | 716 |

| 717 | 718 | 719 | 720 | 721 | 722 | 723 | 724 | 725 |

| 726 | 727 | 728 | 729 | 730 | 731 | 732 | 733 | 734 | 735 |

| 736 | 737 | 738 | 739 | 740 | 741 | 742 | 743 | 744 | 745 | 746 | 747 |

Pour toute demande de fournitures, donnez comme référence, en plus de l'indication du calibre, le numéro gravé sur le mouvement.

| 748 | 749 | 750 | 751 | 752 | 753 | 754 |

13liniges Handaufzugswerk von Audemars Piguet Kaliber 13''' VZSS, verwendet in den Armbanduhren mit ›ewigem‹ Kalender (abgebildet auf den Seiten 194 und 195)

Herrenarmbanduhr mit automatischem Aufzug, Chronograph mit 30-Minuten- und 12-Stunden-Zähler, ›halbewigem‹ Kalender und Mondphasenanzeige; Kelek/ Chronoswiss

Die großen Jahre der Armbanduhren mit automatischem Aufzug und ›ewigem‹ Kalender brachen indes erst herein, als sich die mechanische Armbanduhr anschickte, sang- und klanglos von der Bildfläche zu verschwinden und das Terrain den elektronischen Zeitmessern zu überlassen, die eine vorprogrammierte Datumsanzeige quasi als Zugabe mitbekamen. Breguet machte den Anfang in den Jahren um 1975 und Audemars Piguet folgte 1978 mit seinem Modell, das als eines der schönsten gelten darf und von dem alleine 1985 die stattliche Summe von 550 Stück verkauft werden konnten. Als *die* Jahre der Armbanduhr mit ›ewigem‹ Kalender können 1984 und 1985 gelten. Nicht weniger als acht Firmen präsentierten in Basel neue Armbanduhren mit dieser Komplikation und ließen den Markt auf mehr als 16 unterschiedliche Modelle von 13 verschiedenen Herstellern anwachsen. Nicht unerwähnt bleiben dürfen schließlich Armbanduhren mit einem sogenannten ›halbewigen‹ Kalender, die, seit 1986 erhältlich, eine Zwitterstellung einnehmen. Ihr Kalenderwerk ist so konstruiert, daß es alle Indikationen im Rahmen des 4-Jahres-Zyklus automatisch richtig darstellt. Nur die aufwendige Schaltjahres-Mechanik wurde aus Kostengründen weggelassen. Der 29. Februar fällt aus, wenn er nicht von Hand geschaltet wird.

Armbanduhren mit Repetitionsschlagwerk – die Zeit wird hörbar gemacht

Nach außen hin am unauffälligsten, innen jedoch höchst kompliziert ist die Armbanduhr mit Repetitionsschlagwerk, die keine allzu große Verbreitung gefunden hat, sich heute jedoch bei jenen Sammlern, die es sich leisten können, großer Beliebtheit erfreut. Aus diesem Grund, aber auch wegen der technischen Besonderheit und des hohen uhrmacherischen Aufwands, den die Herstellung einer solchen Armbanduhr erfordert, soll sie ebenfalls Gegenstand einer differenzierten Betrachtung sein:

Die belegbare Geschichte der tragbaren Repetitionsuhr beginnt, wie so vieles im Leben, mit einem heftigen Streit, in diesem Fall zwischen dem Pfarrer Edward Barlow (1636 – 1716) und dem Uhrmacher Thomas Tompion (1639 – 1713) auf der einen, sowie dem Uhrmacher Daniel Quare (1649 – 1724) auf der anderen Seite.

Beide Parteien beantragten im Jahre 1687 beim englischen König Jakob II. ein Patent auf eine Taschenuhr mit Viertelstunden-Repetitionsschlagwerk, also eine Konstruktion, die auf Knopfdruck hin die Anzahl der vollen und der seit der letzten vollen Stunde vergangenen vollen Viertelstunden schlägt.

Während bei der von Tompion im Auftrage Barlows angefertigten Taschenuhr je ein eigener Knopf zur Auslösung des Stunden- und Viertelstundenschlagwerks zu drücken war, genügte bei der Quareschen Konstruktion die Betätigung eines einzigen Knopfes. Vielleicht war es diese komfortablere Lösung, die den König beeindruckte, jedenfalls fiel sein Schiedsspruch zugunsten Daniel Quares aus, der damit Inhaber des ersten Patents auf eine Taschenuhr mit Viertelrepetition war, dem aber in den folgenden drei Jahrhunderten Uhrengeschichte noch viele Patente für Schlagwerkskonstruktionen folgen sollten.

Ein Fundament war damit jedoch gelegt, auf das in den folgenden Jahrhunderten immer wieder uhrmacherische Höchstleistungen aufgebaut wurden. In jenen Zeiten, als man der Dunkelheit zum Ablesen der Uhrzeit noch nicht per Knopfdruck Herr zu werden vermochte, gehörte das Repetitionsschlagwerk beinahe zu einem Muß bei feinen und feinsten Uhren. Doch auch gegen Ende des 19. Jahrhunderts, als die Erfindungen von Heinrich Göbel und Thomas Alva Edison zu problemloseren Beleuchtungsmöglichkeiten geführt hatten, stellte die Taschenuhr mit Repetitionsschlagwerk immer noch eine Besonderheit dar, die ihren Besitzer als Angehörigen einer gehobenen Bevölkerungsschicht auswies.

Zwei konvergent verlaufende Entwicklungslinien haben dazu geführt, daß man Repetitionsuhren nach der Wende zum 20. Jahrhundert auch am Arm tragen konnte:

■ Da war zum einen die technische Vervollkommnung der Schlagwerksmechanismen. Hierunter zählen die um 1720 von Matthew Stogden erfundene Alles-oder-nichts-Sicherung, eine Vorrichtung, die verhindert, daß die Uhr bei nicht vollständig betätigtem Drücker oder Schieber die falsche Uhrzeit schlägt. Ferner die auf das Jahr 1750 zurückgehende Uhr mit Minutenrepetition. Letztere vermag die Zeit bis auf eine Minute genau akustisch darzustellen und stellt die Krönung auf dem Gebiet der Schlagwerke dar. In den Jahren 1695 bzw. 1710 übrigens begegnet man der Erfindung der 7½-Minuten-(Achtelstunden-) und der 5-Minuten-Repetition, wobei nur letztgenannte eine größere Verbreitung gefunden hat.

■ Zum anderen galten die Bemühungen einer Miniaturisierung der Schlagwerksmechanismen, also einer Reduzierung des Durchmessers und der Höhe. Herausragende Stücke auf diesem Gebiet sind ein 1948 im Journal Suisse d'Horlogerie vorgestelltes, von der Uhrmacherschule in Vallée de Joux angefertigtes Minutenrepetitionswerk mit einem Durchmesser von nur 13,53 mm sowie ein ebenfalls in der Westschweiz hergestelltes Minutenrepetitionswerk, dessen Höhe bei einem Durchmesser von 20,87 mm ganze 3 mm ausmacht.

13liniges Brücken-Uhrwerk mit Minutenrepetition, Kaliber 13‴ JMV von LeCoultre; das Werk befindet sich in einem noch nicht fertiggestellten Zustand

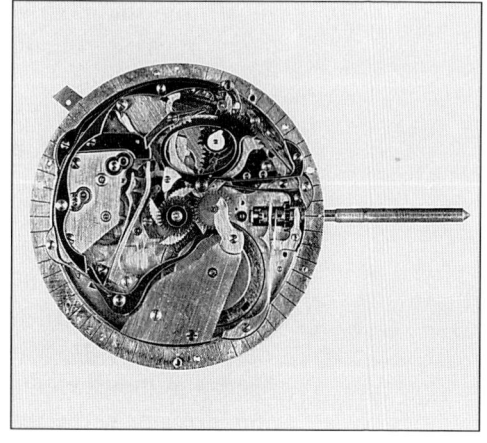

Unterzifferblattansicht des LeCoultre-Kalibers 13‴ JMV mit Minutenrepetition; man erkennt deutlich die zahlreichen Teile, die zum einwandfreien Funktionieren des Schlagwerkes perfekt zusammenwirken müssen

200

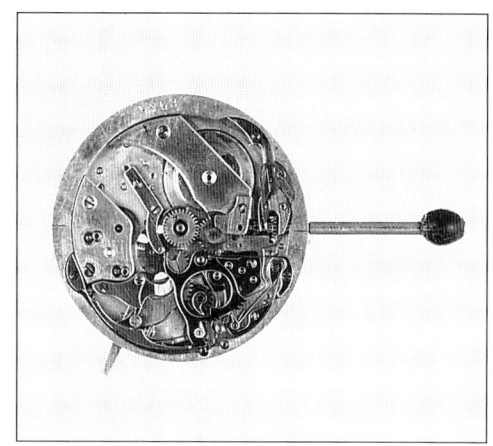

Unterzifferblattansicht eines 11linigen, 2,7 mm hohen Uhrwerks mit Viertelrepetition von LeCoultre; gegenüber der Kadratur für ein Minuten-Repetitionsschlagwerk ist die Anzahl der Teile deutlich reduziert

Wenden wir uns der Armbanduhr und ihrer rund hundertjährigen Entwicklungsgeschichte zu, so stellen wir fest, daß ihre Entstehung in etwa mit der zunehmenden Verbreitung der elektrischen Beleuchtung zusammenfällt, was wiederum den Schluß nahelegt, Armbanduhren mit Repetitionsschlagwerk seien ein Anachronismus.

Ganz ohne Berechtigung ist eine solche Folgerung nicht, die im übrigen durch die Tatsache verifiziert wird, daß es eigenständige Werksentwicklungen für Schlagwerksarmbanduhren nur in geringem Umfang und, gemessen an den bei Armbanduhren zumeist üblichen Stückzahlen, mit eher mäßigem Erfolg gegeben hat.

Goldene, an einem Arm-
band befestigte Uhr mit
Minutenrepetition, signiert
›L. Brandt & Frère‹; Zeit um
die Jahrhundertwende;
klassisches Repetitions-
Uhrwerk in Brücken-Bau-
weise, Auslösung des
Schlagwerks über den
Schieber bei der ›3‹

Ührchen mit Minutenrepetition von Audemars Piguet,
1920, das sowohl in einem
Taschenuhrgehäuse als
auch an einem Armband
getragen werden kann;
Auslösung des Schlagwerks
durch Druck auf den bei der
›6‹ befindlichen Brillanten

Brillantenbesetzte Damen-
armbanduhr mit Minuten-
repetition und Zentral-
sekunde von Audemars
Piguet, Nr. 13931, fertiggestellt 1911; die Auslösung
des Schlagwerks erfolgt
durch Betätigung des
Schiebers bei der ›2‹

Dennoch wurde mit der Herstellung erster Armbanduhren mit Minutenrepetition, vermutlich auf besondere Bestellung hin, schon kurz nach der Jahrhundertwende begonnen, unter Verwendung bereits vorhandener Werke für Damentaschenuhren.

Im Rahmen der Schweizerischen Nationalausstellung
1914 in Bern zeigten bereits verschiedene Uhrenhersteller Armbanduhren mit Minutenrepetition, und
in den späten zwanziger Jahren gehörten diese äu-
ßerlich höchst unauffälligen, innerlich höchst komplizierten Zeitmesser zum Verkaufsrepertoire fast
aller renommierten Uhrenhersteller, angefangen bei
Audemars Piguet bis hin zu Vacheron & Constantin.

Doch neben der prinzipiellen Überflüssigkeit stand
ein gewichtiger Faktor der allzugroßen Verbreitung
von Armbanduhren mit klassischem Repetitions-
Schlagwerk entgegen: ihr Preis.

Sicherlich brachte die zunehmende Automatisierung
in der Uhrenfertigung auch die Produktion preis-
günstiger Repetitions-Rohwerke und damit fertiger
Uhren dieses Genres mit sich. Diese Entwicklung
betraf jedoch im wesentlichen 18linige und größere
Werks-Kaliber, denn die Taschenuhr mit Schlagwerk
stellte ein primär männliches Attribut dar. Die Fertigung kleiner ›Damenkaliber‹ blieb deswegen nicht
nur zahlenmäßig weit hinter der von ›Herrenkalibern‹
zurück, sondern meist auch den wenigen Herstellern
von Uhren des gehobenen Standards vorbehalten.

203

Tonnenförmige Armband-
uhr mit Minutenrepetition,
signiert ›B.C.Wenger,
Genf‹, um 1925; Weißgold-
gehäuse; 10liniges Uhrwerk
mit 29 Steinen, Auslösung
des Schlagwerks durch
Betätigung des Schiebers
bei der ›10‹

Oben: Herrenarmbanduhr
mit Minutenrepetition
von Audemars Piguet,
Nr. 35885, 1926; kissen-
förmiges Platingehäuse

So wurden im Jahre 1900 bei Audemars Piguet insgesamt 110 Werke mit Minutenrepetition des Durchmessers 18'" und größer terminiert, hingegen nur drei 10linige und vier 12linige Werke mit dieser Komplikation, also ein Anteil von 6,5 %. Die Relation dürfte bei anderen Uhrenmanufakturen eher noch niedriger gelegen haben, da die Anfertigung kleiner Uhrwerke mit Minutenrepetition bei Audemars Piguet stets in besonderer Weise gepflegt wurde. Dazu kam, daß die Herstellung eines 11linigen Uhrwerks mit Minutenrepetition beinahe die doppelten Kosten verursachte wie die eines 17linigen Werks (Gegenüberstellung aus dem Patek-Philippe-Archiv, 1930):

Rohwerk 11'" von Victorin Piguet,	
Le Sentier	sFr. 750,–
Echappement 1. Qualität	sFr. 182,–
Repassage komplett	sFr. 400,–
	sFr. 1332,–

Rohwerk 17'" von Victorin Piguet,	
Le Sentier	sFr. 350,—
Echappement 1. Qualität	sFr. 136,50
Repassage komplett	sFr. 264,—
	sFr. 750,50

Für eine fertige Armbanduhr mit Minutenrepetition im Weißgoldgehäuse waren bei Patek Philippe im Jahre 1929 immerhin sFr. 4325,– zu bezahlen. Eine Armbanduhr mit ›ewigem‹ Kalender kostete zur gleichen Zeit sFr. 2400,–, eine Armbanduhr mit Chronograph sFr 1800,– und eine solche mit Chronograph-Rattrapante sFr. 2650,–.

Dennoch bemühten sich in den folgenden Jahren immer wieder Uhrenmanufakturen, die Armbanduhr mit Repetitionsschlagwerk auch breiteren Bevölkerungsschichten zugänglich zu machen. Daß dies jedoch nicht die klassische Armbanduhr mit Minutenrepetition sein konnte, wird sich nach obigen Ausführungen von selbst verstehen.

Einen Anfang machte in den dreißiger Jahren die 1875 gegründete Firma Driva Watch Co., La Chaux-de-Fonds, mit ihrem ›Driva-Repeater‹, einer den modischen Strömungen jener Zeit angepaßten rechteckigen Armbanduhr mit Viertelrepetition.

Anzeige aus dem ›Journal Suisse d'Horlogerie‹ des Jahres 1937 zur Einführung des Driva ›Repeater‹

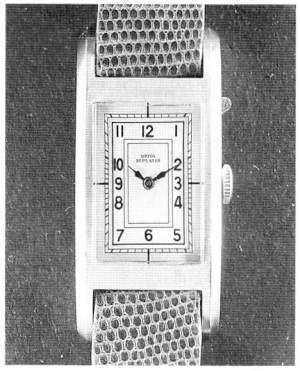

Rechteckige Herrenarm-
banduhr mit Viertelreptition,
Driva ›Repeater‹

Form-Ankerwerk des Driva
›Repeater‹ mit 15 Steinen,
bimetallischer Unruh,
Flachspirale; unterhalb der
Aufzugskrone ist der Hebel
zur Auslösung des Schlag-
werkes zu erkennen

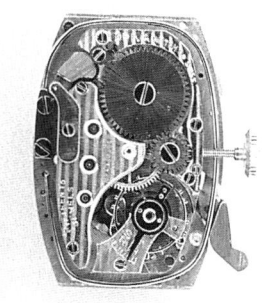

Unterzifferblattansicht des
Driva ›Repeater‹

Auf der Suche nach interessanten Neuigkeiten waren die Firmeninhaber, Vater und Sohn Hirsch, auf einen Uhrentyp gestoßen, der, wie sie selber zum Ausdruck brachten, einst die ›Modeuhr der Elite‹ war. Sie hatten aber auch erkannt, daß sich mit den bis dahin bekannten Minuten-Repetitionsschlagwerken kein Geschäft machen ließ, weil diese zu aufwendig in der Herstellung und für den harten Alltagsgebrauch zu anfällig waren. Deswegen beabsichtigten die Herren Hirsch eine genuine Armbanduhr mit einem robusten, alltagstauglichen Repetitionsschlagwerk zu produzieren, die sich zudem durch ihren moderaten Preis auszeichnen sollte.

Deswegen schied die klassische integrierte Bauweise von Geh- und Schlagwerk von vornherein aus, kam nur die Addition von normalem Uhrwerk und separater Schlagwerkskadratur in Frage. Letztere bestand infolge geschickter Konstruktion nur aus einem unabdingbaren Mindestmaß relativ unproblematisch herzustellender Teile, die zudem ohne teure Terminierungsarbeiten auf einer eigenen Platine zusammengefügt waren. Als Basis-Uhrwerk diente schließlich ein tonnenförmiges Kaliber von A. Michel.

Mit einer Gesamthöhe von 6 mm gehörten Werk und aufgesetzte Schlagwerkskadratur nicht unbedingt zu den flachen Vertretern ihrer Gattung, doch waren Funktionssicherheit und Alltagstauglichkeit sichergestellt.

Nun erlebte die Welt in jenen dreißiger Jahren, als der Driva-Repeater Serienreife erreicht hatte, politisch und wirtschaftlich äußerst schwierige Zeiten. Der Zweite Weltkrieg warf seine Schatten voraus, die weltwirtschaftliche Lage war angespannt. So war es nur zu natürlich, daß alle nicht unbedingt erforderlichen Anschaffungen zurückgestellt wurden. Zudem war für militärische Zwecke die Armbanduhr mit Chronograph wesentlich hilfreicher. Hinzu kam, daß der aus heutiger Sicht sehr gering erscheinende Preis des Driva-Repeaters von sFr. 45,– (Stahlgehäuse) für damalige Verhältnisse tatsächlich zu hoch lag. Schließlich wurde, wie schon früher und auch in der Gegenwart, dem Äußeren einer Uhr häufig mehr Wert beigemessen als einem anspruchsvolle(re)n Innenleben. Der Verkauf gestaltete sich also zunächst mehr als schwierig. Trotzdem fand die gesamte Produktion von etwa 1500 Driva-Repeatern in den Jahren von 1940 bis 1944 ihre Käufer. Nach Beendigung des Zweiten Weltkrieges, als in der Westschweiz, wie in anderen europäischen Ländern, die ›BOF-Währung‹ (beurre, oeufs, fromage – Butter, Eier, Käse) galt, bestand auch am Driva-Repeater zunächst kein großes Interesse mehr. Nachdem sich dieses in den fünfziger Jahren wieder eingestellt hatte, sah sich die Driva Watch Co. dennoch gezwungen, auf eine Neuauflage ihres Repeaters zu verzichten.

Interessant erscheint schließlich, was das Journal Suisse d'Horlogerie im Januar 1937 zu dieser Uhr feststellte:

»Die Armbanduhr ist ein untrennbarer Weggefährte ihres Besitzers geworden, bei Tag ebenso wie bei Nacht. Der Driva-Repeater bietet die Möglichkeit, die Zeit am frühen Morgen noch vor der Dämmerung durch einfache Betätigung des Schiebers zu erfahren. Die Armbanduhr tut die Zeit auf einer Ebene mit dem Kissen kund. Mit Hilfe des Driva-Repeaters kann man es vermeiden, durch den Blick auf seine Uhr unhöflich zu erscheinen. Diese Neuigkeit ist um so bedeutender, als sich Takt zu einem günstigen Preis erwerben läßt.«

Einer weiteren ›echten‹ Armbanduhr mit Viertelrepetition als eigenständige Entwicklung begegnet man dann in den Jahren 1957/58. Da nämlich versuchte die in Le Locle beheimatete Firma Angelus, erstmals eine Armbanduhr mit automatischem Aufzug und Viertelstunden-Repetition am Markt zu lancieren. Die Entwicklung und der Verkauf dieser an sich sehr bemerkenswerten Uhr gelangten allerdings über das Versuchsstadium nicht hinaus. Um die Marktchancen einer solchen Armbanduhr zu testen, stellte Angelus zunächst eine Pilotserie von 100 Stück unter Verwendung des AS Automatic-Kalibers 1580 fertig. Die Schlagwerks-Kadratur wurde in Kleinserie angefertigt und, wie schon beim Driva-Repeater, lediglich oben auf das Uhrwerk montiert.

Stahl-
Armbanduhr
mit automatischem
Aufzug und
Viertelrepetition,
Angelus ›Tinkler‹

Zur Auslotung des Marktes wurde die Uhr mit einem verschraubten Stahlgehäuse hauptsächlich in Deutschland und der Schweiz durch ausgesuchte Geschäfte für rund sFr. 300,– angeboten. Eine Summe, seinerzeit wohl die Hälfte des monatlichen Salärs eines Arbeiters, welche die Angelus ›Tinkler‹ jedoch weitgehend unverkäuflich machte. Andererseits verlangte der Rohwerke-Hersteller AS jedoch eine Mindestabnahme von 10 000 Stück, um diesen Preis überhaupt realisieren zu können. Der Auftrag kam nicht zustande, und so blieb es bei nur 100 Exemplaren einer Armbanduhr, für die wohl kein echtes Bedürfnis bestand.

Die Entwicklung einer dritten, derzeit noch erhältlichen Armbanduhr mit 5-Minuten-Repetition erfolgte 1975 bei der im Vallée de Joux beheimateten feinmechanischen Werkstätte von Dubois-Dépraz. Die u. a. für ihre Chronographen-Kadraturen bekannte Firma verwendet für den Aufbau des Schlagwerks ebenfalls eine separate Platine. Dabei ergänzen sich traditionelle Bauweise und neuzeitliche Technologien. Das Schlagwerk wird durch einen Drücker ausgelöst. Eine Alles-oder-nichts-Sicherung verhindert falsches Repetieren bei ungenügender Betätigung dieses Drückers.

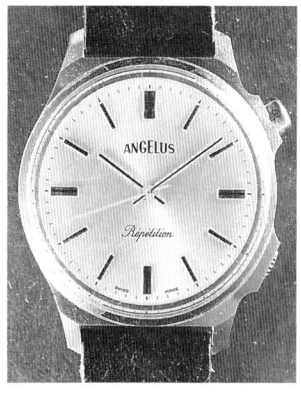 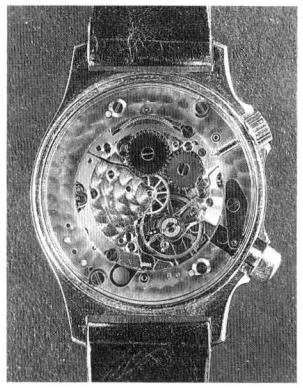

Doublé-Armbanduhr mit 5-Minuten-Repetition von Angelus, Le Locle, um 1976; Ankerwerk mit 17 Steinen, Kaliber Eta 2801;

die Auslösung des Schlagwerkes erfolgt durch Betätigung des Drückers bei der ›2‹

Doublé-Armbanduhr mit 5-Minuten-Repetition und durchbrochenem Zifferblatt, welches den Blick auf die Schlagwerks-Kadratur freigibt; das Schlagwerksmodul wurde auf dem Uhrwerk um 180° gedreht, deswegen befindet sich der Drücker zur Auslösung bei der ›8‹

Das Schlagwerksmodul (36 mm Durchmesser) ist in Kombination mit Handaufzugs- oder Automatikwerken erhältlich.

Platin-Armbanduhr mit Minutenrepetition von Audemars Piguet; ca. 1945 fertiggestellt und verkauft; 11liniges Ankerwerk; Gehäusedurchmesser 32 mm, Schlagwerksauslösung durch den Schieber bei der ›10‹

Goldene Herrenarmband-
uhr mit Minutenrepetition
von Patek Philippe, Modell
2534A, 1958; 14liniges
Ankerwerk

Goldene Herrenarmband-
uhr mit Viertelrepetition,
signiert ›Hunt & Roskell,
London‹; das Uhrwerk ist
aus dem vergangenen
Jahrhundert, das Gehäuse
in den 80er Jahren neu
angefertigt worden

Die Rückbesinnung auf ein fast vergessenes Kapitel Uhrentechnik brachten schließlich die ausklingenden achtziger Jahre. Nachdem komplizierte Armbanduhren mit mechanischem Werk wieder hoch im Kurs stehen, lag es nahe, auch der Armbanduhr mit Minutenrepetition erneute Aufmerksamkeit zu widmen.

Bereits 1986 stellte der im Vallée de Joux angesiedelte Luxusuhren-Hersteller Blancpain ein völlig neu entwickeltes Uhrwerk mit Minutenrepetition klassischer Prägung vor, dessen Durchmesser 9 Linien (20,3 mm) und dessen Höhe 3,2 mm beträgt.

Goldene Herrenarmbanduhr
mit Minutenrepetition von Blancpain;
1986 erstmals vorgestellt

Im Jahre 1989 ließ Patek Philippe zum 150jährigen Firmenjubliäum die Geschichte wieder aufleben und präsentierte ebenfalls eine Armbanduhr mit automatischem Aufzug und Minutenrepetition. Und auch Ulysse Nardin besann sich 1989 auf seine große Firmentradition, u. a. in Form einer Armbanduhr mit Minutenrepetition. Und andere Hersteller werden folgen.

Goldene Herrenarmbanduhr mit Minutenrepetition und Jaquemarts (Figurenautomat), Modell ›San Marco‹ von Ulysse Nardin; 1989 erstmals angeboten; bis 30 m wasserdichtes Gehäuse

Was all diese Uhren, neben der hohen Komplexität des Werksaufbaus, mit ihren großen geschichtlichen Vorbildern verbindet, ist indes der Preis: Wer sich seinerzeit keine derartige Armbanduhr leisten konnte, wird es auch heute nicht können, denn billiger geworden ist die diskrete Exklusivität der akustischen Wiedergabe von Stunden, Viertelstunden und Minuten trotz technologischer Fortschritte über die Jahrzehnte hinweg nicht.

Armbanduhren mit Wecker –
sanftes Geläut vom Handgelenk

Als früheste Zusatzfunktion mechanischer Räderuhren überhaupt kann der Wecker gelten, kam ihm doch von jeher die wichtige Aufgabe zu, die Menschen an den Beginn ihres Tagwerks zu erinnern. Mit steigender Mobilität der menschlichen Gesellschaft war neben dem stationär in Pendeluhren eingebauten zunehmend auch der mobile Wekker gefragt. Erste Exemplare findet man bereits im 16. Jahrhundert als ›Module‹, die auf tragbaren Uhren montiert werden konnten und über deren Zeiger ausgelöst wurden.

Auch in Armbanduhren hielten Weckerwerke schon relativ bald, nämlich etwa zu Beginn des Ersten Weltkriegs, Einzug. Doch erwies sich die geringe Größe des Zeitmessers am Handgelenk wieder einmal als Pferdefuß: der erzielbare Schallpegel und die Läutdauer waren bei den ersten Armbandweckern unbefriedigend, der gewünschte Effekt wurde nur unvollkommen erreicht. Damit ward es alsbald wieder recht still um eine Sonderform der Armbanduhr, die eigentlich eher geräuschvoll auftreten sollte. Klangvoll eingeläutet wurde die Ära der Armbandwecker dann aber kurz nach dem Ende des Zweiten Weltkrieges, 1947, vom Modell ›Cricket‹ der Firma Vulcain. Durch ihre besondere Werks- und Gehäusekonstruktion machte die ›Grille‹ zur gewünschten Zeit fast unüberhörbar auf sich aufmerksam.

Doch verschiedene Uhrenkonstrukteure hatten mit dem Armbandwecker mehr im Sinn. Als ständiger Begleiter sollte er eine zweite wichtige Funktion aus-

Herrenarmbanduhr mit Wecker, Vulcain ›Cricket‹ (›Grille‹), hergestellt ab dem Jahr 1947; 12liniges Ankerwerk Kaliber Vulcain 120 mit 17 Steinen und Zentralsekunde

Herrenarmbanduhr mit Wecker von Jaeger-LeCoultre, Modell ›Memovox‹, 50er Jahre; 13liniges Handaufzugswerk Kaliber 910 mit 17 Steinen

üben, nämlich untertags möglichst dezent an Termine erinnern. Also mußte er unterschiedlich laut tönen. Dieses Problem hatte Jaeger-LeCoultre 1951 bei seinem ›Memovox‹ gelöst, der bis in die Gegenwart als vermutlich erfolgreichster Armbandwecker überhaupt gelten kann. Am Arm getragen, schnarrte der ›Memovox‹ verhalten, abgelegt hingegen rund 20 Sekunden lang laut und deutlich. Neben einem speziell konstruierten ›Resonator‹ besaß der ›Memovox‹ auch zwei Federhäuser: je eines für Geh- und Weckwerk. Einen ähnlichen Effekt erzielte Pierce bei seinem Mitte der fünfziger Jahre vorgestellten ›DUO fon‹. Wie der Name schon sagt, vermag auch dieser Armbandwecker sein Geräusch in zwei unterschiedlichen

Lautstärken von sich zu geben. Die Einstellung kann jedoch von Hand über einen Knopf vorgenommen werden. Die deutschen Uhrenhersteller waren auf dem Markt der Armbandwecker durch den 1949 zum Patent angemeldeten ›Minivox‹ von Junghans sowie die Kaliber 301 und 302 von Hanhart vertreten.

Herrenarmbanduhr mit Wecker, Modell ›Minivox‹ von Junghans; 1949 patentierte Konstruktion; 12½liniges Ankerwerk mit indirekter Zentralsekunde, Kaliber

89; die Krone bei der ›2‹ dient zur Einstellung der Weckzeit, der Drücker bei der ›4‹ zum An- und Abstellen des Weckers

Rechts: Herrenarmbanduhr mit Wecker, Modell ›Sans Souci‹ von Hanhart, Deutschland, um 1952; 13½liniges Ankerwerk Kaliber Hanhart 301 mit Zentralsekunde

Den Armbandwecker mit ›goldener Stimme‹ brachte 1958 wiederum Vulcain mit seinem Modell ›Golden Voice‹. Er sollte die Damen, für die er gedacht war, durch einen besonders angenehmen Klang betören. Zu diesem Zweck bestand die Weckermembran aus massivem Gold.

Herrenarmbanduhr mit Wecker, signiert ›Alsta Bellette‹, 60er Jahre; 11½liniges Ankerwerk Kaliber Venus 230, 17 Steine; im Fenster rechts neben der ›9‹ wird angezeigt ob der Wecker ein- (grüner Punkt) oder ausgeschaltet (roter Punkt) ist

Andere Weckerkonstruktionen jener Zeit (Venus, Lanco) besaßen kleine Zifferblattausschnitte, durch die signalisiert wurde, ob das Weckerwerk ein- oder ausgeschaltet ist, um den Träger vor unliebsamen Überraschungen zu schützen.

Insgesamt war das Spektrum an Handaufzugskalibern für Armbandwecker durchaus nicht so breit, wie man eventuell meinen könnte.

In der Zeit um 1960 gab es Serien-Rohwerke folgender Hersteller:

Schweiz:	AS (auch mit Datumsanzeige)
	Baumgartner (Stiftankerwerk)
	Cyma
	Jaeger-LeCoultre (auch mit
	Datumsanzeige)
	Langendorf (Lanco-Fon)
	MST (Handelsmarke Roamer)
	Venus (auch mit Datumsanzeige)
	Vulcain (auch mit Datumsanzeige)
Deutschland:	Hanhart
	Junghans
Rußland:	Poljot (Nachbau des AS-Kalibers
	1475)

Herrenarmbanduhr mit
Wecker, Modell ›Advisor‹
von Tudor; 60er Jahre;
11½liniges AS-Kaliber mit
17 Steinen, Zentralsekunde

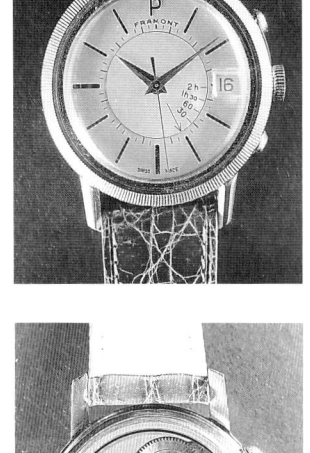

Herrenarmbanduhr mit
Wecker von Poljot, UdSSR;
Mitte der 60er Jahre;
11½liniges Poljot-Kaliber
2612 (Nachbau des AS-
Kalibers 1475), 18 Steine,
Zentralsekunde

Oben: Herrenarmbanduhr
mit Kurzzeitwecker
(bis 2 Stunden) und
Datumsanzeige, signiert
›Framont‹, 60er Jahre;
12½liniges Anker-
werk Kaliber Venus 232,
17 Steine; die Aufgabe
dieses Kurzzeitweckers
bestand hauptsächlich
darin, den Benutzer an die
abgelaufene Parkzeit zu
erinnern

Weniger breit gefächert war das Angebot an Armbandweckern mit automatischem Aufzug. Ab Mitte der fünfziger Jahre besetzte Jaeger-LeCoultre mit seinem ›Memovox-Automatic‹ das Feld fast 15 Jahre lang völlig alleine (zunächst Kaliber 815 und 825 mit Datumsanzeige, bei denen der Aufzug noch konservativ über eine Pendelschwungmasse erfolgte, später Kaliber 916 mit Rotoraufzug).

Herrenarmbanduhr mit automatischem Aufzug, Wecker und Datumsanzeige, Modell ›Memovox‹ von Jaeger-LeCoultre; 70er Jahre; 13liniges Ankerwerk mit kugelgelagertem Zentralrotor, Aufzug des Uhrwerkes in beiden Drehrichtungen

Erst 1969 war Omegas ›Memomatic‹-Kaliber SL 980 mit Rotoraufzug und Datumsanzeige verfügbar, dessen Besonderheit darin besteht, daß sich die Weckzeit analog zur Uhrzeit minutengenau einstellen läßt. Fünf Jahre später, 1974, rundete AS das Spektrum mit seinem Kaliber 5008 ab, dessen Rotor die beiden Federhäuser für Geh- und Weckwerk in jeweils einer Richtung aufzieht.

Schließlich ließ die Renaissance der mechanischen Armbanduhr bei Jaeger-LeCoultre 1989 eine Armbanduhr zur Serienreife gedeihen, die es in dieser Zusammenstellung noch niemals gegeben hat: automatischer Aufzug, Wecker und ›ewiger‹ Kalender, ihr Name ›Grand Reveil‹. Der große Klang resultiert aus einer vom Werk entkoppelten Bronzeglocke.

Stahl-Armbanduhr mit automatischem Aufzug, Wecker und Datumsanzeige, Modell ›Memomatic‹ von Omega, ab 1969 produziert.

13½liniges Ankerwerk Kaliber SL980, Rotoraufzug für ein Federhaus, das sowohl Geh- als auch Weckwerk antreibt; eine spezielle Vorrichtung verhindert, daß während des Weckens die Zugfeder völlig entspannt wird; bei der ›Memomatic‹ läßt sich die Weckzeit minutengenau einstellen

Links: Herrenarmbanduhr mit automatischem Aufzug, Wecker, ›ewigem‹ Kalender, Jahres- und Mondphasenanzeige; Modell ›Grand Reveil‹ von Jaeger-LeCoultre; gegenwärtige Fertigung

223

Armbanduhren mit Weltzeitindikation – oder wie man einen Tag gewinnen kann

Die Problematik des Helden Phileas Fogg aus Jules Vernes Roman ›Die Reise um die Erde in 80 Tagen‹ dürfte allgemein bekannt sein: Trotz exaktester strategischer Planung sowie einem Höchstmaß an persönlichem und finanziellem Einsatz scheint am Ende der Reise die Wette verloren, weil die Zeit um wenige Stunden überschritten wurde. Erst im letzten Moment wird jedoch klar, daß die Reise nicht achtzig, sondern nur 79 Tage gedauert hat. Die Wette ist wider Erwarten doch noch gewonnen. Warum, das wird nach den folgenden Erläuterungen klar:
Definiert man als wahren Mittag den Zeitpunkt, an dem ein senkrecht in der Erde steckender Stab den kürzesten Schatten wirft, weil die Sonnenmitte durch den Meridian dieses Ortes geht, wird sehr schnell klar, daß dieser Zeitpunkt kontinuierlich mit dem Lauf der Sonne wandert. Eine zeitliche Orientierung anhand der wahren Sonnenzeit wäre demnach mit großen, ja größten Problemen verbunden, weil diese innerhalb kürzester Strecken differiert. Mit den geschilderten Schwierigkeiten hatten vor allem die Eisenbahngesellschaften im vorigen Jahrhundert zu kämpfen. Um ihre Fahrpläne einigermaßen in den Griff zu bekommen, führten die verschiedenen Eisenbahngesellschaften der Vereinigten Staaten von Amerika ihre Einheitszeiten ein, die sich in der Regel an der mittleren Zeit einer Strecke orientierten. Das Chaos ist leicht vorstellbar: In Kürze gab es rund 75

verschiedene Einheitszeiten. Stationen, in denen sich verschiedene Eisenbahnstrecken kreuzten, benötigten drei Uhren: eine für die Ortszeit sowie je eine für die in westlicher und die in östlicher Richtung verkehrenden Züge.

Um die schier unerträgliche Lage zu ändern, schlug der kanadische Eisenbahningenieur Sandford Fleming vor, ausgehend vom Greenwicher Meridian, die Erde in insgesamt 24 Zeitzonen von jeweils 15 Längengraden zu unterteilen, in denen jeweils die gleiche Zeit zu gelten habe. Von Zone zu Zone verschiebe sich die Zeit dann um jeweils eine Stunde, weswegen beim Übergang von einer zur anderen Zeitzone die Uhren entsprechend vor- oder zurückzustellen seien.

Die praktische Umsetzung dieser Ideen erfolgte in den USA und Kanada im Jahre 1883. Die Zeit im Bereich des 15. Grades östlicher Länge von Greenwich wurde durch Reichsgesetz vom 12. März 1893 in Deutschland am 1. April 1893 als Normalzeit sowie von mehreren in dieser Zone liegenden Ländern als Mitteleuropäische Zeit (MEZ) eingeführt. Gegenüber der als Welt- oder Universalzeit definierten mittleren Sonnenzeit Greenwich (Greenwich Mean Time – GMT) ergibt sich eine Differenz von +1 Stunde. Wie die folgende Zeitzonenkarte verdeutlicht, gelten die 15 Zonengrade aus verständlichen Gründen nicht stringent. Vielmehr orientieren sich die Zeitzonen in ihrer Ausdehnung auch an geographischen Gegebenheiten, um willkürliche und hinderliche Zeitgrenzen zu vermeiden.

Eine Zeitzonengrenze zeichnet sich ferner durch eine Besonderheit aus, denn sie bildet zugleich die Datumsgrenze. Dies bedeutet, wenn man die etwa durch den 180. Längengrad markierte Datumsgrenze in östlicher Richtung überquert, tragen zwei aufeinanderfolgende Tage das gleiche Datum. Sofern man jedoch gen Westen über die Datumsgrenze hinwegreist, ist ein Tag auszulassen.

Damit kommen wir zurück zu Jules Vernes ›Reise um die Erde in 80 Tagen‹ und zur Lösung des geheimnisvollen Rätsels:

Nachdem die Reise von London aus immer gegen Osten, damit der Sonne entgegen ging, erlebten

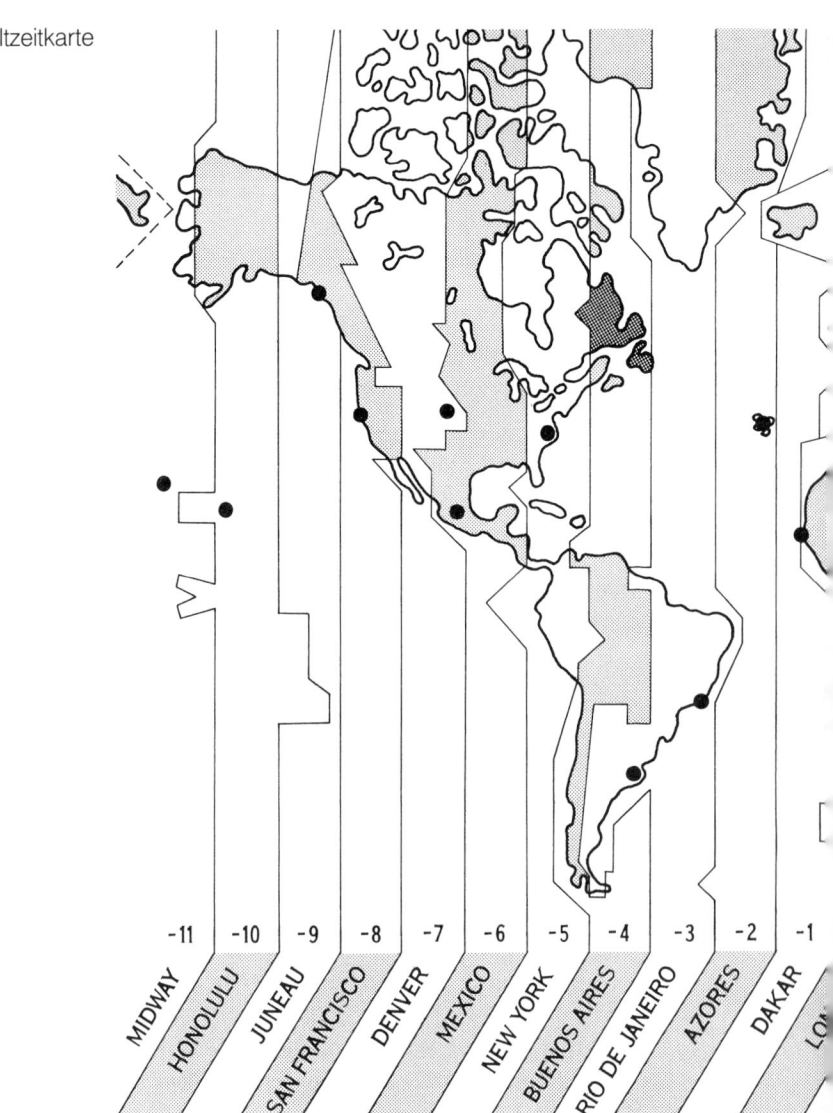

Weltzeitkarte

die Reisenden einen Sonnenaufgang mehr als die Freunde im Londoner Club. Die Rechnung wäre dann aufgegangen, wenn beim Überqueren der Datumsgrenze zwei Tage den gleichen Namen bekommen hätten.

Datumsgrenze

+ 2   + 3   + 4   + 5   + 6   + 7   + 8   + 9   + 10   + 11   + 12

CAIRO   BAGHDAD   MAURITIUS   BOMBAY   CALCUTTA   BANGKOK   SHANGHAI   TOKYO   SYDNEY   NOUMÉA   AUCKLAND

Die technischen Errungenschaften des 20. Jahrhunderts, z. B. in Form von Flugzeugen und Telekommunikation, die eine rasche Überwindung auch weitester Strecken ermöglich(t)en, verlangten also beinahe zwangsläufig auch nach zeitlichen Orientierungshilfen für die solchermaßen ›zusammengerückten‹ Länder der Erde. Vor allem Ferngespräche und die in den jeweiligen Ortszeiten ausgedruckten Flugpläne erforderten einen weltzeitlichen Überblick. Nachdem es sich um ein grundsätzliches Zeitproblem handelt, lag es nahe, Uhren zu entwickeln, die imstande sind, die Zeit zweier oder mehrerer Zeitzonen simultan darzustellen, sogenannte Weltzeituhren.

Wenn man sich zudem vor Augen hält, daß allein im Bereich des zivilen Luftverkehrs von 1945 mit rund 8 Milliarden bis 1968 mit rund 310 Milliarden Personen-Kilometern eine Steigerung um fast den Faktor 40 zu verzeichnen ist, erscheint das Verlangen Weltreisender nach adäquaten Armbanduhren nicht unbillig. Die Uhrenindustrie kam diesem durch die Konstruktion und Herstellung höchst unterschiedlicher Modelle bereitwillig nach.

Auf den 16. Oktober 1937 ist der Entwurf einer der frühesten Armbanduhren mit Weltzeitindikation von Patek Philipp (Ref. 542) datiert. Bei diesem Modell, von dem lt. Archiv nur fünf Stück hergestellt wurden, sind die Namen verschiedener Großstädte der Erde in eine Drehlunette graviert. Dadurch läßt sich die Zeitdifferenz zwischen Heimatort und Greenwich kompensieren. Ein vom Uhrwerk angetriebener 24-Stunden-Ring zeigt an, wie spät es jeweils in allen angegebenen Städten ist. Die Lokalzeit läßt sich über Stunden- und Minutenanzeiger ablesen. Dieses Konstruktionsprinzip wurde auch in den ab 1939 in größeren Serien produzierten Weltzeituhren vom Typ ›heure universelle – HU‹ dieser Manufaktur beibehalten sowie von anderen Herstellern übernommen, weil es die simultane Darstellung der Uhrzeit aller 24 Zeitzonen ermöglichte, so z. B.

Goldene Herrenarmband-
uhr mit Weltzeitindikation
von Patek Philippe, Modell
542, 1937; 18steiniges
Ankerwerk Kaliber 10‴ HU,
bimetallische Unruh, Flachspirale; die Weltzeit-
indikation basiert auf einer
Entwicklung des Genfer
Uhrmachers Louis Cottier

Goldene Herrenarmband-
uhr mit Weltzeitindikation
von Louis Cottier, Genf;
1948 patentiertes System
mit zwei Kronen; die linke
Krone dient zur Verstellung
des Ringes mit den
Städtenamen; Ankerwerk,
bimetallische Unruh,
Breguet-Spirale

- 1951 beim Modell ›Polygraf‹ von Movado,
  beim Modell ›Navigator‹ von Tissot,
- 1954 beim Modell ›Unitime‹ von Breitling.

Herrenarmbanduhr mit automatischem Aufzug und Weltzeitindikation, Modell ›Navigator‹ von Tissot; 1957 vorgestellt; die innere Scheibe mit den 24 Städtenamen dreht sich einmal innerhalb von 24 Stunden um die eigene Achse; 12½liniges Ankerwerk Kaliber 28.5 N 21, 17 Steine, Aufzug durch Pendelschwungmasse

Stahl-Herrenarmbanduhr mit Weltzeitindikation und Datumsanzeige, Modell ›Unitime‹ von Breitling; ab 1954 hergestellt; 21steiniges Ankerwerk mit automatischem Aufzug; der Ring mit den 24 Städtenamen läßt sich mit Hilfe des Glasrandes verstellen

Ebenfalls gegen Mitte der fünfziger Jahre erschien der Arctos ›Horometer‹ auf dem Markt, eine universell einsetzbare Weltzeituhr der deutschen Uhrenfabrik Philipp Weber, Pforzheim, mit automatischem Aufzug. Der ›Horometer‹ arbeitet nach einem geschützten ›EXSTO‹-System. Dazu wird ein äußerer Zifferblattring mit 24 Buchstaben, jeweils eine ›Isopartzeit-Zone (IPZ)‹ definierend, so verstellt, daß der Buchstabe der Zeitzone des Standorts gegenüber dem bei der ›12‹ befindlichen Keil zu stehen kommt. Der dazwischenliegende 24-Stunden-Ring springt alle 60 Minuten automatisch um eine Position im Uhrzeigersinn weiter. Die Zeiger aus dem Zentrum geben indes nur die international (i. d. R.) synchron laufenden Minuten und Sekunden an. Ein an sich durchdachtes System, dessen Nachteil jedoch darin bestand, daß der Benützer ein der Uhr beigegebenes alphabetisches Städte- und Länderverzeichnis auswendiglernen oder mit sich führen mußte, um die Buchstaben jeweils zuordnen zu können.

Weltzeitkarte zum sog. ›EXSTO‹- System

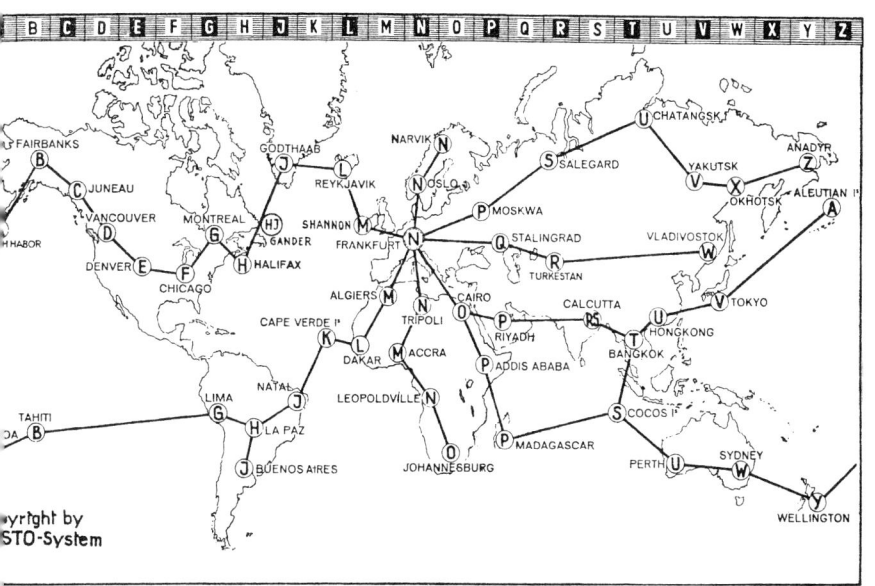

Goldene Herrenarmband-
uhr mit Chronograph,
30-Minuten- und 12-Stun-
denzähler sowie Weltzeit-
indikation von Svend Andersen, Genf; gegenwärtige
Produktion; äußere Dreh-
lunette mit Städtenamen,
innerer 24-Stunden-Kranz,
der sich einmal innerhalb
dieser Zeitspanne um 360°
dreht; Ankerwerk von
Lemania

Doublé-Herrenarmbanduhr
mit automatischem Aufzug
und Weltzeitindikation nach
dem sogenannten ›EXSTO‹-
System, Modell ›Horometer‹
von Arctos; Mitte der
50er Jahre.

22steiniges Ankerwerk
Kaliber Felsa 790, 11½‴,
Glucydur-Unruh,
autokompensierende Flach-
spirale; der Rotor zieht die
Feder in beiden Dreh-
richtungen auf

Stahl-Herrenarmbanduhr mit automatischem Aufzug und Weltzeitindikation von Edox, Modell ›Geoscope‹, um 1970; die innere Weltkarte dreht sich bei dieser Uhr einmal innerhalb 24 Stunden um 360°

Vergoldete Herrenarmbanduhr mit innerem Weltzeitzifferblatt; Stowa um 1955; 17steiniges Ankerwerk

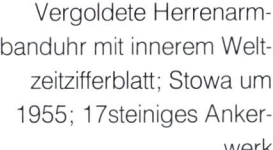

Mehr Übersicht bietet da das 1970 lancierte Edox ›Geoscope‹, eine – ganz im Stil der Zeit – relativ schwere und unförmige Automatik-Armbanduhr. Auf ihr inneres Zifferblatt, welches sich einmal innerhalb von 24 Stunden um seine Achse dreht, ist die Oberfläche der Erdkugel projiziert. Wiederum mit Hilfe eines synchronisierbaren 24-Stunden-Ringes lassen sich die verschiedenen Zonenzeiten ablesen.

Daneben wurden noch verschiedene Armbanduhren-Modelle mit einer 12-Stunden-Scheibe angeboten, die sich analog zum normalen Stundenzeiger einmal innerhalb dieser Zeitspanne dreht. Meist werden zwei Städte, deren Zeitdifferenz zueinander 12 Stunden beträgt (Antipoden), in einem Sektor genannt. Der Besitzer selbst muß allerdings wissen, ob an den angegebenen Orten gerade Tag oder Nacht, Morgen oder Abend ist.

Auf die Darstellung der jeweiligen Ortszeit in sieben verschiedenen Zeitzonen ist das ebenfalls in jenen Jahren vorgestellte Modell ›Sherpa‹ von Enicar ausgelegt. Sechs Nebenzifferblätter stellen die Ortszeit der in den äußeren Sektoren festgehaltenen Städten dar. Die Zeit am Standort wird über die zentral angeordneten Zeiger repräsentiert.

Nachdem für den ›normalen‹ Reisenden in aller Regel die Kenntnis der Orts- und Heimatzeit völlig ausreicht, war und ist am Markt eine ganze Reihe verschiedener Armbanduhren vertreten, die imstande sind, die Zeit zweier Zeitzonen darzustellen. Zu Ihrer Herstellung wurden eine ganze Reihe unterschiedlicher Konstruktionsprinzipien angewandt:

Stahl-Herrenarmbanduhr
mit zwei Uhrwerken, Modell
›Long Distance‹ von Ardath;
1963

Oben: Herrenarmbanduhr
mit Anzeige der Uhrzeit
in sieben verschiedenen
Zeitzonen, Modell
›Sherpa‹ von Enicar;
Ende der 60er Jahre;
Ankerwerk mit Datums-
anzeige

Stahl-Herrenarmbanduhr mit 12- und 24-Stunden-Zeiger sowie Datumsindikation, Modell ›Sherpa-Jet‹ von Enicar; um 1965; der innerhalb des Gehäuses befindliche 24-Stunden-Ring läßt sich mit Hilfe der oberen Krone auf eine zweite Zeitzone einstellen; Ankerwerk mit automatischem Aufzug

■ Die Verwendung von zwei völlig getrennten Uhrwerken in einem Gehäuse, allerdings verbunden mit dem Nachteil, daß man diese separat aufziehen und, wenn sie nicht genau gleich gehen, gelegentlich wieder synchronisieren muß.
Das Modell ›Long Distance‹ von Ardath aus dem Jahr 1963 besitzt neben einem Handaufzugswerk immerhin ein zweites mit automatischem Aufzug und Datumsanzeige.

■ Cartier setzte seinerseits auf ein Reverso-Modell, dessen Vorder- und Rückseite die Zeit in zwei unterschiedlichen Zeitzonen anzugeben vermag.

■ Neben dem normalen 12- oder 24-Stunden-Zeiger für die Ortszeit ist ein zweiter Stundenzeiger vorhanden, der vom Uhrwerk synchron zum Hauptzeiger angetrieben wird. Mit Hilfe einer Drehlunette kann man eine zweite Zeitzone einstellen. Solche Armbanduhren wurden (und werden noch) von verschiedensten Herstellern angeboten.

Rechts: Herrenarmbanduhr mit zwei 12-Stunden-Zeigern für zwei verschiedene Zeitzonen, Modell ›Printania‹; um 1960; Ankerwerk Kaliber Eta 2391; die Krone bei der ›9‹ dient zur Verstellung des 2. Stundenzeigers

Herrenarmbanduhr mit automatischem Aufzug, 24-Stunden- und Datumsanzeige, Modell ›Airman‹ von Glycine; um 1960; über die Krone bei der ›4‹ läßt sich mit Hilfe einer Drehlunette die Zeit einer zweiten Zeitzone einstellen; 17steiniges Ankerwerk mit Zentralsekunde

- Von zwei synchron laufenden Stundenzeigern läßt sich einer von außen in vollen Stundensprüngen auf die Zeit einer zweiten Zone verstellen. In den Gang der Uhr wird dabei nicht eingegriffen.
- Auf den großen Uhrmacher Louis Cottier, Genf, geht eine Konstruktion zurück, die exklusiv in Modellen Patek Philippes der Jahre 1961 bis 1963 zu finden ist: Ein automatisches Uhrwerk treibt über ein spezielles Zeigerwerk zwei getrennte Zeigerpaare an, die sich jeweils separat verstellen lassen, jedoch danach völlig synchron laufen.

Auch Reisende, die nur den Stundenzeiger um das ganzzahlige Vielfache einer Stunde auf die Zonenzeit des Reiseziels verstellen wollten, ohne die genaue Position des Minutenzeigers verändern zu müssen, wurden von der Uhrenindustrie bedient. Über ein Schaltklinkensystem läßt sich der Stundenzeiger unabhängig vom eigentlichen Uhrwerk in Stundensprüngen korrigieren. Der Minutenzeiger bleibt da, wo er gerade ist.

Goldene Herrenarmbanduhr mit automatischem Aufzug und Indikation der Zeit zweier Zeitzonen von Patek Philippe, Modell 3452/1, um 1962; gefertigt für Kaiser H'aile Sel'assie in vier unterschiedlichen Exemplaren; 1 Ankerwerk Kaliber 27-460 mit Goldrotor

>Weltzeituhren< nur in Anführungsstrichen sind indes solche Modelle, die entweder nur über eine Drehlunette mit Städtenamen oder über lediglich aufs Zifferblatt gedruckte Städtenamen verfügen. Sie dienen allenfalls als Merkhilfe hinsichtlich der 24 Zeitzonen und wichtiger, sie repräsentierender Städte.

Stahl-Herrenarmbanduhr mit Wecker und manuell verstellbarer Weltzeitskala auf der inneren Scheibe zur Einstellung der Weckzeit; Modell >Memovox< von LeCoultre, um 1960; 17steiniges Ankerwerk Kaliber 910

Stahl-Herrenarmbanduhr mit Chronograph, 30-Minuten- und 12-Stunden-Zähler sowie Drehlunette mit verschiedenen Städtenamen; Jaeger-LeCoultre um 1965; Chronographenwerk Kaliber Valjoux 72

238

Goldene Herren-
armbanduhr von
Audemars Piguet aus
den 50er Jahren;
auf das Zifferblatt bei
der ›3‹ sind Städte-
namen aufgedruckt,
welche die unter-
schiedlichen Zeit-
zonen repräsentieren

In Zeiten, da es modern ist, mehrere Armbanduhren zu besitzen, kann man jedoch auf eine einzelne Weltzeituhr ganz leicht verzichten, wenn man sich so viele Zeitmesser ums Handgelenk schnallt, wie man Zonenzeiten wissen möchte.

Die Stewardessen der Airlines haben dies schon lange erkannt.

Armbanduhren sammeln – Freude und Geldanlage zugleich

»Im feinen Werk der Uhr – im elektrischen Betriebe, im Gang blitzblanker Schiffsmaschinen, im Eisenwerk – welch hohe ästhetische Schönheit! Der geistige Zweck mit einfachsten Mitteln, der gerade Weg zum Ziel, die schöne Linie als Symbol der reinsten Idee... Den praktischen Bedürfnissen der Technik geht stets ein guter Engel zur Seite: ein Wächter der Schönheit! Im Häßlichen siegt die Materie über die Idee, im Schönen aber die Idee über die Materie.«

Ob es nun die Schönheit eines technisch vollkommenen Uhrwerks, seine Praktikabilität, seine Funktionalität, neu erwachtes Umweltbewußtsein, Traditionsverbundenheit, restaurative Bestrebungen, Liebhaberei, Spinnerei, höhere Einsicht oder alle Aspekte zusammen waren, die nach einem langen Jahrzehnt des Dämmerschlafs zu einer Wiederentdeckung der faszinierenden Ästhetik mechanischer Uhrwerke bei Armbanduhren führten, läßt sich mit ausschließlich rationalen Argumenten wohl kaum erklären, doch gewinnen die eingangs zitierten Worte Carl Ludwig Schleichs aus dem Jahre 1919 angesichts gegenwärtiger Marktströmungen auf dem Armbanduhrensektor besondere Bedeutung.

Denn Quarz-Armbanduhren, gar solche mit digitaler Flüssigkristallanzeige, gelten inzwischen als ›out‹. ›In‹ dagegen sind wieder Armbanduhren mit ›Seele‹, sprich Unruh, die sich von einer Feder getrieben, möglichst isochron einige tausend Male pro Stunde hin- und herbewegt, bei der es auf eine Gangabweichung von einer Minute mehr oder minder nicht ankommt. Als schick gilt es auch, moderates Zuspätkommen mit den Unzulänglichkeiten seines mechanischen Zeitmessers zu entschuldigen.

Tempora mutantur, die Zeiten ändern sich, und mit ihnen die Menschen. Bei einem ständig wachsenden Kreis von Zeitgenossen steht wieder die klassische mechanische Armbanduhr hoch im Kurs, möglichst aus gutem Hause, selbstverständlich mit interessantem Aussehen und Innenleben, mit Komplikationen, wie es in der Fachsprache der Uhrmacherei heißt.

Doch auf eine allzulange Geschichte kann dieser Sinneswandel gar nicht zurückblicken. Rund zehn Jahre erst ist es her, daß vorausschauende, dem Konservativen in der Zeitmessung verhaftete Enthusiasten damit begannen, bei Auktionen auf die damals noch wenigen angebotenen Armbanduhren zu setzen oder in guten Uhrengeschäften nach tickenden Ladenhütern zu suchen. Freude an der Sache war einerseits dabei, Sammelleidenschaft, vielleicht aber andererseits auch schon Spekulation auf Wertzuwachs von Objekten, die im Begriff waren, langsam, aber sicher auszusterben. Denn ein Großteil der zentraleuropäischen Uhrenindustrie, von fernöstlichen Weisheiten und Machenschaften getrieben, favorisierte ebenfalls mehr und mehr die ultragenaue, kostengünstig herzustellende und somit profitablere elektronische Armbanduhr. Die Verbraucher waren rasch in den Bann der Zehntelsekundengenauigkeit piepsender digitaler Multifunktionsuhren gezogen und legten ihre langjährig bewährten Weggenossen ohne Wehgefühl in die Ecke. Endlich waren sie imstande, die Stechuhren im Betrieb sekundengenau auf ihre Pünktlichkeit hin zu überprüfen. Doch das vermeintlich Bessere ist nicht zwangsläufig des anerkannt Guten Feind.

Als Prestigeobjekt waren viele der billigen und dadurch häufig auch billig aussehenden Quarzarmbanduhren in der Regel ungeeignet. Eher hingegen als Modeschmuck, farblich auf das Gewand abgestimmt und mit dessen Ausmusterung ebenfalls abgelegt. Obwohl es, wie bereits geschildert, zu Beginn dieses Jahrhunderts eher die Damen waren, die der Armbanduhr zum entscheidenden Durchbruch gegenüber der Taschenuhr verhalfen, entwickelte sich die Renaissance der mechanischen Armbanduhr nun zunächst hauptsächlich zu einer Sache der Männer. Der Grund: Die Armbanduhr gilt heute als *das* Schmuckstück der Herren, das sich deutlich sichtbar tragen läßt, Kennertum und/oder Wohlstand signalisiert, Funktionalität besitzt und zudem noch ein gutes Investment darstellt. Da konnte es nicht ausbleiben, daß sich tickende Zeitmesser des gesamten 20. Jahrhunderts für Sammler und Geldanleger gleichermaßen zu Jagdobjekten erster Güte entwickelten und dabei die Preise eskalieren ließen, wie man es sonst beispielsweise von guten Gemälden oder auch Ferraris kennt. Die mechanische Armbanduhr avancierte zum Statussymbol. Das Handgelenk darf, einem Museum gleich, besichtigt werden. Doch konzentriert sich das Interesse bei Damen und Herren in erster Linie auf Armbanduhren im Herrenformat. Damenührchen hingegen finden sehr viel geringere Resonanz, selbst diejenigen der an sich begehrten Nobelmarken.

Bereits an dieser Stelle muß Skeptikern und ihrer Behauptung energisch widersprochen werden, die ganze Sache mit den alten Armbanduhren sei eine reine Modeerscheinung, ein aufgeblasener Rummel, der sich bald wieder ins Gegenteil verkehren werde. Begründung des Widerspruchs: Die mechanische Armbanduhr stellt trotz ihrer nur einhundertjährigen Geschichte und trotz weitläufiger Einschätzung als reiner Verbrauchsartikel ein wichtiges Stück Kulturgut dar. Speziell mit den in größeren Stückzahlen hergestellten und damit preiswerteren Armbanduhren wurde relativ achtlos umgegangen, so daß heute in gutem Erhaltungszustand gar nicht so viele Stücke auf dem Markt sind, wie man eigentlich vermuten würde. Goldgehäuse von Armband- und Taschenuhren wurden in den schlechten Zeiten während der Kriege oder danach gar nicht so selten zum Erwerb von Nahrungsmitteln verwendet, wodurch sich auch die Tatsache erklären läßt, daß man bei alten Uhrmachern immer wieder hochwertige und interessante Uhrwerke in verstaubten Wühlkisten finden kann.

Hinzu kommt, daß sich trotz aller Bemühungen der Industrie die vergangene, ungeheuere Werke- und Formenvielfalt im Bereich der Armbanduhren nicht mehr zu bezahlbaren Preisen reproduzieren läßt. Ein Ausweichen auf kompensatorische Quarz- und Plastiktechnologie ist beinahe unumgänglich. Dies wird u. a. im Bereich der gegenwärtig verfügbaren Chronographen-Rohwerke deutlich. Kaliber z. B. von der Qualität eines Lemania CH 27, Valjoux 23 oder Universal 283 gehören der Vergangenheit an. Die wenigen verbliebenen Restexemplare wandern in limitierte und zumeist schon nach kurzer Zeit ausverkaufte Luxus-Armbanduhren, wie das Modell ›Kairos‹ der Münchner Firma Chronoswiss zeigt – bei einem Ladenverkaufspreis von immerhin DM 11 000,–. Da liegt es nahe, daß sich diejenigen, welche solche Summen nicht aufbringen können oder

Goldene Herrenarmbanduhr mit Chronograph, 30-Minuten- und 12-Stundenzähler
sowie dezentraler Stunden- und Minutenanzeige, Modell ›Kairos‹ von Chronoswiss;
Chronographenwerk Kaliber Valjoux 72

zu spät kamen, beim Antikuhrenhändler umsehen. Dort erhalten sie
mit etwas Glück schon ab rund tausend Mark (allerdings bei steigender Preistendenz) einen klassischen Armband-Chronographen,
in dem eines der o. g. Werke tickt.
Andererseits ist mit Blick auf die Geschichte der Armbanduhr festzustellen, daß dieser Uhrentyp als Konsumartikel in nicht unerheblichem Maße Modeströmungen unterlag und -liegt. Modelle, die
gestern noch interessant und begehrt waren, gelten plötzlich nicht
mehr als aktuell.
Dies läßt sich durch das Studium der einschlägigen Fachzeitschriften
nachvollziehen:

Ein erster gravierender Wandel im Armbanduhrendesign ist in den zwanziger Jahren erkennbar und eher auf emanzipatorische Entwicklungen dieses Uhrentyps zurückzuführen: die Befreiung vom Image, ein reiner Abkömmling der Taschenuhr zu sein, rund mit angelöteten – festen oder beweglichen – Bandanstößen, im Prinzip jederzeit zur Damentaschenuhr rückbildbar. Die Folge waren ovale, quadratische und vor allem rechteckige Schalen, wobei insbesondere die letztgenannte Gehäuseform mit den strengen Art-deco-Designvorstellungen konform ging.

In den vierziger Jahren mußten die rechteckigen Modelle wiederum den runden Zeitmessern weichen, denn nur diese Gehäuseform konnte bei rationeller und damit kostengünstiger Herstellung die nun gefragte Wasser- und Staubdichtigkeit gewährleisten.

Beide Beispiele dürfen indes nicht so verstanden werden, daß es eine Formenpluralität nicht gegeben habe. Im Gegenteil, diese existierte zu jeder Zeit, weil gerade durch sie immer wieder Kaufanreize geschaffen werden konnten. Nur standen die genannten Formen jeweils im Vordergrund des Interesses.

Aktuelles, wenn auch ein wenig anders gelagertes Beispiel sind die mechanischen Armbanduhren mit Kalendarium und Mondphasenanzeige. Sie erlebten zur Mitte der achtziger Jahre einen beinahe kometenhaften Aufstieg. Der Mond am Arm gehörte zum Outfit des Kenners. Doch als dieses Statussymbol auch von der Uhrenindustrie in Fernost entdeckt und der Markt mit billigen, ja billigsten Quarzuhren dieses Genres überschüttet worden war, wandelte sich das Interesse: auch die mechanischen Armbanduhren ohne Mond wurden wiederentdeckt und, als neueste Favoriten, diejenigen mit Chronograph oder Weltzeitindikation.

Die Mondphasenanzeige dagegen hat an Popularität verloren. Dies ist allerdings für die Besitzer mechanischer Mondphasen-Armbanduhren kein Grund, den Kopf hängen zu lassen. So wie sich die Mode- und Statusbewußten sukzessive von ihnen abwandten, werden sie sich spätestens dann wieder darauf besinnen, wenn die Massenproduktion dem gerade aktuellen Trend hinterherzurennen beginnt. Siehe die aus Hongkong und Taiwan herbeiströmenden Blender-Chronographen mit aufgedruckten Chronographen-Zifferblättern und -Zeigern sowie Drückern ohne spezifische Funktion. Ein Liebhaber und Sammler, der sich halbwegs mit der Materie auseinandergesetzt hat, wird auf solche Armbanduhren zwar nicht hereinfallen, doch empfiehlt sich, wie bei allem, was gut und teuer ist, ein gerüttelt Maß an Vorsicht. Auf jeden Fall steigt die Zahl der Fälschungen in gleichem Umfang wie die Preise der begehrten Objekte. Für Neulinge auf diesem Gebiet stellt sich damit jedoch fast zwangsläufig die Frage, was sie kaufen sollen, welches auf Dauer die beste Investition sein wird.

Vor einer Erörterung dieser Frage sei eine kurze Rückschau u. a. auf das Auktionsgeschehen im Zusammenhang mit mechanischen Armbanduhren gestattet, ermöglicht sie doch eine verhältnismäßig objektive Zusammenschau von Angebot und Preisen:

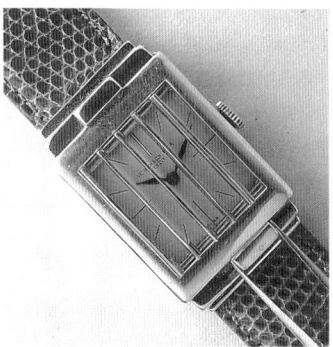

Rechteckige Herrenarmbanduhr von Vacheron & Constantin aus den 30er Jahren; durch Betätigung des Schiebers bei der ›6‹ können die Lamellen vor dem Zifferblatt geöffnet oder geschlossen werden

Die Genfer ›Galerie d'Horlogerie Ancienne‹ (ab 1981 Auktionshaus ›Antiquorum‹ und ab 1987 Auktionshaus ›Habsburg, Feldman S.A.‹) unter Leitung des Uhrenspezialisten Osvaldo Patrizzi bot in ihrer dritten Auktion 1976 gerade eine Armbanduhr, eine frühe Goldemail-Uhr aus der Zeit um 1830 an. Im Auktionskatalog des Jahres 1978 finden sich drei Schmuckarmbanduhren für Damen, im Frühjahrskatalog 1979 rund 20 Damenarmbanduhren, zumeist mit Steinen besetzt und mit Goldarmbändern ausgestattet.

Die Auktion am 30. März 1980 brachte erstmals einige Herrenarmbanduhren, darunter eine quadratische Vacheron & Constantin mit Jalousie vor dem Zifferblatt sowie eine Patek Philippe mit automatischem Aufzug und ›ewigem‹ Kalender, die für rund DM 12 000,– zugeschlagen werden konnte, heute hingegen kaum mehr unter DM 60 000,– zu haben ist (Modell 3448, von 1962 bis 1982 in einer Auflage von 586 Exemplaren hergestellt und seinerzeit noch für rund DM 17 000,– beim Konzessionär erhältlich).

Schon bei der Auktion am 12. Oktober 1980 waren 113 Lose Armbanduhren im Angebot. Wer damals bereit war, in eine Patek Philippe mit Chronograph-Rattrapante aus dem Jahre 1938 (inklusive Aufgeld) runde DM 16 000,– zu investieren, hätte sein Vermögen bis 1989 auf etwa DM 600 000,– vermehren können, denn soviel waren am 29. Mai dieses Jahres beim selben Auktionshaus für eine vergleichbare Armbanduhr zu bezahlen. Eine Patek Philippe mit Weltzeitindikation wurde bei jener Auktion 1980 für runde DM 12 000,– eingesteigert; am 9. April 1989 kostete das gleiche Modell etwa DM 300 000,–. Auch die anderen großen Auktionshäuser begannen zu jener Zeit nach und nach damit, Armbanduhren in ihre Versteigerung aufzunehmen.

Links:
Herrenarmbanduhr mit Chronograph-Rattrapante, Modell 1436 von Patek Philippe, hergestellt ab 1938

Rechts:
Herrenarmbanduhr mit Chronograph und 30-Minuten-Zähler, Modell 130 von Patek Philippe, hergestellt ab 1934

Ab 1983 förderte das Erscheinen verschiedener Bücher über die Armbanduhr und ihre geschichtliche Entwicklung zudem die Akzeptanz des am Handgelenk zu tragenden Zeitmessers als ernst zu nehmendes Stück Uhren- und Kulturgeschichte sowie als Sammelobjekt. Gleichzeitig begannen die Preise für Armbanduhren langsam, aber kontinuierlich zu steigen, nachdem der Interessentenkreis beständig wuchs. Antikuhrenhändler, die sich zunächst vielfach geweigert hatten, Armbanduhren in ihre Vitrinen zu legen, klinkten sich ebenfalls vermehrt in das Geschäft mit den alten Armbanduhren ein. Dieser Trend führte dazu, daß zwar zunehmend alte Armbanduhren zum Verkauf kamen, dieses Angebot die steigende Nachfrage jedoch nicht restlos befriedigen konnte. Die Preise begannen zu steigen, je nach Modell und Marke allerdings unterschiedlich schnell und stark.

Insgesamt spiegeln die Ereignisse der vergangenen zehn Jahre die gesamte Geschichte der Armbanduhr in Kurzform recht gut wider: die alte mechanische Armbanduhr hat einmal mehr die Taschenuhr im Marktgeschehen überrundet, sie dominiert sowohl bei Auktionen als auch in vielen Antikuhrengeschäften.

Hinzu kommt aber leider auch, daß zahllose Kofferhändler auf den nun flott fahrenden Zug gesprungen sind und die Handelsware Armbanduhr mit keinem oder nur einem Mindestmaß an Fachwissen anpreisen. Scheinbare Fachkenntnisse ausstrahlende Verkaufsargumente, die denn gelegentlich im Vorfeld von Uhrenauktionen, bei Antikmärkten oder Uhrenbörsen zu hören sind, lassen größte Vorsicht beim Kauf alter Armbanduhren angeraten erscheinen. Auch das Sammel- und Liebhaberobjekt Armbanduhr erfordert eine ernsthafte und intensive Auseinandersetzung mit der Materie.

Folgende Ratschläge sollten vor allem dann beherzigt werden, wenn man als Neuling in dieses Gebiet einsteigt und noch nicht Gelegenheit hatte, sich zunächst gründlich mit dem Thema auseinanderzusetzen:

1. *Lesen Sie ein oder mehrere Bücher zum Thema Armbanduhren, und versuchen Sie herauszufinden, welche Uhren Sie überhaupt interessieren, ob es eher die Form oder die Technik ist, die Sie anspricht, oder beides zusammen.*

2. *Informieren Sie sich in einschlägigen Zeitschriften über das Marktgeschehen. Lesen Sie Auktionsberichte in Zeitungen, studieren Sie die Kataloge der bedeutenden Auktionshäuser und die dort angegebenen Schätzpreise. Letztere geben einen ersten Hinweis auf den möglichen Wert. Dabei ist allerdings zu bedenken, daß die*

Marktpreise für Armbanduhren von Land zu Land variieren können, weil unterschiedliche Marken und Modelle favorisiert werden. Manche Auktionshäuer publizieren im Anschluß an ihre Versteigerungen Listen der erzielten Zuschlagpreise, ermöglichen also einen Vergleich zwischen Taxe und tatsächlichem Verkaufsergebnis. Manchen am Markt erhältlichen Büchern über Armbanduhren sind Preislisten für die abgebildeten Modelle beigefügt. Diese sollte man allerdings mit größter Vorsicht genießen und nur als ganz grobe Richtschnur betrachten. Beachten Sie bitte dabei immer, daß die Preise für alte Armbanduhren sehr dynamisch und auch davon abhängig sind, was gerade in Mode ist. Kurz gesagt, kann Sie nur eine äußerst sensible Beobachtung des Marktgeschehens auf die richtige Fährte leiten.

3. *Bedenken Sie bitte, daß wohlklingende Zifferblattmarken nich zwangsläufig auf eigene oder zumindest höherwertige Uhrwerke schließen lassen. So verwendete z. B. Rolex in seinem Chronographen mit einfachem Vollkalendarium das gleiche Valjoux-Rohwerk (Kaliber 723) wie auch andere Hersteller vergleichbarer Armbanduhren. Hinzu kommt, daß Rolex in etwa den gleichen Qualitätsstandard hinsichtlich der verwendeten Hemmung oder der Finissage des Uhrwerkes anlegte. Der verlangte – und letztlich auch bezahlte – Preisunterschied zwischen einer Rolex und einem technisch wie optisch vergleichbaren Fabrikat anderer Marke ist somit im Prinzip irrational und letztlich nur auf die Sogwirkung eines Namens zurückzuführen. Wem es also in erster Linie auf eine Armbanduhr mit bestimmten Funktionen ankommt und weniger auf deren Namen, der sollte in seine Entscheidung solche Überlegungen miteinfließen lassen.*

4. *Sogenannte Schnäppchen sind in der heutigen Zeit mehr als selten geworden. Interessante Armbanduhren in gutem Zustand haben in aller Regel ihren Preis. Billige Objekte müssen deshalb nicht unbedingt auch preiswert sein. Oftmals ist die Mehranlage von einigen hundert Mark die bessere Zukunftsinvestition – nicht Masse, sondern Klasse kaufen.*

5. *Auf dieser Grundlage ist es möglich, nach der (den) für Sie interessanten und erschwinglichen Armbanduhr(en) zu suchen. Wenden Sie sich, sofern Sie noch nicht über ein umfassendes Wissen und ein geschultes Auge verfügen, zum Uhrenkauf tunlichst an einen seriösen Händler oder ein renommiertes Auktionshaus.*

6. *Nehmen Sie vor dem Kauf die Uhr genau unter Ihre mitgebrachte Lupe. Beachten Sie, daß ein schlechter äußerer Zustand auf heftigen Gebrauch schließen läßt. Lassen Sie sich die Uhr öffnen und begutachten Sie die Erhaltung des Werkes. Näheres dazu, was leicht und problemlos zu reparieren bzw. restaurieren ist, finden Sie im letzten Kapitel.*

7. *Fragen Sie, ob Originalschachtel, -armband und -schließe noch vorhanden sind. Diese können wertsteigernd sein. Vor allem Luxushersteller statteten ihre goldenen Lederband-Uhren häufig mit Goldschnallen aus.*

8. *Qualitätsbewußte Händler geben auf die bei ihnen gekauften Armbanduhren zumeist eine zeitlich befristete Garantie und bieten einen Reparaturservice nach deren Ablauf an.*

   Orientieren Sie sich bezüglich solcher Leistungen, und beziehen Sie diese in Ihre Kaufentscheidung mit ein. Wie die Ausführungen im letzten Kapitel zeigen, kann solches durchaus von Bedeutung sein.

9. *Lassen Sie sich vom Händler ein Echtheitszertifikat aushändigen oder auf der Rechnung bestätigen, daß sich die Uhr im Original-Zustand befindet.*

   Achten Sie beim Kauf im Auktionshaus auf die kleingedruckten Versteigerungsbedingungen hinsichtlich der Katalogbeschreibungen. Diese stellen in der Regel keine zugesicherten Eigenschaften dar.

10. *Seriöse Händler sind vielfach bereit, bei späterem Erwerb eines höherwertigen Objekts die zuvor bei ihnen gekaufte Armbanduhr mindestens zum seinerzeitigen Einstandspreis in Zahlung zu nehmen.*

11. *Sofern Sie im Rahmen einer Versteigerung kaufen wollen, bedenken Sie, daß zum reinen Zuschlagpreis nicht unerhebliche weitere Kosten addiert werden müssen (Aufgeld des Auktionators, Steuern). Diese Kosten sind in den Versteigerungsbedingungen genannt. Setzen Sie sich selbst ein festumrissenes Limit, denn häufig führt der Auktionsrausch dazu, daß man hinterher wesentlich mehr für eine Uhr bezahlen muß, als man eigentlich kann und sich ursprünglich auch vorgenommen hatte.*

An dieser Stelle schließt sich der Kreis und läßt beim potentiellen Sammler weiterhin beharrlich die Frage auftauchen, welche Armbanduhren eigentlich sammelnswert sind. Die Antwort darauf kann kurz und bündig ausfallen: im Prinzip alle, wenn sie gefallen und ihr Besitz Freude bereitet, wenn beim Sammeln nicht spekulative

Aspekte im Vordergrund stehen. Allerdings erfreuen sich in Sammlerkreisen die sogenannten Konfirmations- oder Firmungsuhren unbekannterer Hersteller in einfachen Doublé- oder dünnen Goldgehäusen nur geringer Resonanz.

Mickey-Mouse, Bugs-
Bunny- und Woody-Wood-
pecker-Armbanduhren;
USA

Andererseits werden Stiftankeruhren (z. B. Mickey-Mouse- oder sonstige Reklame-Uhren) ebenso gesammelt wie teure Luxusmodelle bedeutender Manufakturen. Selbst die ›Swatch‹, im März 1983 erstmals am Markt lanciert, haben schon eine leidenschaftliche Sammlergemeinde um sich geschart und erzielen teilweise Liebhaberpreise, wie die Original ›Jelly Fish‹ (1985), die ›Sir Limelight‹ (1985) oder andere zum Teil limitierte Modelle deutlich machen. Wichtig ist zunächst die intensive Auseinandersetzung mit den zu sammelnden Objekten. Ferner wird das zur Verfügung stehende Portefeuille eine nicht unmaßgebliche Rolle beim Aufbau einer Sammlung spielen (müssen). Ein Großteil der begehrenswerten Armbanduhren, die heute Extrempreise erzielen, waren und sind für viele Zeitgenossen unerschwinglich, ähnlich wie die Traum-Immobilien in guten Wohnlagen.

Das häufig vorgebrachte Argument, »hätte man damals diese oder jene Armbanduhr gekauft, wäre man heute um Tausende Mark reicher«, ist so nicht stichhaltig, denn zum Zeitpunkt, als bestimmte Armbanduhren noch billiger waren, fehlte vielleicht auch schon das nötige Geld – oder der Mut. So gesehen sollte man den Aufbau einer Armbanduhrensammlung schrittweise und nicht ausschließlich unter spekulativen Gesichtspunkten betreiben. Die Freude an der Zusammenstellung einer Sammlung und das langfristige Vergnügen, verschiedene Armbanduhren tragen zu können, sollten in gleichem Maße bewertet werden.

Das permanente Schielen auf spektakuläre, ja sensationell anmutende Wertsteigerungen bestimmter Armbanduhren lenkt immer wieder von der Tatsache ab, daß die Welt der Zeitmesser am Handgelenk aus sehr viel mehr besteht als nur einigen Luxusmarken und deren Spitzenprodukten. Das Spektrum dieses Sammelgebietes ist riesig, ja fast unüberschaubar.

Neben den leidenschaftlichen Sammlern gibt es zwei weitere Personengruppen, die sich heftig für bestimmte Armbanduhren interessieren, diese auch sammeln und durch ihr Kaufverhalten mit zur Preisexplosion beigetragen haben:

Einem der beiden geht es primär darum, (Status-)Armbanduhren zu besitzen, um sie zu tragen und sich an ihnen als Objekte zu erfreuen. Dieser Käufer ist stolz, wenn er auf seine Zeitmesser am Handgelenk angesprochen und als Kenner betrachtet wird. Dieser Personenkreis ist bereit, auch größere Summen in die Anschaffung lieber weniger, dafür aber prestigeträchtiger Armbanduhren zu investieren, natürlich auch in der Hoffnung auf künftige Wertsteigerung.

Hinzu gesellt sich als zweite Gruppe die der reinen Spekulanten. Für sie ist die einzelne Armbanduhr als solche völlig egal, ein Handelsobjekt, das innerhalb möglichst kurzer Zeit ein Höchstmaß an Profit abwerfen soll. Geschichtliche, technische und handwerkliche Aspekte zählen nur dann, wenn sich der Gewinn dadurch maximieren läßt.

Dem Fliegenden Holländer gleich müssen technische Meisterwerke im weiten Meer der Auktions-Geschäfte hin- und herschwimmen, bis sie endlich an einen Besitzer gelangen, der ihnen echte Bedeutung beimißt.

Einige Beispiele aus dem Auktionsgeschehen sollen dies belegen: So wechselte eine kissenförmige Armbanduhr mit Chronograph-Rattrapante aus den zwanziger Jahren, die Patek Philippe Nr. 198 098, am 14. Oktober 1984 bei Antiquorum, Genf, für sFr. 31 470,– erstmals den Besitzer. Knapp drei Jahre später, am 13. Mai 1987, erlöste dieselbe Uhr bei Christie's in Genf einschließlich Aufgeld sFr. 132 000,– und abermals zwei Jahre später, am 9. April 1989, brachte die erneut auf den Markt geworfene Armbanduhr bei Habsburg, Feldmans Patek-Philippe-Spezialauktion, nunmehr sFr. 348 600,– konnte also innerhalb von fünf Jahren den stattlichen Gewinn von 1100% ›einfahren‹.

Eine ›alte Bekannte‹ ist auch die Nr. 860 027 von Patek Philippe, eine kissenförmige Armbanduhr (Gelbgold/Platin) mit Chronograph und 30-Minuten-Zähler, um 1936, bei der alle Funktionen über die als Drücker ausgebildete Krone gesteuert werden können. Am 11. November 1983 versteigerte sie Peter Ineichen in Zürich für rund DM 36 000,–, bei Habsburg, Feldman in Hongkong, kostete sie am 23. Mai 1988 umgerechnet rund DM 180 000,–, und am 25. Februar 1990 war ein Liebhaber bei Habsburg, Feldman in St. Moritz, bereit, runde DM 450 000,– für diese Armbanduhr zu bezahlen.

Sowohl hinsichtlich ihrer Zifferblattfarbe als auch ihres Preises erlebte die Patek Philippe Nr. 828 665 mit digitaler Tages-, Datums- und Monatsanzeige aus dem Jahre 1941 eine beträchtliche Metamorphose. Mit einem schwarzen Zifferblatt tauchte sie erstmals am 24. Oktober 1982, mit sFr. 6000/7500,– taxiert, beim Genfer Auktionshaus Antiquorum auf. Einschließlich Aufgeld kostete sie dann sFr. 10 656,–. Im Herbst 1986 wurde diese Armbanduhr mit einem nunmehr silberfarbenen Zifferblatt im Schaufenster eines renommierten Münchner Juweliers für umgerechnet etwa sFr. 35 000,– zum Kauf angeboten, und am 5. Februar 1988 stand der amerikanische Entertainer Bill Cosby anläßlich einer Auktion von Sotheby's New York als Unterbieter im Wettbewerb um dieselbe Uhr, für die schließlich die erstaunliche Summe von US-$ 198 000,– (einschließlich Aufgeld; Taxe US-$ 35 000/45 000,–) bezahlt wurden, was umgerechnet etwa DM 320 000,– entspricht.

Wenn im weiteren Verlauf dieser Erörterungen über die Armbanduhren als Sammelobjekte nun zunächst die Preisentwicklung der Armbanduhren des Genfer Luxusuhrenherstellers Patek Philippe näher unter die Lupe genommen wird, hängt das damit zusammen, daß sich diese aufgrund des internationalen Auktionsgeschehens unter Einbeziehung tatsächlich erzielter Preise besonders gut zurückverfolgen läßt. Außerdem sind die Armbanduhren dieser Manufaktur derzeit besonders gefragt.

Als ein spezifischer Gradmesser für die Preisentwicklung von Patek-Philippe-Armbanduhren eignet sich das Model 1518/2499 (Chronograph mit ›ewigem‹ Kalender und Mondphasenindikation – rechteckige Drücker, Abb. s. S.192).

Im Vorfeld ist zu bemerken, daß es in Kriegs- und Nachkriegszeiten für Konzessionäre zeitweise äußerst schwierig war, diese Armbanduhr zu verkaufen, sie unter der Hand sogar als Ladenhüter bezeichnet wurde.

In den beiden nachfolgenden Tabellen sind die Auktionsergebnisse von Sotheby's, New York, und Antiquorum/Habsburg, Feldman, Genf, seit 1983 bzw. 1982 zusammengestellt:

Sotheby's, New York (Preise inklusive Aufgeld):

Werknummer	Herstellungsjahr	Auktionstermin	Lot-Nr.	Taxe in US-$	Preis in US-$
868 351	um 1954	27.06.83	327	13/15 000	18 700
867 524	um 1947	17.06.85	368	17/19 000	23 100
867 898	um 1950	15.02.86	240	23/26 000	41 800
867 737	um 1948	07.02.87	486	35/45 000	66 000
868 227	um 1952	27.10.87	177	45/55 000	82 500
863 688	um 1946	05.02.88	449	60/65 000	82 500
863 466	um 1940	17.06.89	829	125/150 000	143 000
863 174	um 1945	30.10.89	320	100/125 000	121 000

Antiquorum/Habsburg, Feldman (Preise inklusive Aufgeld):

Werk- nummer	Herstel- lungsjahr	Auktions- termin	Lot- Nr.	Taxe in sFr.	Preis in sFr.
863 742	um 1945	04.04.82	139	24/28 000	33 040
868 248	um 1946	09.04.83	139	24/28 000	35 970
867 357	um 1947	09.10.83	90	28/32 000	35 970
867 795	um 1948	25.03.84	78	38/42 000	42 700
868 003	um 1949	14.10.84	82	40/45 000	48 330
o. A.		11.10.87	310	80/90 000	115 000
863 683	um 1945	10.04.88	411	80/100 000	115 500
867 914	um 1950	09.04.89	116	180/220 000	290 500
867 524	um 1948	09.04.89	106	180/200 000	348 600
867 914	um 1950	25.02.90	253	200/250 000	231 000

Zum besseren Verständnis beider Tabellen ist zu bemerken, daß
- die am 17. Juni 1985 bei Sotheby's, New York, für US-$ 23 100,– erworbene Nr. 867 527 rund vier Jahre später anläßlich der Patek-Philippe-Jubiläumsauktion bei Habsburg, Feldman (Genf, 9. April 1989) beinahe den zehnfachen Preis erlöste;
- die Nummer 867 914, bereits bei Christie's, Genf, am 13. Mai 1986 für sFr. 88 000,– versteigert, anläßlich Habsburg, Feldmans Patek-Philippe-Jubiläumsauktion am 9. April 1989 inklusive Aufgeld sFr. 290 500,– kostete und dann bei Habsburg, Feldman am 25. Februar 1990 nur mehr sFr. 231 000,– inklusive Aufgeld erlöste, also für den Eigentümer nach Abzug der Provision fürs Auktionshaus einen Verlust von runden 100 000 Franken erbrachte;
- insgesamt, wenn auch auf hohem Niveau, eine gewisse Preisstagnation eingetreten ist, was auch die Versteigerungen anderer Auktionshäuser in bezug auf dieses spezielle Modell bestätigen.

Zwei Grafiken veranschaulichen nochmals diese Preisentwicklung:

Patek Philippe Referenz 1518/2499

Preisentwicklung bei Antiquorum/Habsburg in Tsd. sFr. (inkl. Aufgeld)

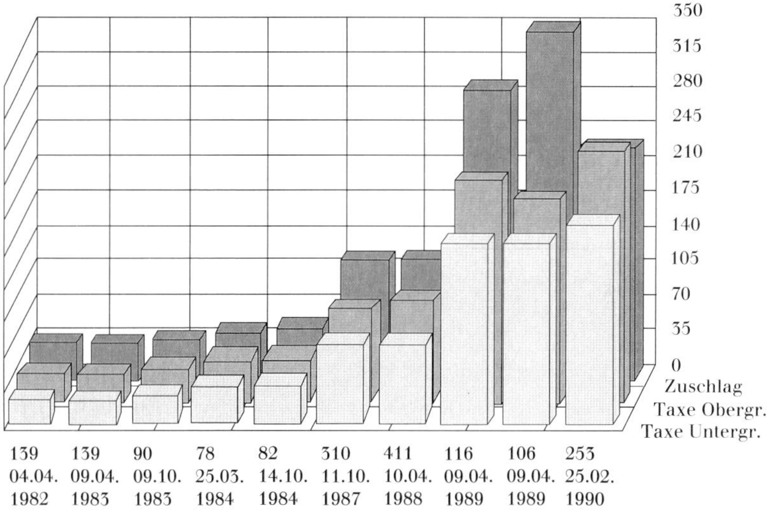

350									
315									
280									
245									
210									
175									
140									
105									
70									
35									
0									

Zuschlag
Taxe Obergr.
Taxe Untergr.

139	139	90	78	82	310	411	116	106	253
04.04.	09.04.	09.10.	25.03.	14.10.	11.10.	10.04.	09.04.	09.04.	25.02.
1982	1983	1983	1984	1984	1987	1988	1989	1989	1990

Patek Philippe Referenz 1518/2499

Preisentwicklung bei Sotheby's New York in Tsd. US-$ (inkl. Aufgeld)

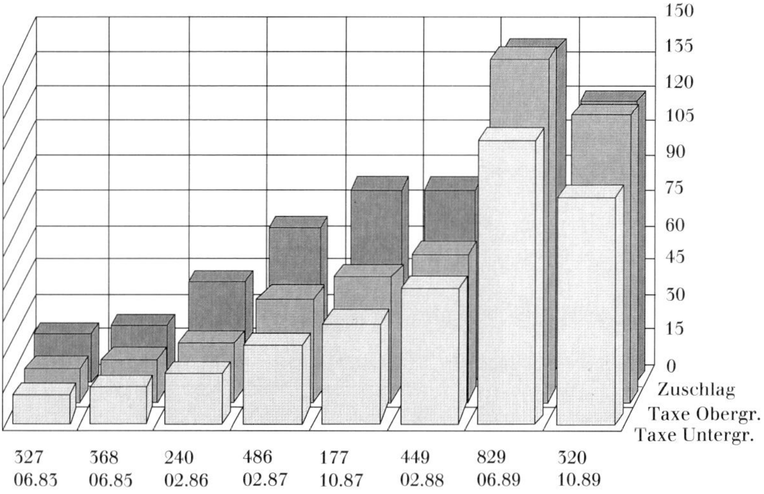

150							
135							
120							
105							
90							
75							
60							
45							
30							
15							
0							

Zuschlag
Taxe Obergr.
Taxe Untergr.

327	368	240	486	177	449	829	520
06.83	06.85	02.86	02.87	10.87	02.88	06.89	10.89

Zwar nicht in gleichem Maße eklatant, aber trotzdem nicht minder beträchtlich fielen die Preisschübe bei den rechteckigen Modellen des Hauses Patek Philippe aus, die vor drei bis vier Jahren noch in einer Größenordnung von rund 6000 bis 10 000 Mark zu haben waren, heute aber in der Regel einen Kaufpreis von mehr als der doppelten, bei besonders attraktiven Modellen der vier- bis fünffachen Summe erfordern – ebenfalls jedoch mit nunmehr stagnierender Tendenz. Als Beispiel sei die Referenz 2441, das Modell ›Eiffelturm‹, genannt, das bei Dr. Crott am 27. September 1986 noch für DM 12 880,– (inklusive Aufgeld) und bei Habsburg, Feldman, am 10. April 1988 für umgerechnet rund DM 25 000,– zu haben war. Anläßlich der Patek-Jubiläumsauktion am 9. April 1989 waren für dasselbe Modell umgerechnet rund DM 47 000,– zu bezahlen, doch ging eine gleiche Armbanduhr bei Habsburg, Feldman am 14. Februar 1990 in St. Moritz (Taxe sFr. 35 000/40 000,–) unverkauft zurück. Die Referenz 1450, eines der meistgebauten rechteckigen Patek-Modelle, kostete am 27. September 1986 bei Dr. Crott gerade noch DM 7200,–, am 9. April 1989 hingegen umgerechnet runde DM 20 000,– bzw. DM 25 000,–. Am 14. Februar 1990 hatte sich der Preis jedoch wieder bei ca. DM 13 000,– eingepegelt.

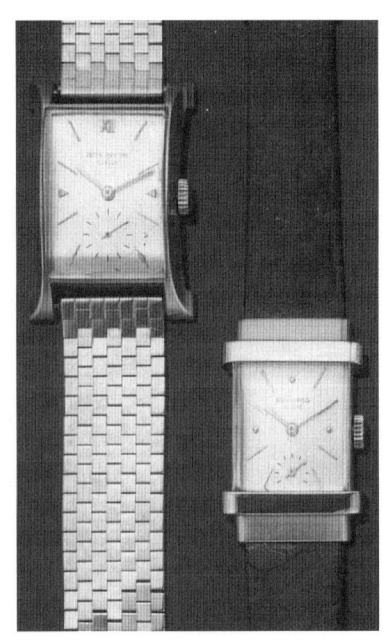

Links:
Rechteckige Herren-
armbanduhr von Patek
Philippe, Modell 2441,
hergestellt ab 1948

Rechts:
Rechteckige Herrenarm-
banduhr von Patek
Philippe, Modell 1450,
hergestellt ab 1940

Dagegen schickt sich die klassische Referenz 96 (Abb. s. S. 315), heute vielfach zum ›Calatrava‹-Modell hochstilisiert, deren Preis 1983 je nach Material bei rund DM 2500,– lag, gegenwärtig an, die 10 000-Mark-Schwelle im Antikuhren-Handel dauerhaft zu überspringen. Die Reihe ließe sich bei Patek Philippe beliebig fortsetzen. Auf einen kurzen Nenner gebracht, ist jedoch zusammenfassend festzustellen, daß derzeit unter DM 5000,– für eine guterhaltene, ›normale‹ runde Armbanduhr dieser Marke aus den Jahren bis 1970 beinahe nichts mehr geht. Vor allem aber die Stahl-Armbanduhr mit ihrem Understatement-Image hat in den vergangenen beiden Jahren erheblich an Boden gewonnen und sich zum heimlichen Gewinner im Kampf um die höchsten Profit-Margen gemausert. Sehr interessant und für sich selbst sprechend ist die folgende Gegenüberstellung einiger Patek-Philippe-Katalogpreise (1961) mit den Auktionspreisen des entsprechenden Modells (1989):

Mod./ Ref.	Kurzbeschreibung	Katalogpreis 1961 in DM	Auktions- preis in DM
2523	Weltzeit, 2 Kronen, Cloisonné-Zifferblatt	2585,–	459 360,–
2597HS	2 Zeitzonen, 1 Std.zeiger	2310,–	82 940,–
130	Chronograph, 30-Min. Zähler	1710,–	63 800,–
1579	Chronograph, 30-Min. Zähler	1855,–	70 180,–
1463	Chronograph, 30-Min. Zähler Geh. wasserdicht	1915,–	114 840,–
1436	Chronograph-Rattrapante	2660,–	433 840,–
2438/1	›ewiger‹ Kalender, Zentralsek., wasserdichtes Geh.	3555,–	165 880,–
2497	›ewiger‹ Kalender, Zentralsek.	3555,–	153 120,–
2499	›ewiger‹ Kalender, Chronogr.	3960,–	153 120,–
3424	asymmetrisch, Handaufzug	1910,–	63 800,–

Mod./ Ref.	Kurzbeschreibung	Katalogpreis 1961 in DM	Auktionspreis in DM
1593	rechteckig/tailliert	1360,–	22 970,–
2554	rechteckig, Kal. 9"'90	1285,–	28 070,–
2488	quadratisch	1285,–	7 660,–
3406	quadratisch	1540,–	7 660,–
96	rund ›Calatrava‹	1160,–	10 850,–
2508	rund, Zentralsekunde, wasserd.	1335,–	10 200,–
2509	rund, kleine Sek.	1245,–	10 200,–

Goldene Herrenarmbanduhren von Patek Philippe in asymmetrischen Gehäusen (v.l.n.r.):

Modell 3422, ab 1960 hergestellt,

Modell 3412, ab 1959 produziert,

Modell 3424, ab 1959 gefertigt

Ein rasanter Preisanstieg bis zum Jahre 1989 und danach eine Stagnation auf hohem Niveau bzw. ein leichtes Bröckeln ist derzeit auch für andere Modelle zu konstatieren, verbunden mit der Gefahr, daß dadurch hervorgerufene Panikverkäufe den Markt vollends in Unordnung bringen können.

Als Resümee bedarf es der klaren Feststellung, daß insbesondere der Kauf von hochpreisigen Luxus-Armbanduhren sehr viel Fingerspitzengefühl erfordert. Der Einsatz hoher Finanzmittel allein garantiert noch keine profitablen Geschäfte. Vielmehr kann dem Marktgeschehen bei Armbanduhren insgesamt eine gewisse Irrationalität nicht abgesprochen werden. Häufig entscheiden rational nicht nachvollziehbare Kleinigkeiten über Interesse und Preis. Beispiel: Die Oktober-Auktion von Sotheby's, New York (30. Oktober 1989) hatte zwei Patek-Philippe-Modelle 1526 (Handaufzug, ›ewiger‹ Kalender, kleine Sekunde) im Angebot. Die Nr. 928 690 mit silbernem Zifferblatt, hergestellt um 1946, sowie die Nr. 967 945, um 1951, aus-

Herrenarmbanduhren mit ›ewigem‹ Kalender von Patek Philippe; links und rechts die Modelle 1526 mit Handaufzugswerk, zwischen 1942 und 1952 210 Stück hergestellt; in der Mitte Modell 3450 mit automatischem Aufzug, Schaltjahresanzeige, 1981 – 1985, 244 Stück produziert gestattet mit schwarzem Zifferblatt und deshalb sehr selten. Während die erstgenannte Uhr inklusive Aufgeld US-$ 77 000,– kostete, waren für die Exklusivität des schwarzen Zifferblattes US-$ 44 000,– mehr, also insgesamt US-$ 121 000,– oder rund DM 222 000,– zu bezahlen. Ähnliches gilt für eine 1989 anläßlich des 150jährigen Jubiläums von Patek Philippe in einer Auflage von 500 Stück herausgebrachte tonnenförmige goldene Armbanduhr mit Handaufzugswerk und springender digitaler Stundenanzeige. Mit etwas Fortune konnte man diese Uhr beim Konzessionär für DM 21 000,– kaufen. Bei Habsburg, Feldmans Versteigerung in St. Moritz am 14. Februar 1990 kostete sie sFr. 65 000,– und damit mehr als eine goldene Herrenarmbanduhr mit automatischem Aufzug und ›ewigem‹ Kalender, Modell 3450, von dem in den Jahren 1981 bis 1985 lediglich 244 Stück hergestellt und zum Ladenpreis von ca. DM 35 000,– (1985) verkauft worden waren. Übrigens erlöste in der genannten Versteigerung eine Stahl-Patek-Philippe mit Chronograph und 30-Minuten-Zähler ca. DM 125 000,–!

Bei Sotheby's New York war am 25. Januar 1990 für eine goldene rechteckige Vacheron & Constantin aus der Zeit um 1930 mit US-$ 9900,– ebensoviel zu bezahlen wie für eine kleine runde, sicherlich transformierte Armbanduhr mit Minutenrepetition, signiert ›Asprey‹, Hallmark 1911.

All dies dient zur Verdeutlichung des Sachverhalts, daß alte Armbanduhren nicht nur mit dem Kopf, sondern auch einem gerüttelt Maß an Bauch gekauft werden. Neben dem derzeitigen Marktfavoriten Patek Philippe erfreuen sich aber auch die Armbanduhren bzw. einzelne Armbanduhren-Modelle von Audemars Piguet, Cartier, IWC, Movado, Rolex und Vacheron & Constantin, um nur einige Hersteller zu nennen, beträchtlicher Beliebtheit.

Zum Beispiel kostete eine zierliche, kissenförmige Platin-Armbanduhr mit Minutenrepetition von Audemars Piguet, die Nr. 12 824, am 5. Mai 1980 beim Auktionshaus Peter Ineichen in Zürich sFr. 38 400,– (Taxe sFr. 29 000/35 000,–). Anläßlich einer Auktion von Sotheby's, New York, am 7. Februar 1987 (Taxe 55 000/65 000,– US-$) wurde sie einschließlich Aufgeld zum Preis von $ 69 300,– (umgerechnet rund 120 000,– DM) erneut verkauft. (Vgl. S. 204) Eine von Audemars Piguet für Cartier gefertigte flache quadratische Goldarmbanduhr mit vollständigem einfachen Kalendarium und Mondphasenanzeige kostete am 30. Oktober 1982 bei Dr. Crott & Schmelzer in Aachen DM 18 500,– (einschließlich Aufgeld) und blieb dabei noch unter dem Schätzpreis von DM 19 500,–. Zwar nicht für die gleiche Uhr, aber ein sehr ähnliches Modell von Audemars Piguet, die Nr. 56 657 aus dem Jahr 1949, mußte ein telefonischer Bieter nach einem spannenden Gefecht insbesondere mit italienischen Interessenten aus dem Saal am 10. April 1988 bei Habsburg, Feldman in Genf runde DM 140 000,– bezahlen.

Eine stählerne Armbanduhr mit lediglich aufgedrucktem Weltzeit-Zifferblatt (vgl. S. 239) kostete am 25. Februar 90 bei Habsburg, Feldman in St. Moritz etwa DM 45 000,– und in der gleichen Auktion, ebenfalls von Audemars Piguet, ein Chronograph mit einfachem Kalendarium und Mondphasenanzeige, Stahl-/Gold-Gehäuse, 1947, umgerechnet etwa DM 220 000,–.

Cartiers tonnenförmige Armbanduhr mit Chronograph, Modell ›Tortue‹ (vgl. S. 137), erforderte am 17. Dezember 1986 bei Christies in New York noch eine Investition von US-$ 26 400,–, ein gutes Jahr später, am 5. Februar 1988 ebenfalls in New York, diesmal aber bei Sotheby's, eine fast gleiche Uhr hingegen bereits US-$ 60 500,–. Für das Cartier-Modell ›Cabriolet Reversible‹ aus dem Jahre 1942 waren bei Habsburg, Feldman am 25. Februar 1990 in St. Moritz ca. DM 170 000,– anzulegen.

Die derzeitige ›Kult-Uhr‹ aus dem Hause IWC heißt ›Mark XI‹, kam 1948 auf den Markt und wurde für exakt drei Jahrzehnte zum fast unverzichtbaren Begleiter vieler Luftwaffenpiloten der englischen und kanadischen Air Force. Nach ihrer schrittweisen Ausmusterung zu Beginn der achtziger Jahre kostete die schlichte Stahl-Armbanduhr mit antimagnetischem Innengehäuse und hochfeinem Uhrwerk kurzfristig weniger als ein Zehntel des heutigen Preises von ca. DM 2000,–, bei weiter steigender Tendenz. (Vgl. S. 90)

Von Rolex hat das ›Prince‹ Duo-Dial-Modell seinen Preis innerhalb von nur fünf Jahren weit mehr als verdoppelt, allerdings mit dem eher faden Beigeschmack, daß die Menge der mit falschen Goldgehäusen auf dem Markt befindlichen Stücke unüberschau- und unkontrollierbar geworden ist.

Eine silberne ›Prince‹ (Neupreis 1931: £ 8,80) kostete 1984 rund DM 2500,–, am 9. Mai 1989 wurden bei Sotheby's in Genf dafür umgerechnet circa DM 11 700,– (inklusive Aufgeld) bezahlt. Beinahe die gleiche Preiskategorie gilt inzwischen für die ›Prince-Brancard‹ in Stahl, während für authentische Modelle in 18 Karat Gold (gestreift 1931: £ 21) mehr als DM 20 000,–, in Platin (1931: £ 65) DM 30 000,– auf den Tisch zu legen sind.

In gleicher Weise hat die – verglichen mit Patek Philippe zwar nicht so eklatante – preisliche Genese des Rolex-Modells ›Cosmograph‹ mit einfachem Vollkalendarium und Mondphasenindikation von umgerechnet rund DM 17 000,– bei Antiquorum, Genf, am 4. April 1982 bis hin zu DM 63 000,– (jeweils inklusive Aufgeld) bei Habsburg, Feldman am 23. Mai 1988 in Hongkong den einschlägigen Fälschern und Pfuschern Tür und Tor geöffnet, mit der Konsequenz, daß man solche Uhren nur aus zuverlässigen Quellen erwerben und von Stücken unklarer Herkunft eher die Finger weglassen sollte. Begehrt sind mittlerweile auch die verschiedenen Chronographen-Modelle von Rolex, die teilweise in den Jahren nach dem Zweiten Weltkrieg bei Heuer in Biel remontiert wurden. Selbst die vor nicht allzu

Herrenarmbanduhren von Rolex (v.l.n.r.): Stahl-Chronograph, um 1950, Modell 6036, Oyster-Gehäuse; Modell 6062 ›Cosmograph‹ mit automatischem Aufzug, Vollkalendarium, Mondphasenanzeige, Oyster-Gehäuse, um 1952; Modell 6062 im Goldgehäuse, goldener Chronograph, Modell ›Daytona-Cosmograph‹

langer Zeit in Ermangelung von Rohwerken (Valjoux 23) eingestellten Daytona-Modelle erreichen in Stahlgehäusen inzwischen bereits mehr als DM 8000,–.

Bei frühen Rolex ›Oyster-Perpetual‹-Modellen (›Bubble-Backs‹, wegen des stark gewölbten Bodens) geht auch in Stahlgehäusen unter DM 2000,– heute fast nichts mehr.

Hierzulande noch weniger bekannt und preislich deshalb nicht so extrem bewertet sind die Armbanduhren von Vacheron & Constantin, die sich qualitativ jedoch ohne weiteres mit denen von Patek Philippe und Audemars Piguet messen können. In den typischen Sammlerländern für Uhren dieser Marke, Italien und Vereinigte Staaten von Amerika, werden hingegen schon jetzt zum Teil extreme Summen geboten, z. B. für Stahlarmbanduhren mit Chronograph:

■ aus der Zeit um 1950 rund DM 32 000,– und
■ aus den Jahren um 1945 rund DM 30 500,–
(Sotheby's, New York, Oktober 1989).

Doch es müssen nicht die vorgenannten Luxusmarken sein. Auch die Flieger-Armbanduhr Modell ›Lindbergh‹ von Longines (Stahlgehäuse) hat ihren Preis von 1984 (rund DM 4800,– inklusive Aufgeld, Antiquorum) bis 1988 mehr als verdoppelt (Habsburg, Feldman, Mai 1988: rund DM 13 000,–; Sotheby's, New York, Oktober 1989: rund DM 16 000,–). In Gold wurden für diese Uhr bei Christie's, Genf, am 13. Mai 1986 DM 60 000 auf den Tisch des Hauses geblättert.

Für das kleine ›Lindbergh‹-Modell (Durchmesser 33 mm) in einem gold-filled Gehäuse zahlte man bei Sotheby's, Genf, im November 1989 rund DM 8000,– (Taxe sFr. 3500/4500,–), das gleiche Modell im Goldgehäuse kostete in derselben Auktion runde DM 25 000,–. Dieses – unerwartete – Interesse bewog Longines, die ›Lindbergh‹ im Jahre 1987 mit einem Automatik-Werk neu aufzulegen, mit großem Erfolg.

Gesucht beim derzeitigen Markttrend sind ferner die verschiedenen Armband-Chronographen dieses Herstellers sowie dessen Armbanduhren mit automatischem Aufzug und Gangreserveanzeige.

Stark im Kommen sind gegenwärtig auch interessante Armbanduhren von Movado, wie folgende Beispiele zeigen:

■ Armbanduhr mit Vollkalendarium und Mondphase, Stahlgehäuse, Sotheby's, Genf, Mai 1989, rund DM 4300,–;
■ goldener Chronograph mit Breguet-Ziffern, Christie's, Genf, Mai 1989, rund DM 30 600,–, Taxe: sFr. 2500/3500,–;

- Stahl-Chronograph mit 60-Minuten- und 12-Stunden-Zähler, Sotheby's, Genf, November 1989, rund DM 5000,–;
- rechteckige goldene Armbanduhr mit digitaler Stunden- und Minutenanzeige, um 1935, Sotheby's, Genf, November 1989, rund DM 25 000,–; (vgl. S. 139)
- Armbanduhr mit Chronograph, goldenes ›Reverso‹-Gehäuse, um 1935, Sotheby's, Genf, November 1989, rund DM 200 000,–, Taxe: sFr. 18 000/20 000,–. (Vgl. S. 149)

Stahl-Armbanduhr Modell ›Reverso‹ von Jaeger-LeCoultre; hergestellt ab 1931; Ankerwerk mit Handaufzug

Ähnliche Beispiele ließen sich für Armbanduhren von Jaeger-LeCoultre (›Reverso‹-, Mondphasen- und rechteckige Modelle) und Omega anführen, oder, um von den großen Namen wegzukommen, beispielsweise für die Armbanduhren des Pariser Uhrmachers und Juweliers Léon Hatot, für die am 10. Mai 1989 bei Christie's, Genf, beinahe sensationelle Preise bezahlt wurden.

Kehren wir also wieder zum Ausgangspunkt unserer Betrachtungen über das Sammeln von Armbanduhren zurück und zur Tatsache, daß selbstverständlich nur wenige Mitmenschen willens und in der Lage sind, die geschilderten exorbitanten Preise für am Handgelenk zu tragende Zeitmesser zu bezahlen.

Wenn man als Sammler jedoch Abstand nimmt von Prestigenamen und -objekten, kann man auch heute eine Fülle von Armbanduhren erwerben, die sich in einer vernünftigen Preis-Leistungs-Relation bewegen, also im Preisspektrum bis zu etwa DM 2000,– eine Menge Uhr fürs Geld bieten. Vor allem technische Armbanduhren in Stahl- oder Doublégehäusen können nach wie vor mit etwas Glück zu Preisen

264

erstanden werden, die unter den, selbstverständlich fiktiven, heutigen Herstellungskosten liegen.

So gesehen empfiehlt es sich (noch) nach Armband-Chronographen, Armband-Chronometern, Armbanduhren mit interessanten Automatik-Werken und evtl. Gangreserveanzeige, Kalenderuhren, Armbanduhren mit ungewöhnlicher Form der Zeitanzeige oder außergewöhnlichem Erscheinungsbild, Armbandweckern und schließlich frühen Armbanduhren aus den ersten Jahrzehnten unseres Jahrhunderts Ausschau zu halten.

Auch formschöne, rechteckige Art-deco-Armbanduhren ›normaler‹ Fabrikanten mit Handaufzugswerken kuranter Qualität sind – bei gutem Erhaltungszustand – in der Größenordnung um DM 500,– erhältlich und bewegen sich damit auf einem Preisniveau, das inzwischen auch gute sogenannte ›Retro‹-Modelle erreicht haben, also Armbanduhren, deren Gehäuse einem zurückliegenden Design nachempfunden wurden.

Überhaupt hat die wachsende Leidenschaft für mechanische Armbanduhren in den vergangenen Jahren dazu geführt, daß aus alten, seinerzeit nicht verkauften Lagerbeständen komplette Uhren zusammengestellt oder die Werke in neu angefertigte Gehäuse eingeschalt wurden.

Auf diese Weise gelangten in größeren Stückzahlen interessante Armbanduhren auf den Markt, die damals mangels Nachfrage kaum zu verkaufen waren.

Für den technisch interessierten Sammler und Liebhaber mechanischer Armbanduhren wird es erst in zweiter Linie darauf ankommen, ob er ein absolut originales Stück kauft, oder ob er zu vernünftigem Preis eine später zusammengestellte Uhr in perfektem Zustand erwirbt. Maßgeblich ist auch hier das Sachwissen über Marke, Art und eventuelle Besonderheiten der angebotenen Ware. Mit einer gewissen Vorsicht sind in diesem Zusammenhang die manchmal sehr vollmundigen Werbeprospekte und Offerten zu genießen, die z. B. einige Kreditkartengesellschaften zur Vermarktung solcher Armbanduhren an ihre Kunden verschickten.

Insbesondere sollte man die angegebenen ›limitierten‹ Stückzahlen nicht in jedem Fall und uneingeschränkt für bare Münze nehmen. Sie dienen mitunter mehr zur Steigerung der Kaufmotivation als zur Darstellung wahrhaftiger Sachverhalte, die ohnehin mangels vorhandener Archivmaterialien zumeist nicht nachprüfbar sind.

Die vorangegangenen Überlegungen sollten verdeutlichen, daß

- es bei einem schier unüberschaubaren Armbanduhrenmarkt kaum möglich ist, ganz konkrete Hinweise zu vermitteln, welche Objekte sammelnswert sind und welche nicht. Hier können und müssen ganz alleine der persönliche Geschmack, das spezifische Interesse und die vorhandenen finanziellen Möglichkeiten zur Entscheidung beitragen;

- die Armbanduhr stärker als andere Sammelobjekte dem Zeitgeist und modischen Tendenzen unterworfen ist. Ein sich änderndes allgemeines Marktinteresse sollte möglichst nicht zu überstürzten Verkäufen führen, weil ein solches Verhalten bekanntlich rasch sinkende Preise nach sich zieht. Wenn man, aus welchem Grund auch immer, sofort verkaufen will oder muß, erhält man in den seltensten Fällen den gewünschten Preis. Sofern man Armbanduhren aus echtem Sammlerinteresse erworben hat, wiegen Trendwenden weniger schwer, als wenn diese aus rein spekulativen Gesichtspunkten heraus gekauft wurden;

- durch den Marktboom auch Armbanduhren angeboten werden, die beim Käufer Zweifel aufkommen lassen sollten, d. h. gestohlene, gefälschte oder zumindest nicht uneingeschränkt originale Objekte. Vor allem sollte ein erheblich unter dem tatsächlichen Marktwert angesiedelter Preis Skepsis hervorrufen;

- eine gründliche Auseinandersetzung mit der Armbanduhr und ihrem Markt unumgänglich ist, will man Fehler und finanzielle Einbußen vermeiden.

Rechte Seite:
Art-deco-Armbanduhren
aus dem Atelier von Leon Hatot,
Paris; 20er Jahre

Uhrenfabrikanten in der Schweiz und in Deutschland – ein Stück Uhrengeschichte

Aufs engste verknüpft mit der Geschichte der Armbanduhr sind die Fabrikanten der Rohwerke oder fertiger Uhren. Sie haben u. a. durch Erfindungsgeist, Kreativität, Mut zu finanziellem Risiko und durchaus berechtigtem Gewinnstreben nicht unerheblich dazu beigetragen, daß in nur 100 Jahren die Armbanduhr die in den vorangegangenen Kapiteln beschriebene Entwicklung nehmen konnte. Zum besseren Verständnis geschichtlicher Zusammenhänge werden im folgenden einige dieser Hersteller in kurzen Portraits näher vorgestellt. Gleichzeitig macht es die Fülle der verschiedenen Uhrenhersteller aber unmöglich, alle in gleicher Weise zu berücksichtigen. Deshalb war eine Auswahl vonnöten, bei der den besonders renommierten oder im allgemeinen Gespräch befindlichen Namen der Vorzug gegeben wurde.
Die Daten über Gründungsort, -zeit und -persönlichkeit einer Fülle weiterer Uhrenproduzenten sind abschließend tabellarisch zusammengestellt.

Es mag sich von selbst verstehen, daß im Rahmen von Kurzportraits die Leistungen der beschriebenen Uhrenfirmen nur im Überblick wiedergegeben werden können. Doch bieten die Portraits, neben firmenspezifischen Informationen, auch einen Einblick in die allgemeine Geschichte der Uhrmacherei, der wiederum zur Einordnung des Objekts Armbanduhr in das weite Feld der Groß- und Kleinuhren dienlich ist. Schließlich wurde versucht, wirtschaftliche Verflechtungen der Uhrenfirmen, soweit bekannt, darzustellen. Sie machen klar, daß eine Marktkonzentration schon seit geraumer Zeit auch im Uhrengewerbe ihren Einzug gehalten hat.

Audemars Piguet

Ein Jahr nachdem die Bundesverfassung der Schweiz
den Zentralismus und damit verbunden auch die
demokratischen Einrichtungen gestärkt hatte, 1875,
gründeten die beiden jungen Uhrmacher Jules Audemars und Edward-August Piguet im abgeschiedenen
waadtländischen Dörfchen Le Brassus ›Audemars
Piguet – Manufacture d'Horlogerie‹. Jules Audemars
war zu jenem Zeitpunkt 24 und Edward-August Piguet gerade 22 Jahre alt. Die Statistik der Uhrenindustrie des Kantons Vaud aus dem Jahr 1889 weist
Audemars Piguet bereits als einen Betrieb mit zehn
männlichen Beschäftigten aus, in dem das ganze Jahr,
also auch während der langen und harten Wintermo-
nate gearbeitet wird. Bald wurde eine Niederlassung
in Genf gegründet, wohl mit dem Hintergedanken,
die Produkte des jungen Unternehmens auch mit
dem klangvollen Namen dieser bedeutenden Uhrenmetropole schmücken zu können. In den ersten Jahrzehnten ihres Bestehens beschäftigte sich die Manufaktur – selbstverständlich – ausschließlich mit der
Herstellung feiner und komplizierter Taschenuhren,
die weltweit unter eigenem und fremden Namen ver-
marktet wurden.

Im Jahr 1894 reiste Jules Audemars, der Techniker im Team, für mehrere Monate in die Vereinigten Staaten von Amerika, um den dortigen Markt
besser kennenzulernen. Der Kaufmann und Finanz-
experte Edward Piguet kümmerte sich auf der anderen Seite verstärkt auch um Belange der heimi-
schen Politik. Nach dem Tode der Firmengründer im
Jahre 1918 (Jules Audemars) und 1919 (Edward Piguet) wendeten sich die Erben nun auch mehr und
mehr der Entwicklung und Herstellung hochwertiger
Armbanduhren zu. Allerdings waren auch schon vor
1910 vereinzelt hochkomplizierte Armbanduhren mit
Minutenrepetition hergestellt worden, deren Werke

einen Durchmesser von lediglich knapp 26 mm besaßen. Im Verkaufskatalog des Jahres 1928 finden sich dann bereits rechteckige, quadratische, kissen- und tonnenförmige Modelle mit einfachem Kalendarium und Mondphasenindikation, mit springender digitaler Stundenanzeige sowie mit Chronograph, alles heute sehr gesucht und auch teuer bezahlte Armbanduhren.

Nach der durch den Schwarzen Freitag an der New Yorker Börse ausgelösten Weltwirtschaftskrise begannen für Audemars Piguet schwere Zeiten, die 1932/33 zu einem Beinahe-Konkurs führten. Der hereinbrechende Zweite Weltkrieg und der damit verbundene Bedarf an Armband-Chronographen in den Vereinigten Staaten von Amerika trug seinen Teil zur wirtschaftlichen Gesundung des Unternehmens bei, dessen größte Blütezeit indes erst in den Jahren nach Beendigung des Zweiten Weltkrieges begann und bis in die heutigen Tage währt.

Werbepostkarte von Audemars Piguet, um 1950

Audemars Piguet gehört zu den ganz wenigen großen Uhrenmanufakturen, die sich auch gegenwärtig noch mehrheitlich im Besitz der Gründerfamilien befindet. ›Leader-Modell‹ der Audemars-Piguet-Kollektion ist seit 1972 die ›Royal Oak‹. Ihr Name und das markante Bullaugendesign erinnern an die drei großen englischen Schlachtschiffe, welche nach der mystischen ›königlichen Eiche‹ benannt wurden, die König Karl II. in ihrem hohlen Stamm einst Zuflucht vor Aufrührern geboten haben soll. Auch die ab 1978 mit großem Erfolg produzierte automatische Armbanduhr mit ›ewigem‹ Kalender ist inzwischen bereits ein Klassiker auf dem Armbanduhrenmarkt.

Baume & Mercier

Im Gegensatz zu vielen anderen Schweizer Uhrenfirmen begann die unmittelbare Geschichte des Hauses Baume & Mercier nicht in der französisch sprechenden Westschweiz, sondern in einer kleinen Ortschaft des Berner Jura, wo die Familie Baume seit 1830 eine kleine Uhrenfertigung betrieb. Die Produkte wurden in der gesamten Schweiz verkauft. Anläßlich einer Geschäftsreise lernte ein Mitglied der Familie Baume 1918 in der Uhrenmetropole Genf den Uhrmacher und Juwelier Paul Mercier kennen, der sich infolge seiner großen handwerklichen Fähigkeiten bereits einen guten Namen erworben hatte. Spontane Sympathie und Entdeckung gemeinsamer Geschäftsinteressen führten noch im gleichen Jahr zur Gründung der Firma Baume & Mercier. Als Geschäftssitz wurde Genf gewählt, weil man sich von dort aus die beste Expansion erwarten durfte.
Im Jahre 1921 wurde Baume & Mercier für eine Reihe freiwillig eingereichter Uhrwerke von der Genfer Industrie- und Handelskammer der begehrte ›Poinçon de Genève‹ wegen außergewöhnlicher Ganggenauig-

keit verliehen. Nachdem das Ende des Ersten Weltkrieges eine verstärkte Öffnung ausländischer Märkte
und damit die Erfordernis einer erheblichen Produk-
tionsausweitung nach sich zog, wurde der Platz in
Genf sehr eng. Eine Verlegung der Produktionsstät-
ten mußte ins Auge gefaßt werden, allerdings unter
Beibehaltung des Stammsitzes in Genf. Die Wahl fiel
auf das rund 700 Einwohner zählende Dörfchen La
Côte-aux-Fées im Kanton Neuchâtel. Dort war seinerzeit bereits die Uhrenfabrik Piaget & Cie. behei-
matet, die in der späteren Geschichte von Baume &
Mercier noch eine größere Rolle spielen sollte, nämlich 1965, als die Familie Piaget fast zwei Drittel der
Baume & Mercier Aktien übernahm und so den Weg
für weitere Expansion schuf, u. a. die Errichtung von
Produktionsanlagen in den USA.

Im Jahre 1970 begann Baume & Mercier auf die Elek-
tronik zu setzen und rund fünf Prozent der Armbanduhren mit Quarzwerken auszustatten. 1983 wurde
das – vorläufig – letzte mechanische Uhrwerk in eine
Baume & Mercier-Armbanduhr eingebaut. Doch im
Zuge der Mechanik-Renaissance wandelte sich auch
hier das Bewußtsein, und in der zweiten Hälfte der
achtziger Jahre feierten tickende Uhrwerke ihre
Rückkehr in Armbanduhren Baume & Merciers, darunter z. B. ein Armband-Chronograph mit Datums-
und Mondphasenanzeige.

Die meisten Kunden zählt Baume & Mercier heute
in den USA, was nicht zuletzt auch auf die dortigen
Fertigungsstätten zurückzuführen sein mag.

Blancpain

In der kleinen Ortschaft Villeret, im Tal Erguel,
wurde 1560 Imérion Beynon, genannt Blanpan geboren. Auf ihn geht die direkt nachzuvollziehende Linie
der Uhrmacher-Dynastie Blancpain zurück.

Der Chronik nach gelangte die Uhrmacherei durch Jehan-Jacques Blancpain, getauft am 11. März 1693, in die Familie. Er, der zuvor seinen Lebensunterhalt als Landwirt verdient hatte, richtete 1735 in seinem aus dem Jahre 1636 stammenden, und am Ufer des Flüßchens Suze gelegenen Bauernhaus eine Uhrmacherwerkstatt ein. Zunächst wurden bei Blancpain Teile für Taschenuhren, später komplette Rohwerke und schließlich in der zweiten Hälfte des 18. Jahrhunderts vollständige Uhren gefertigt, die bereits in ganz Europa ihre Käufer fanden.

Bedingt durch das stete Wachstum ward das öfter umgebaute und erweiterte Bauernhaus 1863 endgültig zu klein und erforderte den Neubau eines Fabrikgebäudes, ebenfalls in Villeret, durch den damaligen Firmeninhaber Jules-Emile Blancpain. Von der Firmengründung bis zum Jahre 1932, als Frédéric-Emile Blancpain d. J. im Alter von 69 Jahren starb, war die Firma beständig und ohne Unterbrechung von Vätern auf Söhne übergegangen, was auch in der traditionsverbundenen Schweiz in der Presse als Besonderheit vermerkt wurde. Damit ging jedoch auch die Ära der Blancpains in der Chronik dieses Uhrenherstellers zu Ende.

Die Geschichte der Armbanduhr hatte Blancpain bereits in den zwanziger und dreißiger Jahren unseres Jahrhunderts entscheidend mitgeschrieben, nachdem 1926 in Villeret ein Prototyp der berühmten ›Harwood‹ hergestellt und ab 1929 diese erste Serien-Armbanduhr mit automatischem Aufzug für den französischen Markt produziert worden war. Ebenfalls noch unter der Ägide des letzten Blancpain kam 1930 ein Kontrakt mit der Léon Hatot S.A., Paris, zustande, der Blancpain die Lizenz zur Produktion der ›Rolls‹ erteilte, einer rechteckigen Armbanduhr mit automatischem Aufzug durch Hin- und Her›rollen‹ des Werkes im Gehäuse. Dieser Lizenzvertrag garantierte Hatot über mehrere Jahre hinweg eine jährliche Mindestsumme von 1 Million französischer Francs.

Nach dem Ableben Frédéric-Emile Blancpains lebte die Firma für beinahe 40 Jahre als Rayville S.A. fort, ein Name, der als phonetisches Anagramm des Firmensitzes Villeret zustande kam. Die hergestellten Uhren und Werke trugen aber weiterhin den wohlklingenden und bekannten Namen der Gründerfamilie.

Im Jahre 1970, als die Schweizer Uhrenindustrie immer tiefer in eine umfassende Strukturkrise geriet, wurde Rayville von dem Uhrenkonzern SSIH (u. a. Omega und Tissot) übernommen. Allerdings nicht in der Absicht, eine traditionsreiche Uhrenmarke weiterleben zu lassen, sondern eher um vorhandenes Know-how zu erwerben.

Oben: Kadratur eines ›ewigen‹ Kalendariums mit Mondphasenindikation von Blancpain

Unten: Uhrwerk mit automatischem Aufzug, Kaliber 6511, Rohwerk der Frédéric Piguet S.A., Durchmesser 27,4 mm, 23 Steine, auf das die oben abgebildete Kadratur aufgesetzt wird

Knapp 250 Jahre nach ihrer Gründung, am 9. Januar 1983, erlebte der Name Blancpain eine Wiedergeburt, als Jean-Claude Biver, ein Omega-Manager, und Jacques Piguet, Sohn des Rohwerke-Fabrikanten Frédéric Piguet, den Namen erwarben und die Produktion von Blancpain-Armbanduhren in Le Brassus, Vallée de Joux, wieder aufleben ließen. Der langen Firmentradition verbunden, werden nur mechanische Uhrwerke verwendet, eingeschalt in runde Gehäuse.

Erster großer Erfolg waren 1983 Armbanduhren mit einfachem Kalendarium und Mondphasenanzeige. Es folgten Armbanduhren mit ›ewigem‹ Kalender, Minutenrepetition, Chronograph oder Chronograph-Rattrapante, alle hergestellt in klassischer Uhrmachertradition, wie sie einst bei den Blancpains in Villeret gepflegt wurde.

Breguet

Auf den wohl bedeutendsten Uhrmacher aller Zeiten geht die heute im malerisch gelegenen Le Brassus beheimatete Uhrenmanufaktur Breguet zurück. Große Persönlichkeiten der Weltgeschichte ließen bei Abraham-Louis Breguet (1747–1823) arbeiten: Napoleon Bonaparte, Wellington, Ludwig XVI., Marie-Antoinette sowie zahllose weitere Könige, Herzöge und Lords.

Der Uhrmacher, dem nachgesagt wird, er habe die Entwicklung von zwei Jahrhunderten Uhrmacherkunst in nur fünfzig Jahren vollzogen, wurde 1747 in Neuchâtel als Sohn französischer Eltern geboren. Als er gerade zehn Jahre alt war, starb sein Vater. Die Mutter heiratete daraufhin einen Neuchâteler Uhrmacher, der in Abraham-Louis Breguet das Interesse für dieses Handwerk wachrief und die außergewöhnliche Begabungen seines Stiefsohnes rasch erkannte.

In Versailles absolvierte Breguet daraufhin seine Ausbildung zum Uhrmacher. Nachdem Mutter und Stiefvater früh gestorben waren, brachte er sich zunächst als ›einfacher‹ Uhrmacher durch und studierte nebenbei Mathematik.

Die Heirat mit einer gutsituierten Bürgerstochter 1775 machte es Breguet möglich, eine eigene Werkstatt in Paris, Quai de l'Horloge, zu eröffnen. Allerdings zwang ihn 1789 der Ausbruch der Französischen Revolution, Paris bis zum Jahre 1795 zu verlassen und vorübergehend in die Schweiz zurückzukehren. Wieder in Paris, folgte seine kreativste Schaffensphase, und es gelang ihm, heute beinahe sensationell anmutende (Weiter-)Entwicklungen durchzuführen, die von aller Welt bewundert und begehrt wurden.

Zu den wesentlichsten gehörten
- die Verbesserung der ›montre perpetuelle‹, einer Taschenuhr mit automatischem Aufzug;
- die Vereinfachung und Verbesserung der Schlagwerkskonstruktion für tragbare Uhren;
- die Uhr mit Tastzeiger, um auch in der Dunkelheit die Uhrzeit abtasten zu können oder Blinden das Ablesen der Uhrzeit zu ermöglichen;

■ die ›montre à souscription‹, also die vorbestellte Serienuhr, die auch weniger zahlungskräftigen Zeitgenossen den Erwerb einer ›Breguet‹ gestattete und die dazu beitrug, Breguets Werkstätten gleichmäßig auszulasten. Der halbe Verkaufspreis war im voraus zu entrichten. Die Rohwerke für seine Taschenuhren bezog Breguet übrigens aus der Schweiz, mit Vorliebe aus seiner Geburtsstadt Neuchâtel;

■ die Erfindung des ›Tourbillons‹, bei dem sich das gesamte Hemmungssystem beständig um die Unruhachse dreht und so zu einer Reduzierung der Schwerkrafteinflüsse beiträgt (1801 zum Patent angemeldet);

■ die Unruhspirale mit Endkurve, zumeist auch Breguet-Spirale genannt;

■ die Stoßsicherung für die Lagerung der Unruh als wichtigste Erfindung für die alltagstaugliche Armbanduhr.

Bereits 1807 hatte Abraham-Louis Breguet seinen Sohn Antoine-Louis in das Geschäft aufgenommen und die Firma in ›Breguet et fils‹ unbenannt. 1833 ging die Geschäftsführung auf den damals 29jährigen Enkelsohn Louis Breguet über. In der Folge ward es recht still um das ›Maison Breguet‹. Zwar wurden weiterhin auch anspruchsvolle Uhren fertiggestellt, doch ›Revolutionäres‹ war kaum mehr zu vernehmen. Erst 1970, als die beiden Pariser Brüder und Juweliere Jacques und Pierre Chaumet die damals relativ bedeutungslose Marke Breguet erwarben, konnte wieder an die große Tradition angeknüpft werden. Doch währte die Freude am Besitz Breguets nur 17 Jahre.

Als Folge eines spektakulären Konkursfalles ging die Marke 1987 in den Besitz der Investcorp über. Für Aufsehen sorgte 1989 die Vorstellung einer Armbanduhr mit Tourbillon, konstruiert und hergestellt ganz im Sinne des Erfinders.

Breitling

Die Geschichte der Marke Breitling ist eng verbunden mit den Fortschritten der Menschheit auf dem Gebiet des Sports, des Automobils und der Fliegerei. Schon kurz nach seiner Ausbildung zum Uhrmacher fertigte Léon Breitling einen ersten Chronographen von Hand an. Sein bemerkenswertes Erfindertalent zeigte sich durch verschiedene Entwicklungen auf dem Gebiet der Chronographen und der zugehörigen Zifferblätter für spezifische Anwendungszwecke. Diese Arbeiten brachten Breitling breite Anerkennung, vor allen Dingen im Rahmen verschiedener Ausstellungen, die er mit seinen Erzeugnissen beschickte.

Durch diese Erfolge ermuntert, begann Léon Breitling 1884 damit, in seinem Atelier in Saint Imier die ersten Zähler-Chronographen herzustellen, die auch seinen Namen trugen.

Acht Jahre später, 1892, baute er in La Chaux-de-Fonds die Uhrenfabrik G. Léon Breitling und widmete sich fortan ausschließlich der Herstellung komplizierter Uhren, in der Hauptsache solche mit Chronograph. Wiederum bestätigte der Erfolg sein Handeln, mit der Konsequenz, daß bald eine Filiale im französischen Besançon eingerichtet werden mußte.

Nachm dem Tode Léon Breitlings im Jahre 1914 setzte der damals 29jährige Sohn Gaston die Arbeit des Vaters fort. Er stürzte sich mit Verve auf die Entwicklung und Fabrikation der Armbanduhren mit Chronograph, die später den Löwenanteil an der Produktpalette der Firma ausmachen sollten.

Unter Verwendung gängiger Rohwerke geeigneter Größe wurden zunächst Armband-Chronographen produziert, deren Aussehen, wie damals üblich, noch an Damentaschenuhren mit angelöteten Bandanstößen erinnerte.

Trotz, oder gerade wegen des Ersten Weltkrieges konnte sich die Firma weiterhin gut entwickeln und bald weltweit zu hohem Ansehen gelangen. 1927, nach dem Tode Gaston Breitlings, übernahm dessen Sohn Willy das Erbe und wandelte die Firma im gleichen Jahr in eine Aktiengesellschaft um. Der Verkaufskatalog umfaßt in jenem Jahr nicht weniger als 40 verschiedene Artikel. Willy Breitling war es auch, der 1936 den berühmten Bord-Chronographen

279

für Flugzeuge einführte und damit so bedeutende Firmen wie Boeing, Douglas oder Lockheed als Kunden gewinnen konnte.

Mit der Entwicklung des ›Chronomat‹ einer Armbanduhr mit Chronograph und Rechenscheibe, schuf Breitling in den vierziger Jahren den idealen Wegbegleiter für Piloten und auch Autofahrer. Es folgte 1952 der heute schon legendäre ›Navitimer‹, bei dem die Rechenmöglichkeiten weiter vervollkommnet wurden, sich z. B. Geschwindigkeiten oder Kraftstoffverbrauch mühelos vom Zifferblatt ablesen ließen. In den Weltraum gelangte eine Breitling ›Cosmonaute‹ 1962 am Arm des Astronauten Scott Carpenter. Danach war Breitling bis 1969 entscheidend an der Entwicklung eines Chronographenwerkes mit automatischem Aufzug beteiligt. Das in zwei Etagen aufgebaute Modulwerk mit Mikrorotor konnte im genannten Jahr der Öffentlichkeit präsentiert werden.

In seinen letzten Lebensjahren suchte Willy Breitling nach Möglichkeiten, dem Namen und der Firma in schwierigen Zeiten das Überleben zu sichern. Im April 1979 wurde Breitling von der Firma Sicura übernommen, die den Armband-Chronographen auch weiterhin das typische, weltbekannte Breitling-Gesicht beließ.

Cartier

Für viele Zeitgenossen gilt sie als die Luxusuhr schlechthin, neben Rolex wird kaum eine Marke so häufig gefälscht oder nachgeahmt wie eben Cartier. Ganze Heerscharen von Rechtsanwälten und Detektiven sind damit beschäftigt, diese Fälschungen zu entlarven, deren Lager aufzuspüren und die entdeckten Armbanduhren im Rahmen spektakulärer Dampfwalzen-Aktionen, wie z. B. erstmals 1981 in

New York, zu vernichten. Cartiers im Wert von rund 1 Mio. US-$ kamen damals unter die ›Walze‹. Den Produzenten im fernöstlichen Hongkong, Singapur oder Korea, aber auch im nahegelegenen Italien, kommt man hingegen kaum auf die Spur.

All das hätte sich der Juwelier Louis-François Cartier, Sohn eines Pariser Pulverhornmachers, bei der Firmengründung im Jahre 1847 nicht einmal im Traum vorstellen können.

Die erste Begegnung mit Uhren hatte Louis-François Cartier 1859, als er eine Reihe historischer Taschenuhren aufkaufte und anschließend an seine betuchte Kundschaft weiterverkaufte. 1874 stieg Sohn Alfred Cartier in das Geschäft ein und begann damit, die Uhrensparte systematisch bis hin zur Herstellung eigener Cartier-Uhren auszubauen. Nur beste Hersteller waren gut genug, Cartier-Uhren liefern zu dürfen, z. B. ab 1893 Vacheron & Constantin oder nach der Jahrhundertwende auch Audemars Piguet.

1899 erfolgte die Geschäftsverlegung in die erste Luxus-Einkaufsstraße der Welt, die Pariser Rue de la Paix, wo sich damals die bedeutendsten Juweliere und Modehäuser ein Stelldichein gaben. Um die Jahrhundertwende betrug der Jahresgewinn erstmals mehr als eine Million Francs. Sohn Louis Cartier, ein genialer Designer und Liebhaber alter Uhren des 18. Jahrhunderts, trat in die Firma ein und beschloß, eine eigenständige Uhrenfertigung aufzubauen. Die Heirat mit Andrée-Caroline Worth, der Tochter des damals wohl berühmtesten Modeschöpfers, bescherte ihm als Mitgift die künftige Klientel in Form der exklusiven Kundenkartei.

Die Begegnung und Freundschaft Louis Cartiers mit dem brasilianischen Flugpionier Alberto Santos-Dumont kann als eine Sternstunde in der Geschichte des Armbanduhrendesigns bezeichnet werden. Die Klage des Brasilianers über die nur mangelhafte Tauglichkeit von Taschenuhren im Flugzeug-Cockpit beflügelte Cartier, eine Armbanduhr zu entwerfen, die Santos-Dumont während seines Rekordfluges im Jahre 1907 begleitete. Das damals herausragende, fortschrittliche Design der ›Santos‹ hat bis in die Gegenwart Bestand. Der Erfolg führte 1908 zur Eröffnung von Filialen in Petersburg und New York, wobei der fünfstöckige Morton-Plant-Palast an der Fifth Avenue durch ein mit 128 Orientperlen besetztes Collier bezahlt wurde.

Auch weitere Armbanduhren-Designs haben sich bis in die heutige Zeit mit großem, ja ständig steigendem Erfolg gehalten:

■ die 1912 erschienenen Baignoire- und Tortue-Modelle,

■ die 1917 entworfene ›Tank‹, die ab 1919 im Handel erhältlich war,

■ die 1932 für den Pascha von Marrakesch entwikkelte erste wasserdichte Luxusuhr, heute Modell ›Pasha‹ und

■ 1933 die ›Vendôme‹ mit patentierten zentralen Bandanstößen.

Der Tod Louis Cartiers im Jahre 1942 brachte erhebliche Probleme, Orientierungslosigkeit und beinahe das Aus für Cartier mit sich. 1972, 30 Jahre später, begann für Cartier unter einem neuen Management, das als erstes eine Zusammenführung der drei zerstrittenen Stämme in London, Paris und New York bewerkstelligte, ein neuer Aufstieg, begründet auf den legendären Skizzenbüchern eines Louis Cartier.

Damit zeigte sich einmal mehr, daß gutes, funktionales Design zeitlos ist und die hohen Preise, die für frühe Cartier-Modelle bezahlt werden, nicht ganz ungerechtfertigt sind.

Im Jahre 1988 übernahm Cartier zu 60 Prozent die beiden Schweizer Traditionsfirmen Baume & Mercier und Piaget. Ferner wurde ein Teil des Fabrikgebäudes von Longines in St. Imier erworben, um dort eines Tages Cartier-Uhren zu produzieren.

Goldene Cartier-Armbanduhren
aus den Jahren (v.l.n.r.) um 1950, 1960,
1950, 1940, 1940, 1945

Ebel

Eine achtzigjährige Tradition in der Herstellung von Armbanduhren ist noch lange keine Garantie dafür, daß ein Produkt von Anbeginn in aller Munde ist. Den besten Beweis für diese These liefert die in La Chaux-de-Fonds ansässige Uhrenfabrik ›Eugène Blum et Lévy‹, kurz Ebel genannt. Im Jahre 1911 von Eugène Blum ins Leben gerufen (Lévy war übrigens der Mädchenname der Großmutter), beschäftigte man sich in der Fabrique Ebel, wie viele andere Uhrenhersteller auch, als Etablisseur, d. h. man kaufte Rohwerke, remontierte sie, versah sie mit Zifferblättern und Zeigern und schalte die so komplettierten Werke in ebenfalls zugekaufte Gehäuse ein. So entstanden ›Ebel‹-Armbanduhren oder solche, auf deren Zifferblatt der Name eines sonstigen Auftraggebers stand. Denn auch das war bei Schweizer Uhrenfabrikanten nicht unüblich: Uhren im Lohnauftrag für Grossisten oder auch Detaillisten nach deren Wünschen zu fertigen. Maßgeblich war nur, daß die Fabrik und deren Arbeiter Beschäftigung hatten. Auch der Sohn des Firmengründers vermochte infolge der eingefahrenen Strukturen an dieser Familien- und Firmentradition nichts zu ändern. Selbst die Wirren der dreißiger und vierziger Jahre überlebte Ebel, Blum & Cie. auf diese Weise. Erst der Enkel des Firmengründers, Pierre-Alain Blum, beschloß auf heftiges Drängen seines Vaters hin, seinen wohldotierten Job in den Vereinigten Staaten von Amerika aufzugeben und in den Familienbetrieb einzusteigen. Diesen krempelte er nach dem Ausscheidens des Vaters gründlich um, indem er auf moderneres Management, zeitgemäße Produkte und effektive Verkaufsstrategien setzte. Im Jahre 1973 kaufte Pierre-Alain Blum seinem Vater 70 Prozent des Unternehmens ab, 1975 gehörte ihm Ebel alleine. Von 1975 bis 1988 wuchs die Belegschaft von 40

auf 700 Mitarbeiter, der Umsatz stieg innerhalb von 15 Jahren um den Faktor 61. Maßgeblich für den Erfolg waren jedoch nicht nur die unter eigenem Namen hergestellten Armbanduhren. Weit gewichtiger war ein zu Beginn der siebziger Jahre mit Cartier geschlossener Kooperationsvertrag zur Produktion von Cartier-Armbanduhren in La Chaux-de-Fonds, der bis in die Gegenwart Bestand hat.

Neben Armbanduhren der sportlichen Linie führt Ebel heute eine ganze Reihe mechanischer Modelle in seiner Kollektion, darunter Armbanduhren mit Chronograph und/oder ›ewigem‹ Kalender oder solche mit Weltzeitindikation.

ETA / Eterna

Gegen Mitte des vorigen Jahrhunderts begann sich die Uhrenindustrie von Biel aus langsam nach Osten hin auszubreiten. Um junge Uhrmacher zur Gründung und Ansiedlung eigener Unternehmungen zu motivieren, gewährten verschiedene Gemeinden

285

Steuererleichterungen. So auch die Gemeinde Grenchen, wo in späteren Jahren die meisten Ebauches der Schweiz hergestellt wurden. Hintergrund der Bemühungen um Ansiedlung einer leistungsfähigen Ebauches-Industrie war die permanente Gefahr der Arbeitslosigkeit, die über der strukturschwachen Region schwebte. Andererseits richtete die Gemeinde 1851 eine Lehrlingsschule ein, um den jungen Leuten die Veredelung von Rohwerken beizubringen, und förderte somit Fähigkeiten, die eigentlich in eine ganz andere Richtung gingen. Dennoch erwies sich die Entscheidung im nachhinein als richtig, da sie auch die Errichtung von Betrieben zur Herstellung fertiger Uhren begünstigte.

Im Jahre 1852 vollzogen in Grenchen Dr. Girard, dessen Bruder Euseb Girard und Rechtsanwalt Kurz die Gründung der ersten Ebauches-Fabrik, die in einer aufgelassenen Parkettfabrik ihr Zuhause fanden.

Bereits 1855 kam es wieder zur Auflösung dieses Unternehmens. Ein Jahr später, 1856, tat sich Dr. Girard mit Urs Schild zusammen, um die Ebauches-Fabrikation in Grenchen aufrechtzuerhalten. Auch ein eigenes Fabrikgebäude entstand damals. Zehn Jahre später wurde Urs Schild durch Übernahme der Girardschen Anteile alleiniger Inhaber der Ebauches-Fabrik ETA, in die allerdings noch sein jüngerer Bruder Adolf Schild eintrat und bis 1896 mitarbeitete, dem Jahr der Gründung seiner eigenen Ebauches-Fabrik AS. Bereits 1870 wurden mehr als dreihundert Mitarbeiter beschäftigt, und im Jahre 1884 folgte die Installation der ersten Dampfmaschine. Nach dem Tode von Urs Schild vollzogen die Eigner 1891 die Umwandlung des Unternehmens in eine Kollektivgesellschaft, die Gebr. Schild & Cie. Ab dem Jahre 1903 lieferte ein Gasmotor die Energie für die elektrische Beleuchtung.

Im Jahre 1929, zu Beginn der Weltwirtschaftskrise, produzierte die ETA, Fabrique d'Ebauches Schild Frères & Co., mit 880 Mitarbeitern insgesamt 1 193 000

Fabriques

"ETERNA"

Schild Frères & Cie

Grenchen

Bracelets ancre et cylindre,
avec attaches mobiles
Brevet N° 29,976

H 11140 C   Montres de précision   3199

Rohwerke. Daneben stellte die ebenfalls 1856 von Urs Schild gegründete Präzisionsuhren-Fabrik Eterna, Schild Fréres & Co., seit 1875, zumeist unter Verwendung reservierter ETA-Ebauches, komplette Uhren her, die unter dem Namen Eterna auch in den Handel gelangten. Im Jahre 1932, einem sehr schwierigen Jahr für die Schweizer Uhrenindustrie, gliederte die Schild & Cie. ihre Rohwerkeproduktion ETA der Ebauches A.G. an, während die Uhrenfabrikation als Fabrique d'Horlogerie Eterna S.A. zunächst ihre Eigenständigkeit behielt, dann aber unter das Dach der ASUAG (Allgemeine Schweizerische Uhrenindustrie A.G.) gelangte, wie z. B. auch die Marken Certina, Longines oder Rado.

Berümtheit erlangten ETA und Eterna im Jahre 1948 durch die Einführung eines kugelgelagerten Zentralrotors bei Armbanduhren mit automatischem Aufzug, der besondere Langlebigkeit der Rotorlagerung versprach. Derzeit sind alle geschäftlichen Aktivitäten der ehmaligen Ebauches S.A. unter dem Namen ETA S.A. zusammengefaßt. Hergestellt werden sowohl elektronische wie auch in wieder stark steigendem Maße mechanische Uhrwerke. Die ETA S.A. wie auch die einst zur ASUAG gehörenden Firmen sind heute, allerdings unter Beibehaltung ihrer jeweiligen Markennamen, im umfassenden SMH-Konzern aufgegangen. Eterna hat indes wieder seine Eigenständigkeit erlangt.

Excelsior Park

Weit mehr als hundert Jahre ist es her, seit Jules-Frédéric Jaenneret, ein junger Handelsangestellter aus dem Val-de-Ruz, 1866 im Quartier Malathe der Ortschaft St. Imier einen Uhrenladen eröffnete. Sein besonderes Interesse galt von Anfang an der Konstruktion von Uhren zum Zwecke der Kurzzeitmessung, ein Bereich, der von seinen Nachfolgern konsequent gepflegt wurde und der Firma Excelsior Park später Weltgeltung verschaffte.

Im Jahre 1888 übernahmen die drei Söhne das Geschäft. Sie erkannten wie schon der Vater die Bedeutung der Kurzzeitmessung für die sportlichen Ambitionen der heranwachsenden Generation. So produzierten sie in ihrer Manufaktur ab 1890 neben einfachen Taschenuhren vor allem auch Chronographen und Stoppuhren.

Der Betrieb zählte 30 Mitarbeiter, für die als besondere soziale Leistung eine eigene Krankenkasse mit der Stammeinlage von 300 Franken, einer damals sehr stattlichen Summe, eingerichtet wurde.

Unter dem Firmennamen ›L'usine à vapeur du parc, Jeanneret & frères‹ beantragte Albert Jeanneret 1891 das Patent für einen Chronographen. Jener Albert Jeanneret verließ 1893 die Firma und übertrug die Leitung seinen beiden Söhnen. Einer von ihnen, Constant Jeanneret-Droz, schied dann 1901 aus und erwarb 1912 die ebenfalls auf Chronographen spezialisierte Uhrenfabrik Leonidas. Der verbleibende Henri Jeanneret-Brehm eröffnete 1909 im Vallée de Joux eine Filiale, um dort Repetitionsuhren herzustellen, ein Unterfangen, das sich jedoch als wenig erfolgreich zeigte, weil die Nachfrage wegen der Verbreitung der elektrischen Beleuchtung ständig abnahm.

Herren-
armbanduhren
mit
Chronograph
und
30-Minuten-
Zähler von
Excelsior Park

1930 brachte Excelsior Park, bereits seit 14 Jahren unter der Leitung der Söhne Henri Jeanneret-Brems, einen mehrsprachigen Katalog mit 38 Seiten Umfang heraus. Im Angebot waren spezielle Uhren für die Sportzeitmessung. Daneben produzierte Excelsior Park als Manufaktur eigene Chronographen-Rohwerke, die wegen ihrer Qualität auch von anderen bedeutenden Uhrenfabriken zugekauft wurden. Bis zur Liquidation der Firma im Jahre 1984 wurden die bewährten Kaliber unverändert hergestellt und die Teile für den Chronographen-Mechanismus Stück für Stück von Hand eingepaßt.

1933 und 1936 übernahm Excelsior Park wegen seiner großen einschlägigen Erfahrungen die Zeitmessung anläßlich der Skiweltmeisterschaft in Innsbruck. Schließlich erhielt Excelsior Park 1964 für seine langjährigen Bemühungen den 1. Preis der schweizerischen Fédération Horlogère in der Kategorie ›Uhren für Wissenschaft und Industrie‹.

Die Firma Flume in Essen erwarb 1986 die Markenrechte und brachte 1987 neue Serien mechanischer Armbandchronographen unter dem alten Namen ›Excelsior Park‹ heraus.

Girard-Perregaux

Als Gründungsjahr wird in offiziellen Chroniken zur Schweizer Uhrmacherei zwar 1791 genannt, doch mußte noch geraume Zeit ins Land gehen, bis in die Annalen der Uhrenmanufaktur auch der Name Girard-Perregaux gelangte:

Da ließen sich auf der einen Seite im Genf jenes Jahres 1791 der damals erst 19jährige Uhrmacher und Juwelier Jean-François Bautte und der Uhrmacher Mouliné gemeinsam nieder, um unter dem Namen Mouliné & Bautte besonders flache Uhren sowie Schmuckuhren herzustellen. Später kam noch der Uhrmacher Moynier hinzu, mit dem Bautte nach dem Ausscheiden Moulinés als Bautte & Moynier firmierte. Nach dem Tode Jean-François Bauttes 1837 ging das Geschäft bis 1906 durch die Hände verschiedener Eigner.

Auf der anderen Seite arbeitete etwa ab 1850 in der Ortschaft La Chaux-de-Fonds der junge Uhrmacher

Constantin Othenin Girard zunächst mit C. Robert zusammen. Im Jahre 1856, nach seiner Eheschließung mit Marie Perregaux, der Schwester des vorzüglichen Chronometermachers Henri Perregaux aus Le Locle, kam es zur Gründung der Firma Girard-Perregaux.

Die Symbiose vollzog sich 1906, als Girard-Perregaux die frühere Firma des Jean-François Bautte dazukaufte und damit die Verbindung zum Jahr 1791 hergestellt wurde.

Präzision bestimmte von Anfang an die Maximen der Manufaktur. So gewann Girard-Perregaux zwischen 1866 und 1876 mehrere Male die vom Observatorium in Neuchâtel eingerichteten Chronometerwettbewerbe. Ferner erhielt die Manufaktur zwischen 1867 und 1910 viele Preise und Auszeichnungen für ihre vorzüglichen Chronometer. Insbesondere sorgten die Taschen-Chronometer mit 3-Brücken-Werk und Tourbillon immer wieder für Aufsehen.

Die Geschichte der Armbanduhr hat Girard-Perregaux zweifellos in besonderer Weise mitbestimmt, denn um 1880 produzierte man in La Chaux-de-Fonds auf Bestellung der deutschen Kriegsmarine die vermutlich ersten Serien-Armbanduhren überhaupt.

In der Zeit nach dem Ersten Weltkrieg wurde es eher ruhig um Girard-Perregaux. Erst in den fünfziger Jahren (1957) fand eine besondere Armbanduhr mit automatischem Aufzug, dem System ›Gyromatic‹, große Beachtung, und 1965 brachte die Manufaktur das erste mechanische Hochfrequenz-Werk auf den Markt, dessen Unruh mit 36 000 Halbschwingungen pro Stunde arbeitete. Armbanduhren mit diesem Werk erzielten besonders gute Gangergebnisse und wurden als ›Chronometer HF‹ auch mit einem offiziellen Gangzeugnis verkauft.

Im Jahre 1966 richtete Girard-Perregaux ein Forschungslabor zur Entwicklung von Quarzwerken ein, dessen Arbeit 1970 durch die erste industriell gefertigte Quarzuhr der Schweiz gekrönt wurde. Damit verschwanden mechanische Uhrwerke für beinahe

20 Jahre aus den Armbanduhren der Manufaktur. Dem allgemeinen Trend folgend, sind heute Quarz- und mechanische Werke nebeneinander im Verkaufsprogramm. Die mechanischen Werke sind allerdings zugekauft und nicht mehr, wie in früheren Jahren, Girard-Perregaux-eigene Manufaktur-Kaliber.

Im Jahre 1989 erwarb Francis Besson, bis dato Generaldirektor der Firma, aus dem Besitz des Züricher Handelshauses Desco von Schulthess 80% des Aktienkapitals der Girard-Perregaux S.A. Gleichzeitig wurde eine weitere Firma ins Leben gerufen, die GP Manufacture S.A., deren Aufgabe es ist, neue Uhrwerke zu entwickeln, herzustellen und an die Aktionäre sowie einige ausgewählte Uhrenfirmen zu liefern. Das Aktienkapital dieser Gesellschaft liegt zu 55% bei Girard-Perregaux und zu 45% bei Bulgari, dem bekannten römischen Juwelier, der seine Uhren nun ausschließlich mit Girard-Perregaux-Uhrwerken bestückt.

Glashütter Armbanduhren

Als Mekka deutscher Präzisionsuhrmacherei gilt seit der Gründung der Uhrenmanufaktur A. Lange & Söhne im Jahre 1845 das in der Nähe der sächsischen Metropole Dresden gelegene Städtchen Glashütte.

F. A. Lange hatte 1815 in Dresden als Sohn eines armen Büchsenmachers das Licht der Welt erblickt. Um die große Not und Arbeitslosigkeit, die um 1840 im Erzgebirge herrschte, lindern zu können, wandte sich Lange in mehreren Briefen an seine Regierung mit der Bitte, ihn bei der Errichtung einer Uhrenproduktion zu unterstützen. Der Plan wurde durch einen am 31. Mai 1845 zwischen ihm und dem Kgl. Sächsischen Ministerium des Inneren geschlossenen Vertrag Realität, und am 8. Dezember 1845 startete Lange mit einem Mitarbeiter und 15 Lehrlingen. Im

Jahre 1868 firmierte sich das Unternehmen, welches inzwischen ungefähr 100 Personen beschäftigte, in ›A. Lange & Söhne‹ um. (Genau zehn Jahre später nahm in Glashütte die berühmte ›Deutsche Uhrmacherschule‹ ihren Unterrichtsbetrieb auf.)

Wenn sich A. Lange & Söhne auch hauptsächlich auf die Herstellung von Präzisions-Taschenuhren und Marinechronometern spezialisiert hatte, dürfen doch die während des Zweiten Weltkrieges an die Deutsche Luftwaffe gelieferten Flieger-Armbanduhren mit großem Taschenuhrwerk nicht unerwähnt bleiben. Daneben gab es bis 1945 auch eine ganze Reihe ›ziviler‹ Armbanduhren, in denen jedoch neben Glashütter Rohwerken häufig auch Schweizer Ebauches, z. B. von Altus, ihren Dienst versahen.

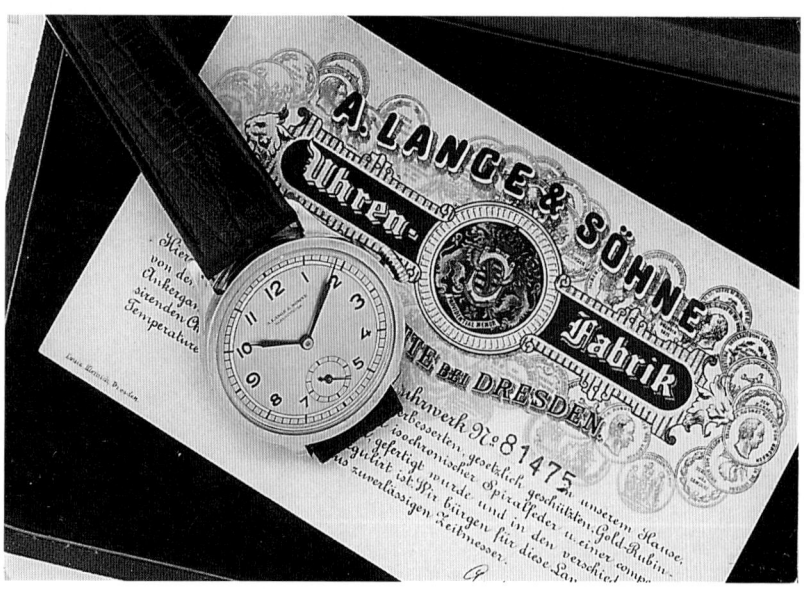

Die Herstellung kompletter Armbanduhren und eigener Rohwerke (um von der Schweiz unabhängig zu sein) hatten sich hingegen die am 7. Dezember 1926 von der Girozentrale Sachsen gegründeten Firmen

›UFAG – Uhrenfabrik Glashütte AG‹ und ›UROFA – Uhren-Rohwerke-Fabrikation Glashütte AG‹ zum Ziel gesetzt.

Durch den Erwerb einer kleinen Schweizer Uhrenfabrik und den Transfer der Maschinen und Werkzeuge nach Glashütte war der Start einerseits sichergestellt, andererseits fehlten anfänglich einschlägige Erfahrungen mit dem neuen Uhrentyp und der Rohwerkefabrikation. Diese sammelte man, indem zunächst mit der Remontage einfacher Taschenuhren begonnen wurde. Auch nachdem die Rohwerke- und Armbanduhrenfertigung in den dreißiger Jahren langsam in Gang gekommen war, konnte man sich in Glashütte nur Schritt für Schritt von der Zulieferung Schweizer Hemmungen, Unruhen und Aufzugsteile lösen. Doch nach und nach entstanden recht brauchbare Kaliber, wie z. B. das gefragte Kaliber 54 für Damenuhren oder das berühmte 9 x 13linige Raumnutzwerk Kaliber 58 (hergestellt von 1934 bis 1941), das auf möglichst groß dimensionierte Bauteile hin konzipiert war. Die militärischen Erfordernisse des 1939 ausgebrochenen Zweiten Weltkrieges bedingten erhebliche Anstrengungen zur Konstruktion eines eigenen Armbandchronographen-Kalibers. Vor allem waren Zuverlässigkeit und Ganggenauigkeit unter widrigsten Umständen gefragt. Bereits 1941 war das Urofa Kaliber 59 mit Chronograph und 30-Minuten-Zähler zur Serienreife gediehen. Eingeschalt in ein verschraubtes, bis 1,5 Atmosphären wasserdichtes Stahlgehäuse, bewährte sich der Armbandchronograph ›made in Germany‹ während des Weltkrieges dann glänzend.

Die Produkte der UFAG, ausschließlich unter Verwendung von Rohwerken der UROFA, gelangten unter dem Namen ›Tutima Glashütte‹ in den Uhrenhandel, wobei nur ausgewählte Konzessionäre mit diesen Glashütter Armbanduhren beliefert wurden. Der weitaus größte Teil der UROFA-Rohwerke ging indes an Uhrenfabrikanten in Pforzheim.

Nach dem Ende des Zweiten Weltkrieges konnte man in Glashütte u. a. auch wegen der Demontage der Maschinen durch die Russen nur mehr beschränkt an die große Uhrmachertradition der Vorkriegszeit anknüpfen. Trotzdem wurden schon 1946 die ersten Nachkriegskaliber vorgestellt. Am 1. Juli 1951 kam es dann zur Gründung der VEB ›Glashütter Uhrenbetriebe – GUB‹, in denen alle Aktivitäten der ehemaligen A. Lange & Söhne, UROFA und UFAG aufgingen. Von 1951 bis 1958 wurden u. a. das aus dem ehemaligen Kaliber 58 (s. o.) weiterentwickelte Kaliber 62 sowie von 1955 bis 1961 das aus dem Chronographen-Kaliber 59 hervorgegangene Kaliber 64 produziert. Auch das ehemalige Damen-Kaliber 54 (1931 bis 1940) lebte in Form des modifizierten Kalibers 63 von 1953 bis 1969 wieder auf. Schließlich kamen 1959 die ersten Automatik-Kaliber auf den Markt, die in weiterentwickelter Form ab 1964 unter dem Namen ›Spezimatic‹ erhältlich waren.

IWC

Ungewöhnlich an der Geschichte der International Watch Company, kurz IWC genannt, ist vieles: angefangen bei mehreren (Beinahe-)Konkursen, die in der Firmengeschichte zu finden sind, bis hin zum Firmensitz im deutschsprachigen Rheinstädtchen Schaffhausen.

Den Grundstein zur Firmengründung legte der Amerikaner F. A. Jones in der Absicht, für den amerikanischen Markt bestimmte Taschenuhren kostengünstiger in der Schweiz produzieren zu lassen. In Schaffhausen traf er auf den gebürtigen Schaffhauser Johann Heinrich Moser. Von Beruf Uhrmacher, hatte jener nach Gründung einer Uhrenfabrik in Le Locle immer wieder versucht, in seiner Heimatstadt die Industrialisierung durch neuartige Ausnützung der Wasserkraft zu forcieren, allerdings mit wenig Erfolg. Die kleinen Firmen betrieben ihre Maschinen über große Wasserräder, und dabei sollte es bleiben. Erst als eine Wasserknappheit des Rheines die Räder stillstehen ließ, besann man sich auf J. H. Moser und seine Ideen. Nach der Errichtung eines Staudammes floß das Wasser durch Turbinen. Die Bewegungsenergie gelangte über Seilzüge zu den Betrieben.

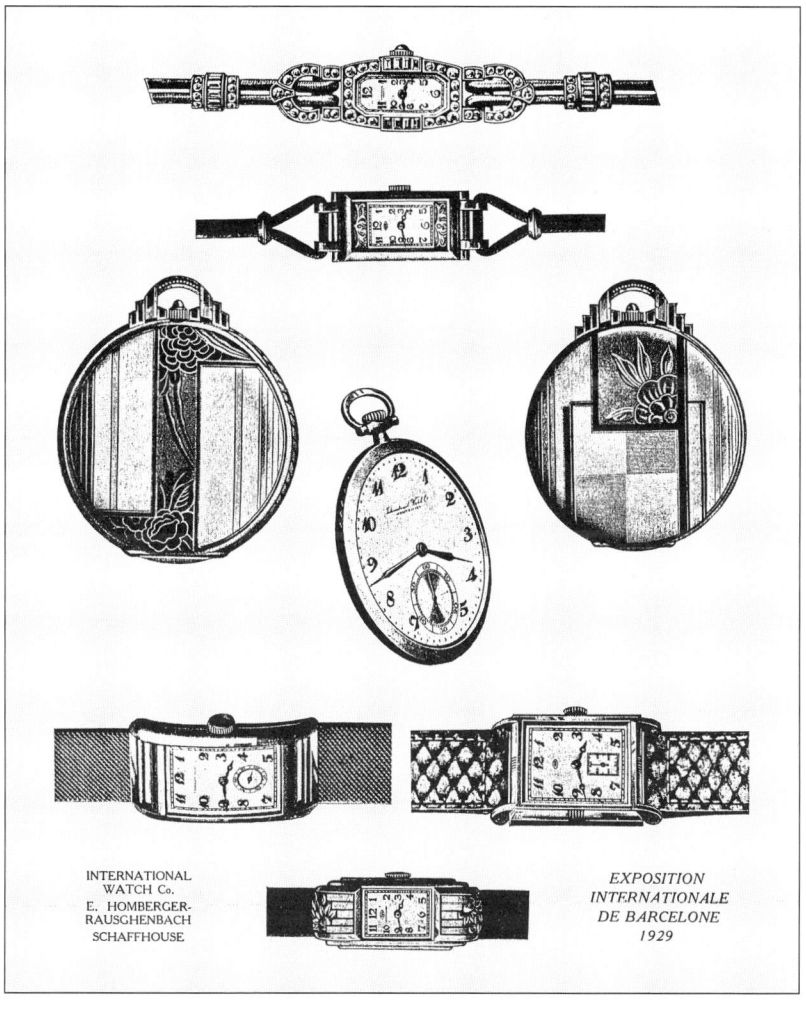

INTERNATIONAL
WATCH Co.
E. HOMBERGER-
RAUSGHENBACH
SCHAFFHOUSE

*EXPOSITION
INTERNATIONALE
DE BARCELONE
1929*

Die nun im Überfluß vorhandene Energie erforderte wiederum dringend eine Industrieansiedlung, u. a. in Form einer Uhrenfabrikation, die F. A. Jones und J. H. Moser 1868 in die Tat umsetzten. Den Namen hatte Jones schon vorher in den USA festgelegt: International Watch Company. Das Firmenkonzept zielte auf die Produktion von mindestens 10 000 Uhren jährlich, die in Amerika ihre Käufer finden sollten. Doch alles gestaltete sich schwieriger als ursprünglich geplant. Das Geld ging aus, und Jones mußte mit Hilfe der Handelsbank eine Aktiengesellschaft gründen, die Anteile an IWC übernahm, um den Betrieb fortzuführen. Eine Betriebsprüfung zur Jahreswende 1874/75 ergab, daß innerhalb eines Jahres lediglich rund 4000 und nicht die versprochenen 10 000 Uhren die Fabrik verlassen hatten. Darüber hinaus hatte Jones einen Neubau für 220 000 Franken in Auftrag gegeben. Der erste Konkurs stand vor der Tür, dessen Folgen sich Jones elegant durch Flucht entzog. Die Handelsbank erwarb alle Anteile, setzte den Amerikaner Ferdinand F. Seeland als Direktor ein und sorgte so dafür, daß es weiterging.

Seeland, der weder Deutsch noch Französisch sprach, eroberte neue Märkte, führte neue Werkskaliber ein und sorgte dadurch kurzfrist für Erfolge. Der Geschäftsbericht 1878/79 mußte jedoch mit der traurigen Feststellung eröffnet werden, daß sich F. F. Seeland ohne Anzeige nach Amerika abgesetzt hatte. Zudem ergab eine Buchprüfung durch den Aktionär Johannes Rauschenbach die erneute Zahlungsunfähigkeit.

Daraufhin kaufte dieser das Unternehmen für 280 000 Franken, was knapp die Hälfte seines Wertes ausmachte, und brachte IWC trotz mehrerer erheblicher Krisen bis 1978 weitestgehend in Familienbesitz. Allerdings wurde IWC 1971 in eine Familien-Aktiengesellschaft umgewandelt. Im Jahre 1978 erfolgte die Übernahme durch die Instek A.G., eine Tochter des deutschen Tachometer-Herstellers VDO.

Die vielen Krisen in der Geschichte der International Watch Company dürfen dennoch nicht darüber hinwegtäuschen, daß in Schaffhausen über Jahrzehnte hinweg Vorzügliches auf dem Gebiet der Uhrmacherei geleistet wurde. Viele herausragende Werkskaliber wurden in der Manufaktur entwickelt und über lange Zeiten hinweg hergestellt.

Bereits während des Ersten Weltkrieges entstanden Armbanduhren für Offiziere. Zu Zeiten des Zweiten Weltkrieges und danach machte sich IWC durch seine bewährten Flieger-Armbanduhren mit antimagnetischem Innengehäuse einen Namen. 1953 war ein eigenständiges Automatik-Werk für Armbanduhren, das Kaliber 89, zur Serienreife gediehen, welches mit leichten Modifikationen über mehrere Jahrzehnte hinweg verwendet wurde.

Auch heute werden bei IWC weiterhin mechanische Armbanduhren produziert, allerdings zumeist unter Verwendung zugekaufter Fremd-Kaliber.

Jaeger-LeCoultre

Wie weit die feinmechanische Tradition in der im abgeschiedenen Jouxtal beheimateten Familie LeCoultre zurückgeht, läßt sich mangels differenzierter Aufzeichnungen nicht feststellen. Doch beschäftigte sich bereits Jacques LeCoultre in der zweiten Hälfte des 18. Jahrhunderts mit der Uhrmacherei und der Verfeinerung von Stahllegierungen. Sein 1803 geborener Sohn Antoine LeCoultre, ein begnadeter Uhrmacher und technisches Genie, gründete 1833 in Le Sentier, am westlichen Ende des Jouxsees, die Firma LeCoultre. In aller Munde war Antoine LeCoultre ab 1844 durch die Erfindung des Millionometers, eines Gerätes, mit dem erstmals auf den tausendstel Millimeter genau gemessen und dadurch die Präzision in der Uhrmacherei gewaltig gesteigert werden konnte.

Eine Voraussetzung für die später so wichtige Austauschbarkeit der Teile bei Serienuhren war durch die Erfindung des Millionometers geschaffen. Es folgten weitere bedeutende Maschinen für die Uhrmacherei, die überall Anerkennung fanden.

Entsprechend der langen uhrmacherischen Tradition im Vallée wurden bei LeCoultre zunächst jedoch keine fertigen Uhren, sondern Teile und Rohwerke für renommierteste Etablisseure, darunter schon bald nach deren Gründung auch Patek Philippe und Audemars Piguet, gefertigt.

Um den anspruchsvollen Kunden immer wieder interessante Neuigkeiten anbieten zu können, unternahm LeCoultre stets erhebliche Anstrengungen zur Entwicklung exklusiver Rohwerke. Spezialität waren besonders flache und kleine Kaliber. Das um die Jahrhundertwende flachste Uhrwerk der Welt kam von LeCoultre und war nur 1,38 mm hoch. Ein Chronographen-Werk war mit 2,8 mm und ein Repetitionswerk mit 3,2 mm Höhe erhältlich.

Anzeige der Uhrenfirma Jaeger-LeCoultre, um 1940

Zwischen 1860 und 1925 verließen einer werksinternen Statistik zufolge allein 60 000 Uhrwerke mit verschiedensten Komplikationen die Fabrik. Die Statistik der Uhrenindustrie im Kanton Vaud weist LeCoultre & Co. im Jahre 1889 mit 100 Beschäftigten als größten Arbeitgeber aus, der zudem eine Dampfmaschine besaß, um die vielfältigen Maschinen antreiben zu können.

Im Jahre 1925 fusionierte der Enkel des Firmengründers, Jacques-David LeCoultre, das Unternehmen mit dem des Elsässer Uhrenfabrikanten Edmond Jaeger, der u. a. Cartier und die französische Marine beliefert hatte. Nach dem Zusammenschluß folgten weitere außergewöhnliche Entwicklungen, wie z. B. 1926 das ›zweistöckige‹ Uhrwerk namens ›Duoplan‹. 1929 kam Jaeger-LeCoultre mit einer eigenen Armbanduhr mit kratzfestem Glas auf den Markt. Im gleichen Jahr war das bis heute kleinste mechanische Uhrwerk in den Maßen 4,85 x 14 mm zur Serienreife entwickelt.

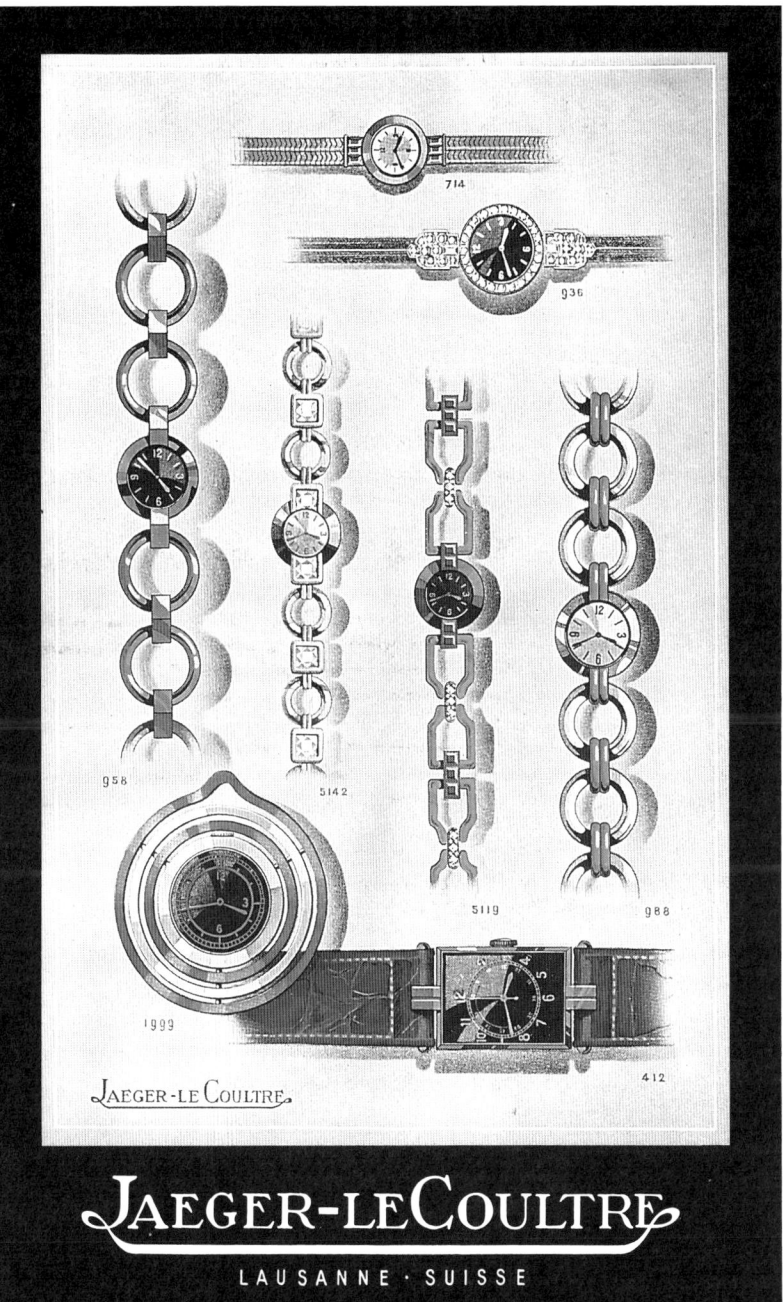

Einschließlich Zifferblatt wog es weniger als ein Gramm. Zwei Jahre später konnte eine Armbanduhr vorgestellt werden, die in Sammlerkreisen auch heute noch zu den absoluten Klassikern zählt: das Modell ›Reverso‹, bei dem das Glas durch Drehung des Gehäuse-Mittelteils um 180 Grad zu schützen war.

Nach dem Zweiten Weltkrieg überraschte Jaeger-LeCoultre 1953 zunächst mit der ›Futurematic‹, einer Armbanduhr mit Gangreserveanzeige und hocheffizientem automatischem Aufzug, bei der auf ein Handaufzugssystem gänzlich verzichtet und die Krone am Boden ›versteckt‹ werden konnte. Später folgte das Modell ›Memovox‹ mit Wecker.

Heute gehört Jaeger-LeCoultre mehrheitlich zum VDO-Konzern. Mit rund 40% hat sich zwischenzeitlich auch Audemars Piguet engagiert, um weiterhin uneingeschränkten Zugriff zu den begehrten Rohwerken aus der Fabrik in Le Sentier zu haben.

Junghans

Mit Armbanduhren hatten die 1861 im württembergischen Schramberg gegründeten ›Uhrenfabriken Gebrüder Junghans A.G.‹ anfänglich nichts im Sinn. Zweck des Unternehmens war vielmehr die Herstellung von Holzgestellen, Zeigern, Pendellinsen, Drahthaken, Scharnieren, Holzkästen und sonstigen Bestandteilen für die traditionellen Schwarzwälder Großuhren. Ob sich die Brüder Junghans schon damals mit dem Gedanken trugen, auch komplette Uhren zu produzieren, läßt sich heute nicht mehr mit Sicherheit nachvollziehen. Jedenfalls machte Erhard Junghans im Jahr der Firmengründung seinem 1845 nach Amerika ausgewanderten Bruder Franz Xaver das Angebot, dort Maschinen und Werkzeuge zur Produktion von Uhrenbestandteilen zu besorgen und als Associé in die neue Firma einzusteigen.

1862 trafen zuerst die Maschinen und später der Bruder aus Amerika ein, und es begann die Herstellung von Uhrenteilen auf ›amerikanische‹, also arbeitsteilige Art. Die rationell, aber dennoch paßgenau gefertigten Uhrenteile erfreuten sich bald großer Beliebtheit bei den Heimuhrmachern des hohen Schwarzwaldes. Vier Jahre später zeigte Junghans der königlichen Zentralstelle für Gewerbe und Handel in Stuttgart drei komplette Uhren als Muster einer Uhrenproduktion amerikanischer Art mit rationell herzustellenden Ganzmetallwerken. 1870, im Jahr des Todes von Erhard Junghans, betrug die Tagesproduktion rund 100 Uhren bei einer Belegschaft von 100 Arbeitern und Angestellten.

Die Leitung des Unternehmens übernahm alsbald der Sohn, Kommerzienrat Dr. Ing. h.c. Arthur Junghans, der das anfänglich bescheidene Unternehmen zur größten deutschen Uhrenfabrik machte. Nachdem die Junghans-Prioritäten traditionell auf dem Sektor der Großuhren lagen, verwundert es nicht, daß bald drei Jahrzehnte des 20. Jahrhunderts ins Land gehen mußten, bis bei Junghans die ersten Armbanduhren ›auf Band gelegt‹ wurden. Bei anderen deutschen Uhrenfabrikanten war die Situation kaum anders. Auch noch 1934 wurden in Schramberg lediglich vier verschiedene Armbanduhrenkaliber gefertigt, je ein 8¾- und ein 10½liniges Kaliber mit Anker- oder Zylinderhemmung. Komplizierte Armbanduhrenkaliber gab es zu jener Zeit noch bei keinem deutschen Uhrenhersteller.

Die Zeit nach dem Zweiten Weltkrieg brachte um 1951 das erste Kaliber mit automatischem Aufzug und den Armbandwecker ›Minivox‹ (bereits 1949 zum Patent angemeldet).

Ab 1952 wurde mit der Herstellung besonders präziser Armbanduhren, den ›Junghans-Chronometern‹, begonnen, die alle ein Prüfzertifikat der Uhrenprüfstelle des Landesgewerbeamtes Baden-Württemberg erhielten.

Im Jahre 1954 produzierte Junghans neben 60 000 normalen Armbanduhren stattliche 7 000 Armbandchronometer der Kaliberserie J 82.

Als Glanzstück der Junghansschen Armbandchronometer-Produktion galten die Ende 1957 vorgestellten Automatik-Kaliber J 83 bzw. J 83/1 mit zusätzlicher Datumsanzeige. Besonders stolz war man in Schramberg ferner auf das ebenfalls gegen Mitte der fünfziger Jahre zur Serienreife entwickelte Chronographen-Kaliber J 88, das u. a. in Dienstuhren der deutschen Bundeswehr Verwendung fand.

Armband-Chronometer mit automatischem Aufzug und Datumsanzeige von Junghans, um 1960; 29steiniges Ankerwerk Kaliber J83/1

Mechanische Armbanduhren werden bei Junghans, inzwischen zur Diehl-Gruppe gehörend, seit vielen Jahren nicht mehr hergestellt. Die Quarztechnologie hat auch hier letztlich die Oberhand behalten. Vielleicht gerade deswegen zählen die Junghans-Chronometer und -Chronographen heute zu den begehrten und damit auch teuer gewordenen Sammleruhren.

Longines

Am 14. August 1832 ließ sich Auguste Agassiz, ein 23jähriger Kaufmann, als aktiver Teilhaber des Uhrengeschäfts ›Comptoir Raigne Jeune‹ im Juradorf Saint Imier nieder. Diese ›Comptoir‹ genannten Unternehmungen zur Uhrenproduktion handwerklicher Art kauften Rohwerke ein und übergaben sie zur Feinbearbeitung und Montage in Heimarbeit an Uhrmacher, die nebenbei meist noch kleine Bauernhöfe bewirtschafteten. Die Comptoirs kümmerten sich anschließend um die Vermarktung der auf diese Weise entstandenen Uhren.

Das Geschäft ging so gut, daß das ›Comptoir Raigne Jeune‹ bald zum Comptoir ›Agassiz & Cie.‹ wurde und bereits 1847 der Mitinhaber ausbezahlt werden konnte.

Seine stark nachlassende Gesundheit veranlaßte Auguste Agassiz, sich um einen Nachfolger zu kümmern, der in seinem Neffen Ernest Francillon bald gefunden war. 1854, gerade 20jährig, war dieser bereits verantwortlicher Direktor des Comptoirs, der Onkel stand nur mehr beratend zur Seite. Ernest Francillon stellte trotz blühender Geschäfte bald fest, daß die ›Comptoir-Uhrmacherei‹ alles andere als zeitgemäß war. Es fehlten eine kontinuierliche Qualitätskontrolle, ein zügiger Kundendienst sowie ein praktikables Ersatzteillager. Solange jede fertiggestellte Uhr als handgearbeitetes Einzelstück verkauft wurde, war daran jedoch nicht zu denken. Also handelte Ernest Francillon, der schon lange von einer eigenen Uhrenfabrikation geträumt hatte: Am Ufer des Flüßchens Suze erwarb er das Gelände ›Les Longines‹ (›die länglichen Wiesen‹) und errichtete dort 1866 sein erstes Fabrikgebäude. Die meisten seiner mit Wasserkraft zu betreibenden Maschinen mußte er allerdings selber entwickeln. Ein Jahr später konnten die ersten Uhren produziert werden, signiert ›E.

Francillon, Longines, Suisse‹. Langsam, aber sicher stellte sich auch hier der Erfolg ein. 1880 wurde beim Bundesamt für geistiges Eigentum in Bern der offizielle Schutz der Marke ›Longines‹, 1889 der des Markenzeichens, der geflügelten Sanduhr, beantragt. 1893 erfolgte die Hinterlegung bei der Weltorganisation für geistiges Eigentum.

Schon 1879 hatte Longines mit der Herstellung von Chronographen begonnen, eine Uhrmacherkunst, die bis zur Gegenwart gepflegt wird. Zahllose sportliche Wettkämpfe gelangen durch das 1912 eingeführte ›Fadenriß-System‹ sowie die Verwendung von Longines-Chronographen und -Stoppuhren. Schon einige Jahre vorher, etwa 1905, waren die ersten Longines-Armbanduhren auf den Markt gekommen,

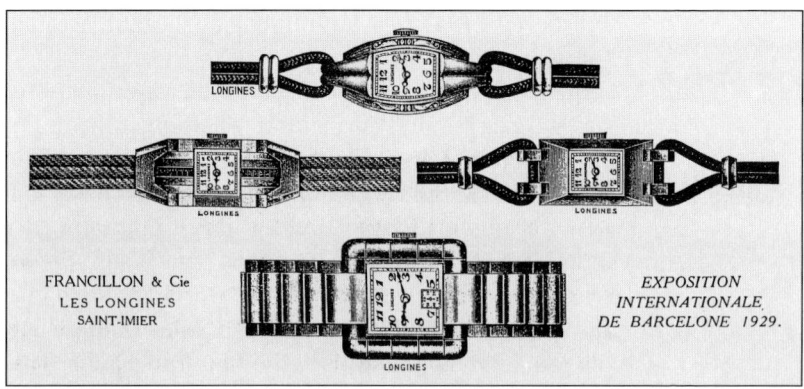

FRANCILLON & Cie
LES LONGINES
SAINT-IMIER

EXPOSITION
INTERNATIONALE
DE BARCELONE 1929.

die sich bald als eine tragende Säule im Longines-Geschäft herausstellten. Eine besonders fruchtbare Zusammenarbeit entwickelte sich mit Charles A. Lindbergh, der am 21. Mai 1927 mit seinem Flugzeug ›Spirit of St. Louis‹ den Atlantik überquert hatte. Mit ihm zusammen erfolgte die Konstruktion einer Stundenwinkel-Armbanduhr, die ab 1932 vielen Piloten die schwierige Navigation auf Überseestrecken erleichterte. Acht Jahre später war der Armband-Siderograph erhältlich, ein auf Sternzeit bezogener

Chronometer, dessen Zifferblatt in 360 Bogengrade geteilt war. Abermals zwei Jahre später, 1944, konnte ein Armband-Chronograph mit 12-Stunden- und, ein Novum, zentral angeordnetem 60-Minuten-Zähler präsentiert werden. Nach dem Ende des Krieges beschäftigte sich Longines u. a. mit der Perfektionierung des automatischen Aufzugs für Armbanduhren bis hin zu einem ultraflachen Kaliber mit zwei Federhäusern, dessen Vorstellung 1977 erfolgte.

Heute gehört Longines zum Schweizer SMH-Konzern (Société Suisse de Microélectronique et d'Horlogerie S.A.). Ein Teil der Liegenschaften wurde inzwischen an die Cartier-Gruppe verkauft.

Movado

›Movado‹ heißt zu deutsch ›Immer in Bewegung‹. Die Sprache, aus der dieser Name entstammt, ist eine künstliche, nämlich die 1887 vom Warschauer Augenarzt Ludwig Zamenhof erfundene Welthilfssprache Esperanto. Doch kann die Uhrenfirma, die 1906 diesen Namen erhielt, auf eine Vergangenheit zurückblicken, die bis zum Jahre 1881 reicht. Da nämlich startete der 19jährige Achille Ditesheim zusammen mit sechs Uhrmachern in La-Chaux-de-Fonds eine kleine Produktionsstätte für Taschenuhren. Angelockt durch den Erfolg der bescheidenen Unternehmung, stießen bald auch die Brüder Leopold und Isidor Ditesheim hinzu. Aus den Anfangsbuchstaben der Vornamen dieser drei Brüder ergab sich dann auch der erste Firmenname: ›L.A.I. Ditesheim‹. Im Jahre 1890 wurden bereits 30 Mitarbeiter beschäftigt, die schwerpunktmäßig Anhänge-, Taschen- und Damenarmbanduhren produzierten. Da eigene Werke zunächst nicht zur Verfügung standen, kaufte die

Fabrik fremde Zylinderwerke zu. Doch bereits um die Jahrhundertwende wurden eigene Rohwerke mit Ankerhemmung entwickelt, die aufgrund ihrer Zuverlässigkeit und Präzision immer wieder Auszeichnungen erhielten. In jenen Jahren kam noch Isaac Ditesheim, der Zwillingsbruder Leopolds, zur Firma, die sich ab 11. Oktober 1906 ›Fabrique Movado‹ nannte. Ein Name, der bis heute Bestand hat, war geboren. Massenproduktion war niemals das Ziel der Uhrenmanufaktur, die im Laufe ihres Bestehens immer wieder für uhrentechnische Sensationen gut war. So wurde 1912 das Uhrwerk ›Polyplan‹ vorgestellt, dessen Besonderheit eine doppelt abgewinkelte Hauptplatine war, um die in Mode kommenden, stark gewölbten Rechteckgehäuse für Armbanduhren mit möglichst großen Uhrwerken ausstatten zu können. Auffallend an Armbanduhren mit diesem Werk ist die Aufzugs- und Zeigerstellkrone bei der ›12‹.

Ebenfalls 1912 wurden die ersten Armbandchronographen vorgestellt, und 1914 wartete die kreative Manufaktur mit einer sogenannten Schützengrabenuhr auf, bei der ein Metallgitter das empfindliche Glas schützte.

Im Jahre 1924 eröffnete Movado eine eigene Agentur in New York und demonstrierte damit, welcher Markt besonders favorisiert wurde. Auch die folgenden Jahre brachten immer wieder Besonderheiten, wie 1925 das Modell ›Valentino‹, 1926 das Modell ›Ermeto‹, eine Etuiuhr, deren Aufzug durch das Öffnen und Schließen des Gehäuses erfolgte, oder 1931 das rechteckige Uhrwerk ›Curviplan‹, dessen Vorderseite aus den schon bei der ›Polyplan‹ genannten Gründen gewölbt war. 1937 ging die ›Cronoplan‹ in Serienproduktion, eine Armbanduhr mit zwei Drehlunetten zum unmittelbaren Ablesen der Zeitdauer einer Begebenheit. Im gleichen Jahr kam auch ein eigenes Chronographen-Rohwerk auf den Markt. Besondere Erwähnung verdient eine Armbanduhr von 1939 mit Chronograph in einem ›Reverso‹-Gehäuse.

Aus dem Jahre 1947 stammt der Entwurf des Designers Nathan George Horwitt für eine ›Armbanduhr ohne Ziffern‹, jedoch einem goldenen Punkt bei der ›12‹. Einer der drei Prototypen wurde 1959 in die ständige Sammlung des New Yorker Museums of Modern Art aufgenommen. Zwischen 1956 und 1960 versuchte Horwitt, 15 verschiedene Uhrenfirmen für sein spektakuläres Uhrendesign zu gewinnen – ver-

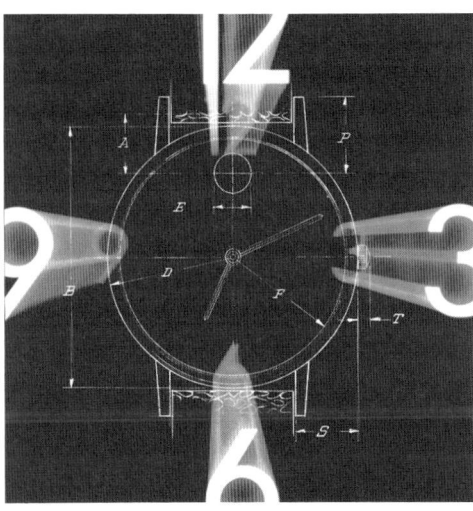

Links:
Design-Studie Nathan George Horwitts zur ›Museum-Watch‹

Rechts:
»Die Heimführung des Zifferblatts auf zwei schnörkellose Zeiger und einem stillen Punkt beeindruckt mich, in der Tat. Die maximale Anpassung der Form an die Funktion.« (Aus einem Brief Gerald Piels, Herausgeber des Scientific American, an Nathan George Horwitt, 1958)

gebens. Dann, 1961, erwarb Movado die Rechte und feierte daraufhin mit dem Modell ›Museum Watch‹ wahre Triumphe.

Im Jahre 1969 gelangte Movado in die Holding ›Mondia – Zenith – Movado‹, aus der die Firma 1984 von der North American Watch Corporation wieder herausgekauft wurde. Der Jahresumsatz lag in jenem Jahr bei 4 Millionen Dollar. Bereits 1987 konnte ein Umsatzsprung auf 60 Millionen Dollar verzeichnet werden. 1988 sorgte Movado mit seiner ›Andy Warhol Times/5‹ wieder einmal, wie so oft in der Firmengeschichte, für beträchtliches Aufsehen.

Omega

›Omega‹, den 24. und letzten Buchstaben des griechischen Alphabets, als Bezeichnung für ein 1894 lanciertes Uhrwerk der Manufaktur von Louis Brandt & Fils zu verwenden, schlug Henri Rieckel, Bankier der Gebrüder Brandt, seinerzeit vor, weil das neue 19linige Kaliber doch den letzten Schrei in der Uhrentechnik verkörpere. Der Erfolg dieser Idee war überwältigend, denn bald darauf hießen alle Uhren der Manufaktur ›Omega‹ und traten unter diesem Namen zu einem beispiellosen Siegeszug um die Welt an.
Doch die Geschichte der Firma ist wesentlich älter als die des Namens Omega:
Im Jahre 1848 gründete der damals 23jährige Louis Brandt an La Chaux-de-Fonds' Prachtboulevard Léopold Robert, unmittelbar neben der Bierhalle Terminus, ein ›Comptoir d'établissage‹, eine Verkaufsstelle für im Lohnauftrag fertiggestellte Uhren, größtenteils Silbertaschenuhren für den englischen Markt. Ein Jahr nach dem Tode des Vaters, 1880, mieteten die Brüder Louis-Paul und César Brandt in Biel die zweite Etage eines Gebäudes an, um dort einen Fabrikationsbetrieb für Uhren aufzuziehen. Be-

reits nach vier Monaten waren die Räumlichkeiten zu klein geworden, und man mußte sich auf das gesamte Gebäude ausdehnen, das man schließlich Ende 1880 samt der im Nebengebäude untergebrachten Dampfmaschine kaufen konnte. 1882 kam ein weiteres Gebäude hinzu, eine ehemalige Weberei, und ab 1885 wurden dort die ersten mit einer Ankerhemmung versehenen Kaliber, Bezeichnung ›Labrador‹, produziert. 1894 folgte das bereits erwähnte Kaliber ›Omega‹, das sich durch die problemlose Austauschbarkeit seiner Teile auszeichnete. Im gleichen Jahr erhielten Chronometer der Marke offizielle Gangscheine der Observatorien Neuchâtel, Genf und Kew-Teddington.

Nur wenige Jahre später, 1902, konnte Omega seinen Kunden die ersten Armbanduhren anbieten. Im Laufe des Ersten Weltkrieges hatten die Omega-Uhren dann ihre erste harte Bewährungsprobe zu bestehen: sie wurden 1917 von der britischen Luftwaffe und 1918 von der amerikanischen Armee als Zeitmesser für die Kampfeinheiten ausgewählt.

Einen wichtigen Schritt in der Firmengeschichte brachte das Jahr 1925, in dem mit Paul Tissot zunächst ein technisch-kaufmännisches Übereinkommen zwischen Omega und der Uhrenfirma Tissot abgeschlossen wurde, das schließlich 1930 zur Gründung der SSIH (Société suisse pour l'industrie horlogère S.A.) mit Sitz in Genf führte. Paul Tissot, der infolge der Oktoberrevolution den russischen Markt für seine Luxusuhren eingebüßt hatte, brachte neben seiner Firma vorübergehend auch sich selbst als kaufmännischen Direktor Omegas ein. Unter dem Dach der SSIH kamen im Laufe der späteren Jahre und Jahrzehnte folgende weitere Firmen zusammen: Lemania, Rayville (Blancpain), Lanco, Cortébert, Marc Favre, Hamilton sowie verschiedene Roskopfuhren Hersteller (u. a. Buler, Continental). Entscheidend für den Ruhm Omegas auf dem Gebiet der Sportzeitmessung war dann das Jahr 1932, als die Manufaktur erstmals mit der Zeitnahme bei Olympischen Spielen beauftragt wurde. Siebzehn weitere Olympische Spiele liefen danach unter Verwendung von Omega-Uhren ab. Gleichfalls 1932 entschieden sich der italienische Luftfahrtminister General Italo Balbo und seine 23 Piloten für Omega Armband-Chronographen, die sie ein Jahr später anläßlich ihres Fluges Rom–Chicago–Rom zur Feier des 10. Jahrestages der Machtergreifung Benito Mussolinis trugen. Weil sich die Chronographen bestens bewährten, avancierte Omega zum Offiziellen Lieferanten der königlich-italienischen Luftfahrt.

Im Jahre 1952 wurde das Modell ›Constellation‹ als Armband-Chronometer serienmäßig eingeführt und bereits 1960 hatten 20 000 in ununterbrochener Serie gefertigte Uhren das begehrte offizielle Gangzeugnis erhalten. Fünf Jahre später wählte die NASA die ›Speedmaster Professional‹ als offiziellen Astronauten-Armbandchronographen aus. Sie begleitete Neil Armstrong auch am 21. Juli 1969, als er seinen ersten Schritt auf dem Mond tat. Gegenwärtig befindet sich Omega zusammen mit vielen anderen bedeutenden Namen unter dem Dach des SMH-Konzerns.

Patek Philippe

Kein anderer Name hat in der Uhrenszene der vergangenen Jahre soviel Aufsehen erregt wie Patek Philippe. Entweder waren es senstionelle Preise, die für alte Uhren dieser Manufaktur bezahlt wurden, oder es konnten spektakuläre Neuentwicklungen präsentiert werden, die bereits ausverkauft waren, bevor sie überhaupt zu den Konzessionären gelangten, oder es erregten die langen Lieferzeiten die Gemüter der Kunden.

Solche Entwicklungen hatten Graf Antoine Norbert de Patek, ein polnischer Emigrant, und sein Landsmann François Czapek sicherlich nicht vorausgeahnt, als sie am 1. Mai 1839 in Genf die Firma Patek, Czapek & Co. ins Leben riefen. Infolge von Unstimmigkeiten zwischen den beiden wurde der Vertrag 1845 nicht mehr verlängert. Bereits ein Jahr zuvor hatte Patek den talentierten französischen Uhrmacher Jean Adrien Philippe, Erfinder des modernen Kronenaufzuges, kennengelernt und ihm die Funktion eines technischen Direktors in seiner Firma angeboten. Jean Adrien Philippe stimmte zu, und so kam es am 1. Mai 1845 zur Gründe der Firma Patek & Co. mit Jean Adrien Philippe und Vincent Gostkowski als weiteren Teilhabern. Zum 1. Januar 1851 wurde die Gesellschaft unter Beibehaltung der Teilhaber in Patek Philippe & Co. umbenannt.

Patek unternahm in jener Zeit weite und beschwerliche Reisen, um die Produkte der Genfer Manufaktur in aller Welt zu verkaufen. Schon bald hatten Kreativität und uhrmacherische Höchstleistungen der Firma international größte Anerkennung verschafft. Viele Persönlichkeiten der Weltgeschichte konnten als Kunden in die berühmten grünen Geschäftsbücher eingetragen werden.

Am 1. Februar 1901 wurde die Firma Patek Philippe, die zu jener Zeit die meisten der verwendeten Rohwerke von LeCoultre in Le Sentier bezog, in eine Aktiengesellschaft (Kapital: 1,6 Millionen Schweizer Franken) umgewandelt und in ›Ancienne Manufacture d'Horlogerie Patek Philippe & Cie. S.A.‹ umbenannt.

Durch den Ausbruch der Weltwirtschaftskrise 1929 büßte Patek Philippe viele der zahlungskräftigen Kunden ein, weswegen man sich 1932 nach einem zahlungskräftigen Mehrheitsaktionär umsehen mußte. Jaques-David LeCoultre, der Rohwerke-Lieferant, bot sich an, doch seine Offerte wurde aus heute nicht mehr bekannten Gründen ausgeschlagen. Dafür kam man mit einem anderen langjährigen Lieferanten ins Geschäft, den Brüdern Charles und Jean Stern von der Zifferblattfabrik Stern Frères.

1932 endete auch die Teilhaberschaft und Mitarbeit Adrien Philippes, Neffe Jean Adrien Philippes und letztes Mitglied der Gründerfamilien. Der neue Vorstandsvorsitzende Jean Pfister traf schon bald nach seiner Amtsübernahme die weitreichende und richtige Entscheidung, daß ab 1933 wieder eigene Rohwerke hergestellt werden sollten.

1934 ging der Amerika-Vertrieb der Patek-Philippe-Uhren und 1958 der Vorstandsvorsitz im Genfer Stammhaus an Henri Stern. Seit 1966 ist dessen Sohn Philippe Stern als Generaldirektor in der Leitung des Hauses tätig.

Goldene
Herrenarm-
banduhren
von
Patek Philippe,
v.l.n.r.:

Modell 1509, ab 1942 her-
gestellt, Handaufzugswerk
Kaliber 12′′′ – 120;
Modell 96, ›Calatrava‹,
1934 – 1951 6497 Stück
hergestellt; das Modell gibt
es auch heute noch; Hand-
aufzugswerk Kaliber
12′′′ – 400;

Modell 2506, hergestellt ab
1951; Handaufzugswerk
Kaliber 10′′′ – 200;
Modell 2551, ab 1954;
Automatik-Kaliber 12′′′ – 600
mit guillochiertem Goldrotor;
Modell 1582, ab 1944 her-
gestellt, Handaufzugswerk
Kaliber 12′′′ – 120

Worin der Erfolg und das Prestige der Marke Patek Philippe im einzelnen begründet sind, vermag niemand so recht zu sagen. Sicherlich gehören in erster Linie die feinen und komplizierten Taschen- und Armbanduhren dazu, auf der anderen Seite aber auch eine gewisse Mystik, die sich um die Produkte und deren Käufer rankt. Jederzeit war man in den Ateliers an der vornehmen Genfer Rue du Rhône bereit, auch die ausgefallensten Kundenwünsche zu befriedigen, Uhren zu konstruieren und anzufertigen, die in ihrer Art einmalig auf der Welt sind. In der Geschichte der Taschen- und später der Armbanduhr gibt es kaum eine Komplikation, die nicht in einer Patek Philippe zu finden wäre. So gesehen erübrigt sich hier eine – ohnehin unvollständige – Aufzählung. Über jede einzelne Patek-Philippe-Uhr wurde und wird in Genf genauestens Buch geführt, so daß sich auch Jahrzehnte später alle Einzelheiten bezüglich deren Herstellung und Verkauf nachvollziehen lassen.

Piaget

Sie kann sich rühmen, daß aus ihren Ateliers die teuerste jemals produzierte Herrenarmbanduhr stammt: diese wurde 1982 für rund 4,5 Millionen DM vermutlich in die Vereinigten Arabischen Emirate verkauft. Sie kann sich ferner rühmen, für die 32 Damen aus dem Harem eines orientalischen Scheichs 32 goldene und brillantbesetzte Armbanduhren geliefert zu haben, die sich lediglich durch ihre Zifferblätter unterschieden. Diese waren, um den Uhren eine individuelle Note zu verleihen, entsprechend den jeweiligen Tapetenmustern in den Gemächern der Damen gestaltet worden. Gemeint ist die 1874 in La Côte-aux-Fées, zu deutsch Feenhügel, gegründete Uhrenmanufaktur Piaget & Co. Dort, im alten Bauernhaus der Piagets, hatte Georges Piaget im genannten Jahr mit der Herstellung von Uhrwerken und fertigen Uhren begonnen, und Co., d. h. seine Familie, half ihm dabei. Ihre ersten 75 Jahre brachte die kleine Firma, jeweils unter der Leitung eines oder mehrerer Piaget, recht bescheiden hinter sich. Es wurde eine geringe Anzahl ausgeklügelter Werke entworfen und zumeist im Lohnauftrag anderer Unternehmen gefertigt. Auf eine Signatur verzichtete Piaget & Co. oftmals, aus Gründen der Diskretion gegenüber seinen zum Teil namhaften Kunden.

So bestimmte eigentlich der Kampf ums Überleben das Tagesgeschäft. Erst nach dem Zweiten Weltkrieg, als die Enkel des Firmengründers, Gérald und Valentin Piaget, ins Unternehmen einstiegen, ging es wirklich aufwärts. Eine Armbanduhren-Kollektion, die den Namen auch verdiente, wurde geschaffen, allerdings zunächst noch unter Verwendung von Rohwerken aus dem Ebauches-Trust, z. B. von ETA.

Der Weg zur Manufaktur wurde ab 1956 eingeschlagen, als das erste ultraflache Piaget-eigene Kaliber 9 P (Durchmesser 9''') fertig war. Im Jahre 1959 folgte das damals flachste Automatik-Kaliber der Welt, das 12linige ›12 P‹ mit einem Mikrorotor aus 24karätigem Gold. Die Gesamthöhe betrug nur mehr 2,30 mm. Mit diesem Werk hielt Piaget die Spitzenposition bis zum Jahre 1978.

Fünf Jahre später wurde die Mehrheit an der Uhrenmarke Baume & Mercier übernommen, und wiederum fünf Jahre später beteiligte man sich am C.E.H. (Centre Electronique Horloger). Von dort kam alsbald in Form des Kalibers Beta 21 eines der ersten Quarzwerke aus Schweizer Produktion, welches sich jedoch eher durch Unförmigkeit als durch Eleganz auszeichnete und damit für die Piagetschen Uhren nur begrenzt geeignet war.

Nach dem Konkurs der Bouchet-Lassale S.A., die 1978 mit 1,2 mm Höhe das flachste Handaufzugswerk und mit 2,00 mm Höhe auch das flachste Automatik-Kaliber aller Zeiten entwickelt und produziert hatte, bzw. deren Übernahme durch Seiko, wurden die Rechte an beiden Kalibern von Piaget erworben und diese, nach verschiedenen technischen Verbesserungen,fortan unter der Bezeichnung ›20 P‹ bzw. ›25 P‹ zur Verwendung in Piaget-Armbanduhren hergestellt. 1987 erzielte Piaget mit einer Jahresproduktion von rund 15 000 Uhren immerhin einen Umsatz von

Piaget-Anzeige aus dem Jahre 1945

PIAGET

162 Millionen. Dennoch trennten sich Christian und Yves Piaget 1988 von 60 Prozent ihrer Anteile an der Piaget Holding S.A. und der Baume & Mercier S.A. Diese gingen an die Cartier Monde S.A., Paris, wie schon zu lesen war. Zum Firmenverbund gehören übrigens auch noch die Zifferblatt-Marken ›Ferrari‹ und ›Yves Saint-Laurent‹.

Neben der Quarz-Technologie werden bei Piaget weiterhin auch die traditionelle mechanische Uhrmacherei gepflegt und Uhrmacher im klassischen Sinn ausgebildet. Man möchte gewappnet sein gegen die wachsende ›Batteriemüdigkeit‹ vor allem der männlichen Kunden und derjenigen aus dem Mittleren und Fernen Osten.

Rolex

Am 22. März 1881, exakt 100 Jahre nach der Erfindung der Chronometerhemmung mit Feder durch Thomas Earnshaw, wurde in Deutschland, im nordbayerischen Städtchen Kulmbach, weltbekannt durch sein vorzügliches Bier, ein Junge geboren, der in seinem späteren Leben die Geschichte der exakten Zeitmessung in gleicher Weise mitbestimmen sollte wie einst Earnshaw. Sein Name: Hans Wilsdorf.

Mit 12 Jahren wurde Wilsdorf bereits Vollwaise, und mit 19 kehrte er im Anschluß an eine kaufmännische Lehre seiner deutschen Heimat den Rücken. Eine erste Bleibe fand er in der industriellen Metropole des Jura, in La Chaux-de-Fonds, bei der Firma Cuno Korten, die sich höchst erfolgreich mit dem Export von Uhren aller Art befaßte, wobei die vertriebenen Uhren zum größten Teil bei Schweizer, deutschen und französischen Fabrikanten zugekauft wurden.

In Hans Wilsdorf wuchs der Unternehmergeist. So packte er 1902 erneut die Koffer, um zunächst in Deutschland seinen Wehrdienst hinter sich zu brin-

gen und ab 1903 in London, damals einem der wirtschaftlichen und sportlichen Zentren der Welt, zunächst als Angestellter eines Uhrenimporteurs tätig
zu werden. Doch ärgerte ihn, daß die Importeure ob
ihrer glänzenden Geschäfte die Qualität der verkauften Uhren völlig zu vernachlässigen begannen. Deshalb gründete Wilsdorf im Jahre 1905 in London den
Uhrengroßhandel Wilsdorf & Davis, die Basis seines
späteren Imperiums. Wegen der starken Konkurrenz
mußte sich Wilsdorf etwas einfallen lassen, um dauerhaft überleben zu können. Dabei fiel sein Blick auf
einen gänzlich neuen Uhrentyp, der zwar noch nicht
ernst genommen wurde, in dem Wilsdorf aber seine
Zukunft sah: die Armbanduhr.

Doch mußte diese nach seiner Auffassung über zwei
entscheidende Merkmale verfügen, nämlich über

Rolex-
Anzeige aus
dem Jahre
1934

1. ein möglichst genaugehendes, unempfindliches
   Werk, das durch seine Qualität und seine Gang-
   eigenschaften den massiven Vorbehalten Paroli
   bieten konnte, sowie

2. ein Gehäuse das einerseits modischen Anforderungen entsprach, andererseits dem Werk aber
   hinreichenden Schutz vor Staub und Feuchtigkeit
   zu bieten imstande war.

Bei seinen Überlegungen fiel Hans Wilsdorf ein Name
ein, dem er in der Schweiz öfter begegnet war: Aegler
in Biel, eine 1878 von Jean Aegler gegründete Uhrenfirma. Dort war schon 1900 ein 11liniges Ankerwerk
zur Serienreife gediehen, das vorzügliche Gangei-
genschaften und Servicefreundlichkeit aufwies. Wilsdorf nahm deshalb Kontakt mit Aegler auf und erhielt
schließlich 1913 das Exklusivrecht, Aegler-Uhren auf
dem englischen Markt zu vertreiben. Bereits 1908
hatte er sich einen Uhrennamen schützen lassen, der
zur Legende werden sollte: ›Rolex‹, einer gesicher-
ten Überlieferung zufolge das Kürzel aus ›horlogerie exquise‹. Doch es dauerte noch einige Zeit, bis
sich der Name auf den Zifferblättern seiner Uhren

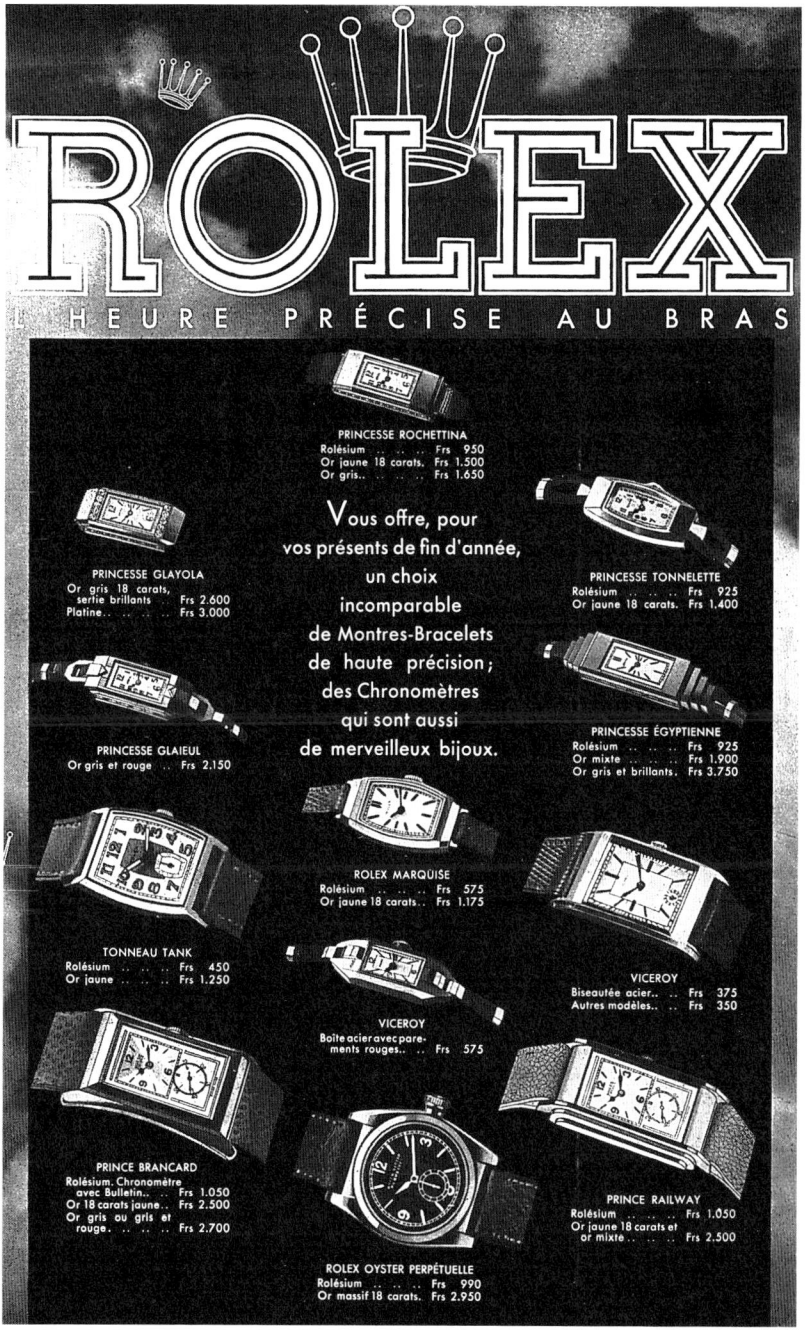

ROLEX

L'HEURE PRÉCISE AU BRAS

PRINCESSE ROCHETTINA
Rolésium .. .. .. Frs 950
Or jaune 18 carats. Frs 1.500
Or gris.. .. .. .. Frs 1.650

PRINCESSE GLAYOLA
Or gris 18 carats,
sertie brillants .. Frs 2.600
Platine.. .. .. .. Frs 3.000

Vous offre, pour
vos présents de fin d'année,
un choix
incomparable
de Montres-Bracelets
de haute précision ;
des Chronomètres
qui sont aussi
de merveilleux bijoux.

PRINCESSE TONNELETTE
Rolésium .. .. .. Frs 925
Or jaune 18 carats. Frs 1.400

PRINCESSE GLAIEUL
Or gris et rouge .. Frs 2.150

PRINCESSE ÉGYPTIENNE
Rolésium .. .. .. Frs 925
Or mixte .. .. .. Frs 1.900
Or gris et brillants. Frs 3.750

ROLEX MARQUISE
Rolésium .. .. .. Frs 575
Or jaune 18 carats.. Frs 1.175

TONNEAU TANK
Rolésium .. .. .. Frs 450
Or jaune .. .. .. Frs 1.250

VICEROY
Biseautée acier.. .. Frs 375
Autres modèles.. .. Frs 350

VICEROY
Boîte acier avec pare-
ments rouges.. .. Frs 575

PRINCE BRANCARD
Rolésium. Chronomètre
avec Bulletin.. .. Frs 1.050
Or 18 carats jaune.. Frs 2.500
Or gris ou gris et
rouge. .. .. .. Frs 2.700

PRINCE RAILWAY
Rolésium .. .. .. Frs 1.050
Or jaune 18 carats et
or mixte.. .. .. Frs 2.500

ROLEX OYSTER PERPÉTUELLE
Rolésium .. .. .. Frs 990
Or massif 18 carats. Frs 2.950

durchgesetzt hatte. Zunächst wünschten die Händler weiterhin ihren Namen auf dem Zifferblatt zu sehen. Mit Beharrlichkeit setzte Wilsdorf durch, daß in den ausgelieferten Sechserkartons eine steigende Anzahl von Uhren mit ›Rolex‹ signiert war. Nichtakzeptanz führte schlicht zu einer Liefersperre.

Bei Ausbruch des Ersten Weltkrieges, Wilsdorf hatte gerade für eine Armbanduhr mit dem 11linigen Aegler-Kaliber das begehrte Chronometerzeugnis ›A‹ der Londoner Sternwarte Kew erhalten, wurden die Londoner Firma in ›Wilsdorf & Davis, Rolex Watch Company‹, die Bieler Firma Aegler in ›Rolex Watch Co., Aegler S.A. Manufacture d'horlogerie‹ umbenannt. Die Wirren des Krieges, damit verbunden extrem hohe Einfuhrzölle auf Uhren, veranlaßten Wilsdorf, seinen Firmensitz zunächst nach Biel, dann ab 1920 nach Genf zu verlegen. Am 17. Januar d. J. gründete Wilsdorf die ins Handelsregister eingetragene ›Montres Rolex S.A.‹, deren alleiniger Inhaber und Direktor er war.

Damit gab (und gibt es bis heute) auf Schweizer Boden zwei selbständige, rechtlich und finanziell voneinander absolut unabhängige Firmen, die jedoch durch den Namen ›Rolex‹ aufs engste miteinander verknüpft waren und noch sind, ähnlich einer Ehe mit Gütertrennung, wie Wilsdorf es später einmal nannte:

- die ›Aegler S. A., Fabrique des Montres Rolex & Gruen Gild A.‹, Biel, zuständig für Entwicklung und Produktion der Uhrwerke, sowie
- die ›Montres Rolex S. A.‹, zunächst hauptsächlich mit Verkauf und Werbung, später zudem mit der Kontrolle und Einschalung der aus Biel gelieferten Werke befaßt.

Drei Bereiche der modernen Armbanduhr haben Hans Wilsdorf und Rolex entscheidend mitbestimmt:
1. die Geschichte des offiziell geprüften Armbandchronometers,

2. die Geschichte der vollkommen wasserdichten Armbanduhr,
3. die Geschichte der Armbanduhr mit automatischem Aufzug.

Alle drei Entwicklungslinien führten in Symbiose schließlich zu der ›Rolex‹, die den Konzern 1985 zum Umsatzmilliardär und mit jährlich 13 Tonnen zum größten industriellen Goldverbraucher der Schweiz beförderte.

Ulysse Nardin

In die Familie der Nardins kam die Uhrmacherei zwar schon durch den 1792 geborenen Léonard Frédéric, doch erst dessen Sohn Ulysse blieb es vorbehalten, gerade 23jährig, die Schweizer Präzisionsuhrmacherei 1846 um (s)einen Namen zu bereichern.
Ulysse Nardin machte bald von sich reden, denn seine Produkte zeichneten sich durch handwerkliches Können und Präzision aus. Doch auch von seinen Lieferanten verlangte Ulysse Nardin stets höchste Qualität. Schon 1862 erhielt die junge Firma für eine ihrer Uhren anläßlich der Weltausstellung in London die höchstmögliche Auszeichnung in Form der ›Price Medal‹. Weitere Medaillen und Preise folgten auf dem Fuß. 1893 lieferte Ulysse Nardin den Schweizer Beitrag für die Weltausstellung in Chicago in Form einer Uhr, deren Gehäusefertigung heute alleine 700 Arbeitsstunden in Anspruch nehmen würde.
Einen besonderen Namen erwarb sich die in Le Locle angesiedelte Manufaktur durch die geschätzten Marinechronometer und Beobachtungsuhren, für die alleine rund 4300 Auszeichnungen verschiedener Observatorien vergeben wurden.
Auf die Armbanduhr als den kommenden Uhrentyp setzte Ulysse Nardin schon bald nach der Jahrhundertwende. Von jeher auch auf sportliche Kund-

schaft eingestellt, brachte die Manufaktur bereits 1912 eine erste Armbanduhr mit Chronograph auf den Markt. Damit reihte sie sich in den Kreis der Schweizer Uhrenfabrikanten ein, die in der komplizierten Armbanduhr ein wichtiges Element zur allgemeinen Durchsetzung des am Handgelenk zu tragenden Zeitmessers sahen. In den dreißiger Jahren umfaßte die Kollektion neben den bewährten Beobachtungs(taschen)uhren und Marinechronometern auch ein breites Spektrum verschiedenster Armbanduhren. Dies setzte sich auch noch in den Jahren nach dem Zweiten Weltkrieg fort, vor allem auch durch die Eroberung fernöstlicher Märkte.

Anzeige der Uhren-manufaktur Ulysse Nardin aus dem Jahre 1941

Als jedoch die Einführung der Zeitsender und später der elektronischen Großuhren den Bedarf an Beobachtungsuhren und Marinechronometern sukzessive gegen null gehen ließ, als die Nachfahren des Ulysse Nardin, von Beruf Rechtsanwälte, die Zeichen der siebziger Jahre nicht richtig erkannten und auch die Märkte für Armbanduhren falsch einschätzten, stand das Ende Ulysse Nardins als Familienunternehmen vor der Tür. Die Lager quollen über mit Armbanduhren, die niemand mehr haben wollte, die Händler zogen sich von der Marke zurück.

Glücklichen Umständen ist es zu verdanken, daß 1982 der Unternehmer Rolf W. Schnyder bereit war, 1,5 Millionen Schweizer Franken in die marode Firma zu investieren und aus dem Namen wieder das zu machen, was er einstmals war.

Dies gelang zunächst nur zögernd, doch mit dem 1984 erstmals der Öffentlichkeit vorgestellten ›Astrolabium Galileo Galilei‹, einer hochkomplizierten astronomischen Armbanduhr, die 1988 auf der Umschlagseite des Guinness-Buches der Rekorde zu finden war, ferner mit der Herstellung von Mondphasenuhren und Armbandchronographen feierte Ulysse Nardin ein bedeutendes Comeback. Ein traditionsreicher Name konnte als gerettet betrachtet werden.

Vacheron & Constantin

Sie gehört sicher zu den traditionsreichsten, wenn auch nicht unbedingt bekanntesten Uhrenmanufakturen der Schweiz, die 1755 in Genf durch den gerade 24jährigen Uhrmacher Jean-Marc Vacheron gegründet wurde, deren endgültiger Name jedoch erst 1819 durch den Eintritt des begüterten Sohns eines Stoff- und Getreidehändlers, François Constantin, zustande kam. Die Gründe dafür sind kurz erläutert: 1789 brachte der Ausbruch der Französischen Revolution einen massiven Rückgang der Geschäfte für Abraham Vacheron, den Sohn des Firmengründers, mit sich, weil die vorwiegend aus französischem Adel bestehende Kundschaft plötzlich andere Sorgen hatte als den Kauf teurer Luxusuhren aus Genf. Mühsam gelangte die Firma ab 1810 in die Hände der dritten Vacheron-Generation unter Jacques-Barthélémy Vacheron. Die Folgen der Revolution in Frankreich hatten allen Genfer Cabinotiers (Uhrmacher, die in ihren Dachzimmern – ›cabinets‹, meist im Stadtviertel St. Gervais am linken Rhôneufer gelegen, Uhren fertigten) schwer zu schaffen gemacht, wie Jacques-Barthélémy Vacheron in jenen Tagen an seinen Vater schrieb: »Du fragst mich, wie die Dinge in Genf stehen... Die Arbeiter waren noch nie in einer solch schlechten Situation... Die meisten Geschäfte sind geschlossen.« Deshalb erschien ihm der Zusammenschluß mit einem finanzkräftigen Partner geboten, eben jenem François Constantin. Letzterer, der als Verkäufer bei der angesehenen Uhrenfirma J. F. Bautte (s. a. Girard-Perregaux) einschlägige Erfahrungen gesammelt hatte, sollte sich fortan um den Vertrieb der Genfer Erzeugnisse kümmern. Durch extravagante und teilweise recht unorthodoxe Methoden gelang es Constantin, »den Karren aus dem Dreck zu ziehen«. 1839 stellten die beiden den genialen Uhrmacher und Erfinder Georges-Auguste Leschot ein. Dieser hatte in aller Stille verschiedene Maschinen entwickelt, durch die eine höhere Präzision in der Werkefertigung und damit verbunden eine bessere Austauschbarkeit der Uhrenteile erreicht werden sollte. Bereits zwei Jahre später waren diese Werkzeugmaschinen vollendet und die Produktion von Präzisions-Kalibern lief an. Ab 1860 konnte die Firma als wirkliche Manufaktur gelten, d. h. alle Uhrenteile wurden in den Werkstätten auf der zentral gelegenen Rhône-Insel hergestellt, Rohwerke auch an Konkurrenten verkauft. Letzteres stellte man jedoch 1864 nach dem Tode von Jacques-Barthélémy

Rückseite
der Arm-
banduhren
für die Herren
Bulganin,
Eden
Eisenhower,
Faure;
Vacheron &
Constantin,
1955

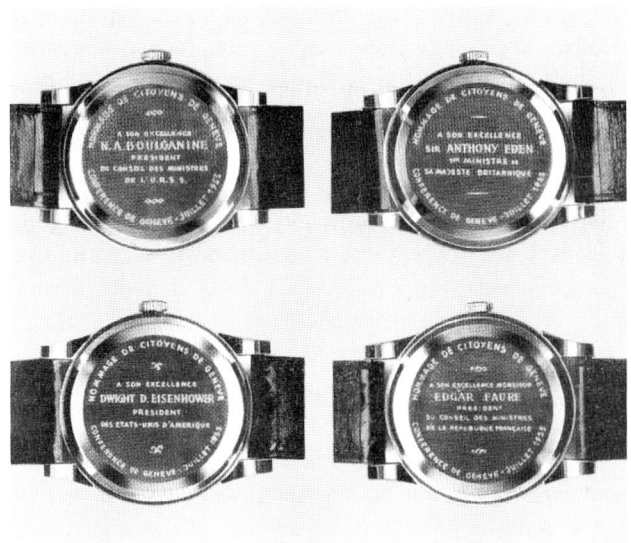

Vacheron wieder ein, um den technischen Vorsprung im eigenen Hause zu belassen.

Aus nicht geklärten Gründen schied Jean-François Constantin, der Neffe François Constantins, 1867 als Mitinhaber aus, um fortan als angestellter Uhrenverkäufer weiterzuarbeiten. Der Firmenname wechselte in ›César Vacheron & Co.‹, nach dessen Tod 1869 in ›Charles Vacheron & Cie‹. Als letztgenannter Firmeninhaber 1870 überraschend 25jährig starb, übernahmen zwei Frauen, eine Sensation in der Genfer Uhrmacherszene, die Firmenleitung. Die Manufaktur wurde unter dem Namen ›Vve. César Vacheron & Cie‹ weitergeführt. Um den weithin bekannten Namen ›Vacheron & Constantin‹ erneut aufleben zu lassen, trat 1875, nach längeren Verhandlungen, Jean-François Constantin wieder in die Firma ein. 1880 wurde das berühmte Malteserkreuz als Firmenzeichen rechtlich geschützt. Dreißig Jahre später, 1910, finden sich erste Armbanduhren in der umfangreichen Kollektion, im Design zum Teil ausgesprochen avantgardistisch.

Der Ausbruch des Zweiten Weltkrieges stürzte das Unternehmen, wie viele andere auch, in eine schwere Finanzkrise, was Charles Constantin dazu veranlaßte, 1940 die Aktienmehrheit an Georges Ketterer zu verkaufen.

Bereits zwei Jahre zuvor war eine Arbeitsgemeinschaft mit Jaeger-LeCoultre beschlossen worden, u. a. mit der Folge einer steigenden Verwendung von LeCoultre-Rohwerken in den Uhren der Firma Vacheron & Constantins.

Im Jahr des 200jährigen Firmenjubiläums, am 18. Juli 1955, trafen sich im Genfer ›Palais des Nations‹ die Herren Bulganin, Eden, Eisenhower und Faure, um zahlreiche, die Erhaltung des Weltfriedens betreffende Fragen zu erörtern. Zum Abschluß der Konferenz überreichten 20 Genfer Bürger diesen vier bedeutenden Staatsmännern jeweils eine ›Vacheron & Constantin‹ mit der Botschaft »Möge diese Uhr stets glückliche Stunden anzeigen – für Sie selbst, für Ihr Volk und für den Frieden der Welt«.

Gegen Ende der siebziger Jahre wurde die teuerste Armbanduhr der Welt in den Genfer Werkstätten fertiggestellt, die ›Kallista‹, was aus dem Griechischen übersetzt die ›Wunderbarste‹ heißt. Für fünf Millionen Dollar wurde diese Luxusarmbanduhr (140 Gramm Gold, 130 Karat Edelsteinbesatz, 6000 Arbeitsstunden) sofort verkauft und gleichzeitig ins Guinness-Buch der Rekorde aufgenommen.

In den Genfer Büchern der Manufaktur werden dagegen bereits seit dem Jahr 1840 genaue Aufzeichnungen über jede hergestellte Uhr geführt. Diese sind auf schriftliche Anfrage unter Angabe von Werks- und Gehäusenummer erhältlich. Die Krise der Schweizer Uhrenindustrie zu Beginn der achtziger Jahre erforderte jedoch ein weiteres Mal die Ausschau nach einem finanzkräftigen Partner. Dieser kam aus einem Land, in dem Vacheron & Constantin damals seine höchsten Umsätze tätigte, aus Arabien. Sein Name: Ölscheich Yamani.

Zenith

Mehr als 1500 Observatoriumspreise, Medaillen und
sonstige internationale Ehrungen konnte die 1865
gegründete Uhrenmanufaktur Zenith im Laufe ihrer
125jährigen Geschichte entgegennehmen. Damit gilt
sie bis heute als Spitzenreiter der Schweizer Uhrenfirmen auf diesem Gebiet.

Mit solchem hatte Georges Favre-Jacot sicher nicht
gerechnet, als er 1865, gerade 22jährig, in Billodes,
einem Ortsteil von Le Locle, den Grundstein für dieses Unternehmen legte, ohne ihm allerdings schon
den späteren Firmennamen zu geben. Dieser gelangte erst 1911 in die Chronik, als die ursprüngliche
Personengesellschaft in eine Aktiengesellschaft, die
Zenith S.A., umgewandelt wurde.

Favre-Jacots Ziel war es zunächst vielmehr, präzise
Uhren auf rationelle Weise kostengünstig zu fertigen
und deren spätere Reparatur durch eine verbesserte
Austauschbarkeit der Teile zu erleichtern. Berühmtheit erlangte seine kleine Fabrik so für ihre kunstvol-
len Pendulen und Präzisions-Taschenuhren. Schon
kurz nach der Jahrhundertwende erkannte Georges
Favre-Jacot auch, daß für das dauerhafte Wachstum einer Uhrenfabrik die Erschließung außereuro-
päischer Märkte unabdingbar sei. Deshalb schickte
er seinen Neffen James Favre auf lange und ausge-
dehnte Reisen, von denen dieser Aufträge u. a. aus
Amerika, China und Rußland mitbrachte.

Zu Zeiten des Ersten Weltkrieges begann die Zenith S.A. damit, erste Armbanduhren in die Kollektion aufzunehmen. Neben ›normalen‹ Handaufzugsuhren entstanden schon bald auch Armbanduhren
mit Komplikationen wie Wecker oder Chronograph.

In den Jahren zwischen den beiden Weltkriegen
konnte man den Namen Zenith immer wieder
ganz vorne in den Ergebnislisten der Chronometer-
Wettbewerbe Schweizer Observatorien für Armband-

CHRONOGRAPHE
2/3003
Acier
⌀ 35.5 mm. 14'''

CHRONOGRAPHE
COMPTEUR D'HEURES
2/3018
Acier
⌀ 35.5 mm. 14'''

CHRONOGRAPHE
2/3019
Acier étanche
⌀ 37 mm. 14'''

CHRONOGRAPHE
COMPTEUR D'HEURES
2/3041
Acier étanche
⌀ 37 mm. 14'''

Herren-
armbanduhren
mit
Chronograph
von Zenith;
Auszug aus
einem
Firmenkatalog
des Jahres
1956

und Taschenuhren lesen, bis hin zu einem absoluten Genauigkeitsrekord für einen Taschen-Chronometer. Besondere Bedeutung haben im Zusammenhang mit Armbandchronometern (auch nach dem Zweiten Weltkrieg) z. B. die Kaliberreihen 12-, 126, 133, 135 erlangt. Weltweit großes Aufsehen erregte die Manufaktur mit dem 1969 vorgestellten Kaliber 3019 PHC, dem ersten Armbandchronographen mit automatischem Aufzug durch einen zentral angeordneten Rotor. Wegen seiner Unruhfrequenz von 36 000 Halbschwingungen/Stunde konnten erstmals auch Zehntelsekunden gestoppt werden.

Ebenfalls im Jahre 1969 kam es zur Gründung der Holding ›Mondia – Zenith – Movado‹, an der 1971 die amerikanische Zenith Radio Corporation eine Mehrheitsbeteiligung erwarb. 1978 übernahm die Finanzgruppe DIXI die Aktienmehrheit und brachte die Holding wieder in schweizerischen Besitz.

1984 wurde Movado wieder aus dem Firmenverbund herausgekauft und im Jahre 1990, dem des 125jährigen Firmenjubiläums, setzte Zenith seine große Chronometer-Tradition durch die Kreation einer limitierten Serie hochfeiner mechanischer Armbandchronometer fort.

Gründungsdaten der Uhrenfabriken:

Name	Ort	Firmengründer	Jahr	Bemerkung
Aegler	Biel	Jean Aegler	1878	
Agassiz Watch Co.	Genf	Fabr. d'horlogerie du Vallon	1876	
Alpina, Union Horlogère	Biel	Genossenschaft	1883	
Altus	Biel	Hans Troesch	1920	
A. Michel	Lengnau	A. Michel / J. Schwarzentrub	1898	Rohwerke
Angélus	Le Locle	Stolz Frères S. A.	1891	
Arbu	Biel	A. Bueche	1937	
Ardath Watch Co.	Genf	Edmond Dreyfus	1935	
Arogno	Pruntrut / Arogno	Frottez & Cie.	1872	Rohwerke
Arsa	Tramelan	A. Reymond	1898	
AS	Grenchen	Adolf Schild-Hugi	1896	Rohwerke
Aubert-Piguet, A.	Le Brassus	Paul Piguet-Capt	1895	
Audemars Piguet	Le Brassus	J. Audemars & E. Piguet	1875	
Aurore	Villeret	M. Cattin / G. Guerrin / C. Meyrat	1918	Rohwerke

Name	Ort	Firmengründer	Jahr	Bemerkung
Baume & Mercier	Genf	W. Baume & P. Mercier	1918	
Benrus Watch Co.	La Chaux-de-Fonds	Benjamin Lazrus	1923	
Blancpain	Villeret	s. Rayville	1735	
Borel, Ernest	Neu-châtel	J.-Alph. Borel-Courvoisier	1859	
Bovet Frères	Fleurier	Landry Frères	1888	
Breguet	Paris	Abraham-Louis Breguet	1775	
Breitling, G.-Léon	La Chaux-de-Fonds	Léon Breitling	1884	
Buhré, Paul	Le Locle	Paul Buhré	1815	
Büren Watch	Büren a. A.	F. Suter	1867	
Bulova Watch Co.	Biel	Bulova	1885	
Buser Frères & Cie.	Nieder-dorf	Buser & Cie.	1916	
B.W.C. (Buttes Watch Co.)	Buttes	A. Charlet	1920	
Cart, Robert	Le Locle	Robert Cart	1921	
Cartier	Paris	Louis-François Cartier	1847	
Certina	Grenchen	Kurth Frères	1888	
Chézard	Chézard	David Mader	1929	Rohwerke

Name	Ort	Firmengründer	Jahr	Bemerkung
Chopard, le petit-fils de L. U.	Genf	L. U. Chopard	1860	
Civitas				s. Moeris
Concord Watch Co.	Biel	Societé Anonyme	1908	
Cortébert Watch Co.	Cortébert	Adam Louis Juillard	1790	
Corum	La Chaux-de-Fonds	Gaston Ries	1955	
Cyma	Tavannes	Tavannes Watch, H. F. Sandoz	1891	
Damas	Tramelan	Ch. Ed. & J. Béguelin	1903	
Derby	La Chaux-de-Fonds	J. A. Wuilleumier	1858	Rohwerke
Dome	Biel	Selza Watch, V. Gisiger	1925	
Doxa	Le Locle	Georges Ducommun	1889	
Driva Watch Co.	Genf	A. Hirsch	1924	
Dubois & Fils	Le Locle	Philippe Dubois	1785	
Duvoisin, Henri	Le Geneveys	Paul Duvoisin	1890	
Ebauches S.A.	Grenchen	AS/FHF/ A. Michel	1926	Rohwerke-Trust

Name	Ort	Firmengründer	Jahr	Bemerkung
Ebel	La Chaux-de-Fonds	Blum & Cie.	1911	
Eberhard & Cie.	La Chaux-de-Fonds	Georges Eberhard	1887	
Eldor Watch Co.	Genf	E. Bill	1920	
Enicar	Longeau	Ariste Racine	1914	
Eska	Grenchen	S. & E. Kocher	1918	
Eterna	Grenchen	U. Schild	1856	
Excelsior Park	St. Imier	J. F. Jeanneret	1866	
FEF	Fleurier	J. S. Jéquier / D. L. Petitpierre	1882	Rohwerke
Felsa	Lengnau	A. Tschudin / H. Mägli / O. Rüfenacht	1918	Rohwerke
FHF	Fontaine-melon	I. & S. Benguerel / J. & F. Humbert	1793	Rohwerke
Fleurier Watch Co. ›Arcadia‹	Fleurier	J. S. Jéquier	1882	
Fortis	Grenchen	Walöter Vogt	1912	
Frey & Co.	Biel	Monnier & Frey	1888	
Fulton	Biel	Gustave Homberger	1885	

Name	Ort	Firmengründer	Jahr	Bemerkung
Gallet & Co.	La Chaux-de-Fonds	Julien Gallet	1826	
Geneva Sport Watch Co.	Genf	F. Delay & J. Robert	1930	
Gigandet-Wakman	Solothurn	Rieder & Gigandet	1925	
Girard-Perregaux	La Chaux-de-Fonds	Mouliné & Bautte	1791/1856	
Glycine	Biel	Glycine S. A.	1914	
Gruen Watch	Biel	Gruen Watch Co. S.A.	1903	
Gübelin, E.	Luzern	Maurice Breitschmid	1854	
Haas Neveux & Cie.	Genf	B. Haas Jeune	1848	
Helvetia	Biel	General Watch Co.	1895	
Heuer Ed. & Co.	Biel	Edouard Heuer	1864	
Invicta S.A.	La Chaux-de-Fonds	Raphaël Picard	1837	
IWC	Schaffhausen	F. A. Jones und J. H. Moser	1868	
Jaeger-LeCoultre	Le Sentier	Ed. Jaeger/J.-D. LeCoultre	1925	s. a. LeCoultre
Junghans	Schramberg	Erhard Junghans	1861	
Jürgensen, J.	Le Locle	Jules Jürgensen	1834	

Name	Ort	Firmengründer	Jahr	Bemerkung
Juvenia	La Chaux-de-Fonds	J. Didisheim-Goldschmidt	1860	
La Champagne, ›Aster‹	Biel	Louis Muller	1854	
Lanco, Langendorf Watch Co.	Langendorf	Jean Kottmann	1873	
Landeron	Le Landeron	A. A. & Ch. A. Hahn	1873	Rohwerke
Lavina	Villeret	Paul Brack	1852	
LeCoultre & Cie.	Le Sentier	A. LeCoultre	1833	s. Jaeger-LeCoultre
Lemania Watch Co.	L'Orient	Alfred Lugrin	1884	
Léonidas Watch Co.	St. Imier	Julien Bourquin	1841	
Le Phare	La Chaux-de-Fonds	C. Barbezat-Baillod	1888	
Longines Watch Co.	St. Imier	Ernest Francillon	1832/ 1866	
Luxor	Le Locle	J. H. Brunner	1935	
Martel Watch	Les Ponts-de-Martel	Georges Pellaton-Steudler	1911	
Marvin Watch	La Chaux-de-Fonds	M. & E. Ditesheim	1850	
Mathey-Tissot	Les Ponts-de-Martel	Edm. Mathey-Tissot	1886	

Name	Ort	Firmengründer	Jahr	Bemerkung
Meylan Watch Co.	Le Brassus	Ch.-H. Meylan	1878	
Mido	Biel	G. Schären	1918	
Mimo	La Chaux-de-Fonds	Otto Graef	1889	
Minerva	Villeret	Robert Frères	1858	
Moeris	St. Imier	Moeri & Jeanneret	1893	
Moser, Henry	Le Locle	Henry Moser	1826	
Movado Watch Co.	La Chaux-de-Fonds	L. A. Ditesheim	1881/1906	
Niton	Genf	Jeannet, Morel & Bourquin	1919	
Nivada	Grenchen	Wullimann, Schneider & Cie.	1925	
Nouvelle Fabrique	Tavannes	Maurice Eberlé	1932	Rohwerke
Numa Jeannin				s. Olma
Olma, Numa Jeannin	Fleurier	Numa Jeannin	1906	
Omega	Biel	Louis Brandt	1848/1894	
Oris	Hölstein	Cattin & Christian	1904	
Patek Philippe & Co.	Genf	A. N. de Patek, J. A. Philippe	1839	
Peseux	Peseux	Charles Berner	1923	Rohwerke

Name	Ort	Firmengründer	Jahr	Bemerkung
Phénix Watch Co.	Porrentruy	Dubail, Monnin, Frossard & Co.	1873	
Piaget & Co.	La Côte-aux-Fées	Gges. Piaget	1874	
Pierce	Biel	Lévy Frères	1883	
Piguet, Les Fils de Victorin	Le Sentier	Victorin Piguet	1880	
Piguet, Frédéric	Le Brassus	Louis Elysée Piguet	1858	
Précimax	Neuchâtel	S. Tripet	1933	
Rado	Longeau	Schlup & Co.	1917	
Rayville	Villeret	J. J. Blancpain	1735/1932	
Record Watch	Tramelan	Record S. A.	1905	
Recta	Biel	Muller & Vaucher	1897	
Revue	Waldenburg	G. Thommen	1853	
Roamer	Solothurn	Fritz Meyer	1888	
Rolex	Genf/Biel	H. Wilsdorf & J. Aegler	1905/1908	
Silvana	Tramelan	H. Gasser & Co.	1868	
Solvil & Titus	La Chaux-de-Fonds	Paul Ditesheim	1892	
Tissot	Le Locle	Chs.-F. Tissot & Fils	1853	

Name	Ort	Firmengründer	Jahr	Bemerkung
Tudor				s. Rolex
Ulysse Nardin	Le Locle	Ulysse Nardin	1846	
Unitas	Tramelan	Auguste Reymond	1898	Rohwerke
Universal Watch	Genf	G. Perret & L. Berthoud	1894	
Uweco				s. Universal
Vacheron & Constantin	Genf	J.-M. Vacheron & F. Constantin	1755	
Venus	La Chaux-de-Fonds	Paul Schwarz-Etienne	1918	
Venus	Münster	P. Berret/ J. B. Berret/ O. Schmitz	1924	Rohwerke
Vulcain	La Chaux-de-Fonds	Maurice Ditesheim	1858	
Wenger B. C.	Genf	Bernhard Wenger	1915	
West End	Genf	Societé Anonyme	1917	
Wilka Watch Co.	Genf	Wilhelm Kaufmann	1902	
Wig-Wag				s. La Champagne
Wittnauer & Cie.	Genf	Wittnauer Frères	1897	
Wyler	Biel	Paul Wyler	1931	
Zenith	Le Locle	Gges. Favre-Jacot	1865	
Zetex				s. Rolex
Zodiac	Le Locle	Ariste Calame	1882	

Hinweise für Sammler und Liebhaber alter Armbanduhren

Reparatur und Wartung

Immer wieder kommt man als Sammler und Liebhaber mechanischer Zeitmesser fürs Handgelenk in die Situation, daß einem auf dem Flohmarkt oder beim Trödler eine Armbanduhr begegnet, deren Erwerb reizvoll wäre. Den beschwörenden Worten des Verkäufers, die Uhr sei einwandfrei in Ordnung, sollte man nur begrenzt Glauben schenken, Kontrolle ist in jedem Fall besser. Diese ist dann leicht vorzunehmen, wenn man mit entsprechendem Arbeitsmaterial (Lupe, Schalenmesser, Universal-Gehäuseöffner) ausgestattet ist. Sofern der hintere Deckel seiner Entfernung keine unüberwindbaren Hindernisse entgegensetzt, kann man sich durch Augenschein vom Zustand des Werkes, von seiner Funktionstüchtigkeit überzeugen. Einige Drehungen an der Aufzugskrone zeigen, ob das Aufzugssystem in Ordnung ist. Durch Betätigung der gezogenen Krone weist sich, ob das Zeigerstellsystem funktioniert. Bei Armbanduhren mit Komplikationen, wie z. B. Chronograph, sollte man dessen Funktionen anhand der Drücker überprüfen.

Sofern alles in Ordnung ist und auch der Preis stimmt, steht dem Kauf nichts im Wege. Wenn sich jedoch Mängel irgendwelcher Art zeigen, wenn sich z. B. die Unruh auch nach vorsichtigem Aufziehen nicht in anhaltende Schwingung versetzen läßt, ist guter Rat teuer, stellt sich die Frage, ob man trotzdem – selbstverständlich bei reduziertem Preis – zuschlagen soll und nach fachgerechter Reparatur vielleicht einen besonders guten Kauf gemacht hat.

Bleiben wir beim Beispiel, daß die Unruh spätestens nach einigen kurzen Schwingungen wieder stillsteht oder sich überhaupt nicht rührt. Dies muß kein Indiz für einen Defekt sein, sondern kann schlicht und einfach auch bedeuten, daß das Werk stark verschmutzt oder das Öl nach längerem Liegen verharzt ist. Läßt sich hingegen die Aufzugskrone bei einem Handaufzugswerk unendlich durchdrehen, kann es, muß es aber nicht, an einer abgerissenen Zugfeder liegen.

Spätestens dann, wenn man das Risiko des Kaufs eingegangen ist, besser jedoch schon vorher, muß man sich auf die Suche nach einem inzwischen raren, an mechanischen Zeitmessern interessierten Uhrmacher begeben. Rar deswegen, weil auf die Frage nach der Reparierbarkeit des feinmechanischen Kleinods immer häufiger die Antwort zu hören ist, man solle sich doch besser gleich eine neue

(Quarz-)Armbanduhr kaufen, da diese billiger und zudem genauer sei. Blühen kann dem Sammler also durchaus, daß er sich ans ›Klinkenputzen‹ machen muß, bis der richtige Uhrmacher endlich gefunden ist. In die gleiche mißliche Situation kann man natürlich auch kommen, wenn bei einem bereits in der Sammlung befindlichen Stück eine Reparatur oder Reinigung erforderlich ist.

Welche Arbeiten sich an mechanischen Armbanduhren (noch) ausführen lassen, soll im folgenden kurz zusammengestellt werden, wobei das Spektrum von der Güte und Bereitwilligkeit des jeweiligen Uhrmachers abhängig ist:

1. Reinigung

Die Lager, in denen die z. T. sehr dünnen Zapfen des Räderwerks laufen, sind zur Verminderung der Reibung mit Öl versehen. Durch Staub und Alterung verliert das Öl seine ursprünglichen Eigenschaften. Die Schwingungsweite der Unruh nimmt mehr und mehr ab, und irgendwann bleibt die Uhr stehen. Soweit sollte man es jedoch nicht kommen lassen. Spätestens dann, wenn die gewohnte Ganggenauigkeit bei einer mechanischen Armbanduhr in erheblichem Umfang nachläßt, ist eine gründliche Reinigung erforderlich, die in aller Regel problemlos vorgenommen werden kann. In dieser Hinsicht unterscheidet sich die mechanische Räderuhr kaum vom Motor eines Autos, der ebenfalls regelmäßig einen Ölwechsel benötigt. Vor allem wenn man, wie oben geschildert, eine Armbanduhr mit unklarer Vergangenheit erworben hat und diese regelmäßig tragen möchte, sei der vorherige Besuch beim Uhrmacher dringend anempfohlen. Mitunter kann man sogar noch das große Glück haben, eine alte Armbanduhr in ungetragenem Zustand erwerben zu können. Sofern diese nicht gerade aus den Händen eines Uhrmachers kommt, ist es eher unwahrscheinlich, daß sie geht, weil das Öl verharzt ist. Sie zum Leben zu erwecken dürfte ebenfalls nicht schwierig sein.

2. Reparaturen

Weitaus schwieriger kann es werden, wenn an einem mechanischen Uhrwerk, insbesondere einem aus der Frühzeit der Armbanduhr, irgend etwas definitiv kaputt ist. Wenig Probleme dürfte der Austausch einer gerissenen Zugfeder bereiten. Solche werden als Verschleißteile in standardisierten Normmaßen bei den Fournituren-(Uhrenersatzteil-)Händlern vorrätig gehalten.

Anders verhält es sich bei Teilen, die von Kaliber zu Kaliber unterschiedlich sind. Hier gilt es zunächst, das Kaliber anhand von Punzen (häufig durch den Unruhreif hindurch auf der Platine zu sehen) oder Werksuchern zu identifizieren, um die erforderlichen Teile gezielt beschaffen zu können. Für die gängigen Kaliber der großen Rohwerke-Fabrikanten lassen sich die wichtigsten Teile (z. B. Unruh- und Aufzugswellen, Winkelhebel- und Sperrkegelfedern, Unruhspiralen) im allgemeinen noch beschaffen. Ähnliches gilt für die Werke der namhaften Uhrenmanufakturen. Sie garantieren zum Teil eine langfristige Versorgung mit Fournituren. Nur wird man sich zur Reparatur an einen Konzessionär wenden müssen, da normale Uhrmacher meistens nicht mit Ersatzteilen beliefert werden.

Glück und einen geschickten Uhrmacher erfordert die Reparatur ›exotischer‹ Kaliber, für die konfektionierte Teile nicht mehr so ohne weiteres erhältlich sind. Bei angemessener Kosten-Nutzen-Relation können Fremdteile angepaßt oder Teile neu angefertigt werden. Doch diese Handarbeit hat ihren Preis.

Auf den Bescheid eines Uhrmachers hin, daß ein Werk irreparabel sei, sollte jedoch nicht gleich Resignation, sondern eher der Gang zu einem anderen Uhrmacher folgen.

Zum totalen ›Aus‹ für ein Uhrwerk kann indes ins Gehäuse eingedrungenes Wasser führen, wenn die Uhr nicht baldmöglichst in fachkundige Hände gelangt. Eindringlich sei an dieser Stelle vor dem Versuch gewarnt, das Uhrwerk durch den kräftigen Warmluftstrom eines Föns zu trocknen. Er kann verhängnisvolle Folgen z. B. in Form einer zerstörten Unruhspirale haben.

3. Verschönerungsmaßnahmen am Werk

Häufig begegnen dem Sammler Armbanduhren, deren Zifferblätter im Laufe der Jahre ihren ursprünglichen Glanz eingebüßt haben, die verblichen oder verkratzt sind. Hier steht man vor der schwierigen Entscheidung, ob ein zwar originales, aber nicht mehr so ansehnliches Zifferblatt zum ›Auffrischen‹ gegeben oder der ursprüngliche

Zustand erhalten werden soll, denn nicht in jedem Fall wirkt eine Aufarbeitung des Zifferblatts wertsteigernd. Es gibt jedenfalls eine Reihe von Firmen, die sich auf die Restaurierung von Zifferblättern spezialisiert hat.

Neben dem Zifferblatt prägen speziell die Zeiger das Gesicht einer Armbanduhr. Zeiger sind im Fourniturenhandel ebenfalls in großer Auswahl erhältlich. Sie lassen sich dann leicht ersetzen, wenn man nicht unbedingt auf den exakt gleichen Modellen besteht. Leuchtzeiger können durch Auffüllen mit neuer Leuchtmasse restauriert werden.

4. Arbeiten am Gehäuse

Die größten ›Schwachstellen‹ des Armbanduhrengehäuses sind die Gläser und die Aufzugskronen.

Die Kristallgläser älterer Armbanduhren brechen bei harten Stößen, Plexigläser verkratzen, wenn sie mit scharfen Gegenständen in Berührung kommen. Sowohl Kristall- als auch Plexigläser lassen sich zumeist adäquat ersetzen. Allerdings ist das Einschleifen passender Kristallgläser, vor allem dann, wenn es sich um Formgläser handelt, mit erheblichen Kosten verbunden. Plexigläser kann hingegen jeder bessere Uhrmacher für relativ wenig Geld einpassen.

Die Aufzugs- und Zeigerstellkrone gehört zu den besonders gefährdeten Teilen einer Armbanduhr. Bei schweren seitlichen Stößen geht jedoch nicht sie selbst, sondern zumeist die zugehörige Aufzugswelle zu Bruch. Nachdem es sich bei Aufzugskrone- und -welle um Verschleißteile handelt, ist eine Reparatur vielfach unter Verwendung konfektionierter Ersatzteile, sonst aber durch Anpassung eines maßähnlichen Rohteils möglich.

Schließlich ist das Gehäuse als Schutzhülle des Werkes der permanenten Gefahr ausgesetzt, Kratzer zu bekommen. Massive Metallgehäuse können von kundiger Hand aufpoliert werden. Bei vergoldeten, verchromten oder vernickelten Gehäusen bleibt nur der Gang zu einer galvanischen Anstalt, wenn die veredelte Oberfläche über die Jahre wegen tiefer Kratzer oder abgeblätterter Stellen unattraktiv geworden ist.

Abgebrochene Bandanstöße bei Gold- oder Silbergehäusen können Goldschmiede wieder anlöten.

Als erste und beste Hilfe für Armbanduhrensammler hat sich bei Problemfällen immer noch der Erfahrungsaustausch mit anderen Sammlern erwiesen. Einschlägige Erfahrungen und Kenntnisse können dazu beitragen, daß man sich viel Kummer und Lehrgeld erspart.

Fälschungen und Nachahmungen

Alles was gut, teuer und begehrt ist, hat von jeher die Produktpiraten auf den Plan gerufen, die vom langjährig aufgebauten und gepflegten Image großer Marken in unzulässiger Weise profitieren wollen. In der weiter zurückliegenden Uhrengeschichte betraf dies z. B. schon die begehrten Zeitmesser eines Abraham Louis Breguet.

Die Fälscher fanden und finden aber auch eine dankbare Kund- und Anhängerschaft in solchen Kreisen, die ihr Outfit mit Objekten schmücken möchten, welche sie sich eigentlich nicht leisten können. Die Luxus-Armbanduhr ist in unserer heutigen Statusgesellschaft ein für Produktpiraterie geradezu prädestiniertes Objekt, verkörpert sie doch Wohlstand und Schmuckstück in beinahe idealer Weise.

Doch sind es, wie bei anderen Luxusgütern auch, nur bestimmte Marken und Produkte, die sich mehr oder minder gelungene Plagiate gefallen lassen müssen.

Anfänglich waren es z. B. schwere, mit übergroßen Punzen versehene Omega-›Gold‹banduhren, die in Neapel, Genua oder an verschiedenen italienischen Alpenpässen als Schmuggelware zu günstigen Preisen in betrügerischer Absicht angepriesen wurden. Außer schlechtem Design, dünner Goldauflage und billigen Werken war nichts an diesen Armbanduhren. Als Fälschungen konnten sie leicht identifiziert werden.

Es folgte die Zeit der Anlehnung an gute und imageträchtige Design-Armbanduhren, wie z. B. die ›Royal Oak‹ von Audemars Piguet oder die verschiedenen ›Porsche-Design‹-Modelle. Auch hier war die Kopie leicht zu erkennen, weil irgendwelche Phantasienamen die Zifferblätter schmückten. Dieses Bild hat sich in den vergangenen Jahren entscheidend gewandelt. Moderne Plagiate kommen meist aus Hongkong, Singapur oder anderen fernöstlichen Gegenden. Sie werden auch nicht primär in der Absicht produziert, irgend jemanden, außer den eigentlichen Inhaber der Markenrechte, ›übers Ohr zu hauen‹.

346

Sie sind gedacht für die riesige Zielgruppe der sogenannten Mehrscheiner. Deswegen orientieren sie sich im Design möglichst eng am Original, damit erst der zweite gründliche Blick die Kopie erkennt. Im Mittelpunkt der kriminellen Fälschungsenergie stehen seit einigen Jahren hauptsächlich Armbanduhren der Luxusmarken Cartier und Rolex. Seit sich die Armbanduhren von Ebel gleichfalls zu Statusobjekten gemausert haben, gilt auch ihnen das große Interesse der Fälscher. Doch darf dies nicht darüber hinwegtäuschen, daß im Prinzip alles kopiert wird, was Rang und Namen hat.

Ganze Heerscharen an Detektiven werden von den Uhrenfirmen beschäftigt, um die Probleme der Raubkopien in den Griff zu bekommen. Tausende von Fälschungen werden im Rahmen spektakulärer Aktionen vernichtet, doch der Kampf gleicht dem mit der Hydra: Jeder zerstörten Kopie folgen zwei neue. Vor Fälschungen, die in betrügerischer Absicht verkauft werden sollen, kann man sich als Konsument

Armbanduhr mit Zifferblatt-
und Werksignatur ›Patek
Philippe‹, die sich bei nähe-
rem Hinschauen trotz des
hochwertigen Uhrwerks als
Fälschung entpuppt, weil
die Spiralklötzchenbefesti-
gung nicht, wie bei Patek-
Philippe-Werken üblich,
bohnenförmig ist; außer-
dem fehlt die Werksnummer

nur durch genaue Kenntnis des Marktes und ihrer Original-Produkte
schützen. Der vorschnelle Kauf einer vermeintlichen Okkasion kann
sich rasch als gewaltige Fehlinvestition erweisen. Deshalb an dieser
Stelle einige Informationen zu den am meisten kopierten Uhren, die
exemplarisch für allen anderen Marken-Armbanduhren zu betrachten sind:

■ Bei Cartier werden vorwiegend die Modelle ›Tank‹ und ›Santos‹
(Damen- und Herrengrößen) in großen Stückzahlen gefälscht. Vor
allem frühere ›Tank‹-Kopien kamen auch in massiven Gold- und
Silbergehäusen hoher Qualität auf den Markt, ausgestattet mit
recht guten mechanischen Uhrwerken. Sie lassen sich nur durch
Öffnung des Gehäuses als solche erkennen. Im übrigen fallen die

Fälschungen hauptsächlich durch ihr, verglichen mit dem Original, niedrigeres Gewicht und, speziell bei der ›Santos‹, durch vorgetäuschte Schrauben auf. Zum Schutz ihrer Kunden führte Cartier vor einigen Jahren eine Geheimsignatur auf dem Zifferblatt ein: Der Namenszug ›Cartier‹ erscheint als Strich einer der römischen Stundenziffern.

Rechts echte Cartier-Armbanduhren. Die beiden Abbildungen unten zeigen Fälschungen

Den Uhren beigefügte Original-Etuis sind kein Beweis für ein authentisches Produkt, denn auch sie werden mittlerweile kopiert.

■ Auch die Kopien der Rolex ›Oyster‹ fallen zunächst einmal durch ihr relativ niedriges Gewicht auf. Hinzu kommt ein untrügerisches Indiz bei den ›Oyster-Perpetuals‹: der springende Sekundenzeiger, weil in den Kopien mehrheitlich Quarzwerke Verwendung finden. Doch Vorsicht, angeboten werden auch Fälschungen mit durchaus guten und ganggenauen Schweizer Automatikwerken. Schwieriger wird es, wenn Original-Modelle nachträglich mit nichtoriginalen Brillant-Zifferblättern und/oder -Lunetten ›aufgewertet‹ wurden. Hier können nur Recherchen in den Werksunterlagen weiterführen.

349

Die nicht unerheblichen Wertsteigerungen, welche alte Luxusarm-
banduhren in den vergangenen Jahren erfahren haben, brachte
schließlich eine weitere, gefährliche Fälscher-Generation hervor.
Diese beschäftigt sich vornehmlich damit, gute mechanische Armbanduhren so zu trimmen, daß sie hinterher zu einem höheren Preis
veräußerbar sind. Nachdem der Kunde über die vorgenommenen
Manipulationen im unklaren gelassen wird, ist die Absicht wiederum
eine betrügerische. Der hier angesprochene Täterkreis geht zumeist
mit Professionalität und Sachverstand ans Werk und macht dadurch
den Nachweis seines illegalen Handelns schwer. Was in welchem
Umfang optisch und technisch verändert wird, läßt sich im einzelnen
nicht feststellen. Doch mag eine Grundannahme gelten, die besagt,
daß die Fälschungsquote steigt, je leichter sich ›wertsteigernde‹ Manipulationen durchführen lassen, je begehrter bestimmte Marken und
Modelle sind und schließlich je höher der erzielbare Profit ausfällt.
Besonderer Gefahr ausgesetzt sind die frühen Rolex-›Oyster‹-Modelle,
die durch Goldlunetten, gesuchte Zifferblatt-Designs und Abdeckung
der Bandanstöße aufgewertet werden, ebenso die beliebte Rolex
›Prince‹. Bei ihr sind speziell die überaus gut erhaltenen gestreiften
Gelbgold-/Weißgoldgehäuse des Typs ›Brancard‹ mit Vorsicht zu genießen. Rolex-Punzen im Gehäuseinneren werden perfekt kopiert,
ebenso die Referenz- und Seriennummern. Weniger begehrte Gehäuseformen der ›Prince‹ werden durch Anlötungen verschönt, die
man jedoch relativ leicht erkennen kann. Doch selbst wenn alle Einzelteile einer ›Prince‹ für sich genuin sind, besagt das noch nichts
über deren tatsächliche Zusammengehörigkeit. Werke, Zifferblätter und Gehäuse werden von Pfuschern so zusammengewürfelt, daß
sich hinterher ein möglichst großer Verkaufsgewinn erzielen läßt.
Es kann durchaus sein, daß aus mehreren, ursprünglich originalen
Armbanduhren eine gleichgroße Zahl sogenannter Mariagen ent-
steht. Schließlich muß im Zusammenhang mit der ›Prince‹ auf eine
besondere Gefahr hingewiesen werden: Im Modell ›Duo-Dial‹ von
Gruen-Watch tat das gleiche Kaliber seinen Dienst wie in der ›Prince‹.
Es lag und liegt also nahe, Gruen-Werke in ›Prinzen‹ umzufunktio-
nieren, indem man die alten Werksgravuren zunächst herausschleift,
um das Werk anschließend unter neuem Namen und mit neuem
Gehäuse auf den Markt zu werfen. Höchst auffällig sind allerdings
solche Werke, bei denen die Signatur ›Gruen‹ durch Lorbeer-Zweige
unkenntlich gemacht wurde und z. B. ein entsprechend signiertes

Sperrad das Rolex-Fabrikat vortäuschen soll. Am Markt befinden sich schließlich auch goldene ›Oyster‹-Modelle, aus denen durch Hinzufügung von fremden Kalenderwerken und Mondphasenanzeigen plötzlich ›Cosmograph‹-Modelle wurden.

›Wertsteigernde Maßnahmen‹ werden auch bei Armbanduhren des derzeitigen Marktführers Patek Philippe immer häufiger. Dies geschieht z. B. in der Form, daß die Gehäuse besonders teurer Modelle nachgegossen und dann mit Werken aus weniger attraktiven Armbanduhren bestückt werden. Bekannt sind ferner Armbanduhren, bei denen die preistreibende Komplikation nachträglich hinzugefügt wurde.

Baguetteförmiges Armbanduhrwerk von Gruen, bei dem die Werkssignatur durch Lorbeer-Zweige unkenntlich gemacht und das ursprüngliche Sperrad durch ein ›Rolex‹-signiertes ersetzt wurden; vorgesehen zum Einbau in ein Rolex-Prince-Gehäuse

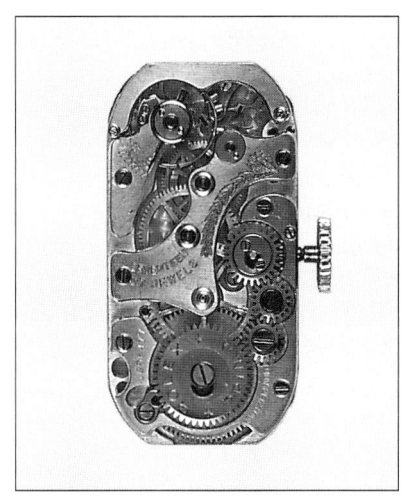

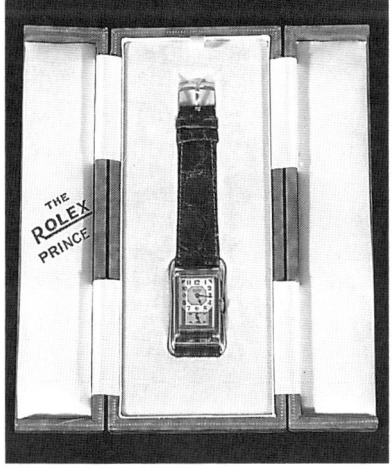

Gelbgold-/Weißgold-Armbanduhr Modell ›Rolex Prince‹; die Schachtel ist kein Beweis für eine Original-Armbanduhr, denn auch sie wird inzwischen perfekt nachgemacht

Die Anforderung eines Stammbuchauszuges schafft bei Armbanduhren von Patek Philippe jedoch sofortige Klarheit über deren Au-
thentizität, denn jede Einzelheit einer Uhr, selbst spätere Reparaturen oder Umarbeitungen werden in den berühmten grünen Büchern
penibel festgehalten.
Aus einem 1938 geschlossenen Kooperationsvertrag zwischen Jaeger-
LeCoultre und Vacheron & Constantin resultiert, daß in verschiedenen Armbanduhren beider Marken die prinzipiell gleichen Werke
ihren Dienst tun, wie z. B. den Modellen mit Kalendarium und Mondphasenanzeige. Auch Zifferblätter und Gehäuse gleichen sich weitgehend. Die einfachste, jedoch auch am ehesten nachvollziehbare
Methode der ›Wertsteigerung‹ besteht hier in der Umsignierung des
Zifferblattes von ›Jaeger-LeCoultre‹ in ›Vacheron & Constantin‹. Ähnliches gilt für Armbanduhren aus dem Hause Jaeger-LeCoultre, die
in den schlechten Jahren Cartiers auch unter diesem Signet verkauft wurden. Das Modell ›Memovox‹ mit automatischem Aufzug und
Wecker gehört dazu, aber auch Armbanduhren in rauten- oder steig-
bügelförmigen Gehäusen aus den vierziger Jahren. Mutatis mutandis
wird auch hier schnell aus einer Jaeger-LeCoultre eine Cartier.
Die Reihe ließe sich fortsetzen, doch sollte auch jetzt schon klar geworden sein, daß beim Kauf alter Armbanduhren der Luxusmarken
in jedem Fall Vorsicht angebracht erscheint.

Abschließend noch einige Worte zu den Transformationen und Neu-
anfertigungen von Gehäusen:
Als nach der Jahrhundertwende die Armbanduhr zunehmend in
Mode kam, wurden wohl auch aus Gründen der Praktikabilität vor
allem Damentaschenuhren immer wieder zu Armbanduhren um-
funktioniert, indem man deren Gehäuse mit Bandanstößen versah.
Sofern auch Bügelknopf und Krone entsprechend modifiziert wur-
den, sind die Transformationen nicht ohne weiteres erkennbar.
Handelt es sich bei solchen Armbanduhren um Fälschungen? Die
aufgeworfene Frage ist solange sekundär, als es sich um einfache
Uhren im unteren Preissegment handelt; sie gewinnt jedoch an Be-
deutung, wenn der Kauf einer teuren Uhr, z. B. einer solchen mit
Repetitionsschlagwerk, ins Auge gefaßt wird.
Von Fälschungen kann man bei Transformationen sicher nicht spre-
chen, wenn die Signaturen der originalen Herkunft entsprechen.
Andererseits werden Transformationen wertmäßig immer unter

authentischen Armbanduhren angesiedelt sein, auch wenn beide, nebeneinanderliegend, mitunter kaum zu unterscheiden sind.

Die Entscheidung für oder gegen eine derart umgeformte Taschenuhr muß demnach auf einer anderen Ebene gefällt werden, z. B. durch Klärung der Frage, ob die angebotene Uhr in einem angemessenen Preis-Leistung-Verhältnis steht, ob man ein solches Stück für sich selbst oder aus spekulativen Gründen erwerben möchte. Mit dem Wiederverkauf tut man sich erfahrungsgemäß bei solchen Armbanduhren schwer, da sie, namentlich aus gutem Hause und mit Komplikationen, immer skeptisch betrachtet werden.

Ähnlich verhält es sich mit Armbanduhren, deren Werke alt, deren Gehäuse dagegen neu angefertigt sind. Dies kann verschiedene Gründe haben. Der häufigste ist sicherlich, daß Edelmetallgehäuse in Kriegs- oder Nachkriegszeiten eingeschmolzen wurden. Wenn die Neuanfertigung des Armbanduhrengehäuses nicht verschwiegen wird, kann man wohl kaum von einer Fälschung, sondern nur von einer Mariage sprechen. Auch in diesem Fall werden beim Kauf persönliche Einstellungen ausschlaggebend, spekulative Aspekte zweitrangig sein müssen. Häufig hilft bei der Entscheidung die Recherche, ob man für annähernd das gleiche Geld eine authentische Armbanduhr gleicher Qualität und Komplikation kaufen kann, eventuell einer weniger bekannten Marke oder aus aktueller Herstellung.

Schließlich stellt sich die obige Frage erneut, wenn ein einzelnes Werk hoher Qualität und Komplikation zum Kauf angeboten wird. Die Anfertigung eines passenden hochwertigen Gehäuses (und evtl. Zifferblattes) ist in der Regel kein Problem und für einige tausend Mark durchzuführen. Zu prüfen ist jedoch die Frage der Verhältnismäßigkeit von Gesamtpreis und daraus erwachsendem Gegenwert an der Armbanduhr.

In diesem Zusammenhang darf darauf verwiesen werden, daß es für die namhaften Manufakturen beinahe eine Selbstverständlichkeit war, ursprüngliche Damentaschenuhren dann in Armbanduhren umzubauen, wenn sich diese nach der Jahrhundertwende leichter verkaufen ließen oder wenn Kunden dies in Auftrag gaben. Desgleichen wurden alte Edelmetall-Armbanduhrengehäuse eingeschmolzen und durch zeitgemäße ersetzt, weil sich im Laufe der Jahre die Mode geändert hatte.

Ferner waren und sind diese Manufakturen durchaus bereit, ein altes Werk ihrer Fertigung mit einem neuen Gehäuse zu versehen, falls sich ein solches Unterfangen rentiert. Eine diesbezügliche Rückfrage ist in jedem Fall empfehlenswert, wenn man in den Besitz eines entsprechenden Werkes gelangt ist. Die Neuanfertigung eines Gehäuses bietet durch die Einbringung eigener Design-Vorstellungen sogar die fast einmalige Chance, eine ganz persönliche Armbanduhr zu erhalten.

Auch hier erfordert das Objekt Armbanduhr einmal mehr die gezielte Auseinandersetzung mit der Materie. Doch diese fördert zweifellos den Bezug zu einem Gegenstand, der ein persönliches Attribut darstellt, den man im Laufe eines Tages – oft unbewußt – wahrscheinlich häufiger anschaut als sich selbst, den man mit größter Selbstverständlichkeit benützt und dem man in vielen Situationen, wenn es auf die genaue Zeit ankommt, fast bedingungslos vertraut.

Hier eine Zusammenstellung wichtiger Gold-, Silber und Platinpunzen.

Or		Argent		Platine
0,750	0,585	0,925	0,800	0,950
« Helvetia »	« Ecureuil »	« Canard »	« Coq de bruyère »	«Bouquetin»
Hauteur du poinçon: 2 mm.	Hauteur du poinçon: 2 mm.	Hauteur du poinçon: 2,2 mm.	Hauteur du poinçon: 1,5 mm.	Hauteur du poinçon: 2,5 mm.
Largeur du poinçon: 1,5 mm.	Largeur du poinçon: 1,5 mm.	Largeur du poinçon: 2,2 mm.	Largeur du poinçon: 2,5 mm.	Largeur du poinçon: 1,2 mm.
Pour les menus ouvrages :		Pour les menus ouvrages :		Pour les menus ouvrages
Hauteur du poinçon : 1,2 mm.	Hauteur du poinçon: 1,2 mm.	Hauteur du poinçon : 0,7 mm.	Hauteur du poinçon : 0,7 mm.	Hauteur du poinçon : 1,2 mm.
Largeur du poinçon : 0,7 mm	Largeur du poinçon : 0,7 mm.	Largeur du poinçon : 1,5 mm.	Largeur du poinçon : 1,2 mm.	Largeur du poinçon : 0,7 mm.

Schweiz:
Uhrengehäuse aus schweizerischer Fertigung

354

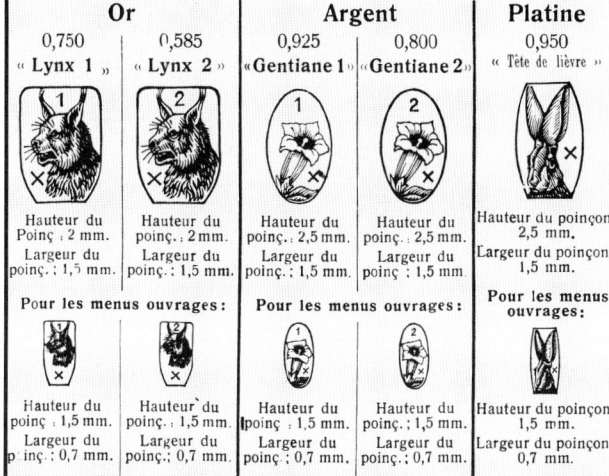

Or		**Argent**		**Platine**
0,750	0,585	0,925	0,800	0,950
« Lynx 1 »	« Lynx 2 »	«Gentiane 1»	«Gentiane 2»	« Tête de lièvre »
Hauteur du Poinç : 2 mm. Largeur du poinç.: 1,5 mm.	Hauteur du poinç.: 2 mm. Largeur du poinç.: 1,5 mm.	Hauteur du poinç.: 2,5 mm. Largeur du poinç.: 1,5 mm.	Hauteur du poinç.: 2,5 mm. Largeur du poinç: 1,5 mm.	Hauteur du poinçon: 2,5 mm. Largeur du poinçon: 1,5 mm.
Pour les menus ouvrages:		**Pour les menus ouvrages:**		**Pour les menus ouvrages:**
Hauteur du poinç : 1,5 mm. Largeur du p inç.: 0,7 mm.	Hauteur du poinç.: 1,5 mm. Largeur du poinç.: 0,7 mm.	Hauteur du poinç.: 1,5 mm. Largeur du poinç.: 0,7 mm.	Hauteur du poinç.: 1,5 mm. Largeur du poinç.: 0,7 mm.	Hauteur du poinçon: 1,5 mm. Largeur du poinçon: 0,7 mm.

POINÇONS
du
PLATINE
(Titre unique : 950ᵐᵐ)

Tête de Chien — Fig. 1
Tête de Jeune Fille — Fig. 2
Mascaron — Fig. 3

POINÇONS SPÉCIAUX POUR L'OR
(3 Titres : 920, 840 et 750ᵐᵐ)

Tête d'Aigle

Fig. 4 — Fig. 5 — Fig. 6 — Fig. 7 et 8

Rhinocéros — Charançon

Fig. 9 — Fig. 10 — Fig. 11 — Fig. 12

Tête de Mercure — Hibou

Fig. 13 — Fig. 14 — Fig. 15 — Fig. 16 — Fig. 17

Exportation. 4ᵉ titre. - 583ᵐᵐ — Mouvements de Montres

Tête égyptienne

Fig. 18 — Fig. 19 — Fig. 20 — Fig. 21

355

Frankreich

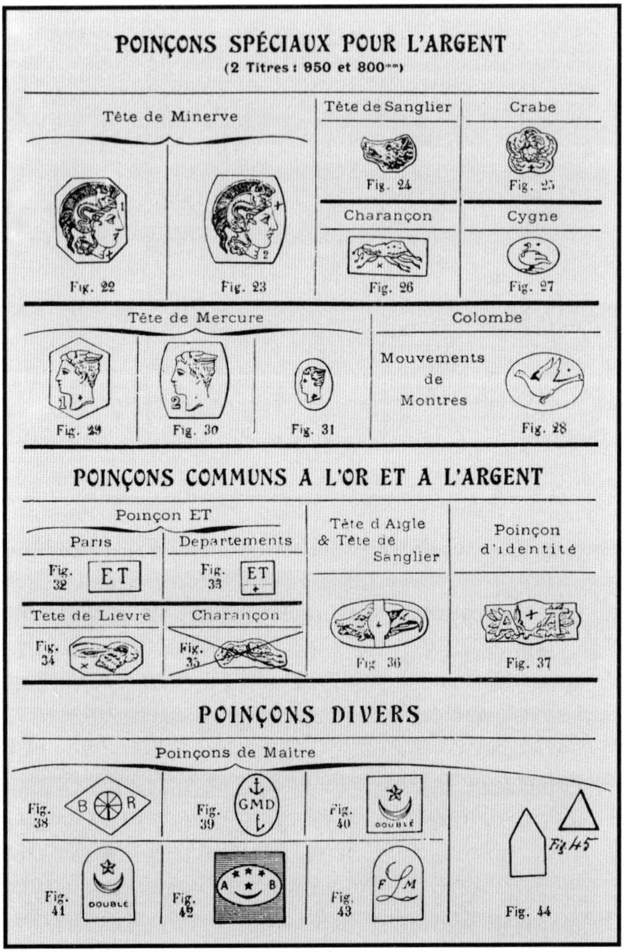
POINÇONS SPÉCIAUX POUR L'ARGENT
(2 Titres : 950 et 800mm)
Tête de Minerve
Fig. 22
Fig. 23
Tête de Sanglier
Fig. 24
Crabe
Fig. 25
Charançon
Fig. 26
Cygne
Fig. 27
Tête de Mercure
Fig. 29
Fig. 30
Fig. 31
Colombe
Mouvements de Montres
Fig. 28
POINÇONS COMMUNS A L'OR ET A L'ARGENT
Poinçon ET
Paris
Fig. 32
ET
Departements
Fig. 33
ET
Tete de Lievre
Fig. 34
Charançon
Fig. 35
Tête d Aigle & Tête de Sanglier
Fig. 36
Poinçon d'identité
Fig. 37
POINÇONS DIVERS
Poinçons de Maitre
Fig. 38
B R
Fig. 39
GMD
Fig. 40
DOUBLÉ
Fig. 41
DOUBLE
Fig. 42
A B
Fig. 43
F M
Fig. 44
Fig. 45

Deutschland

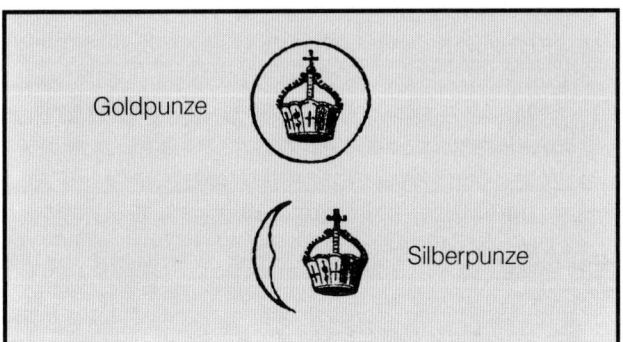

Goldpunze
Silberpunze

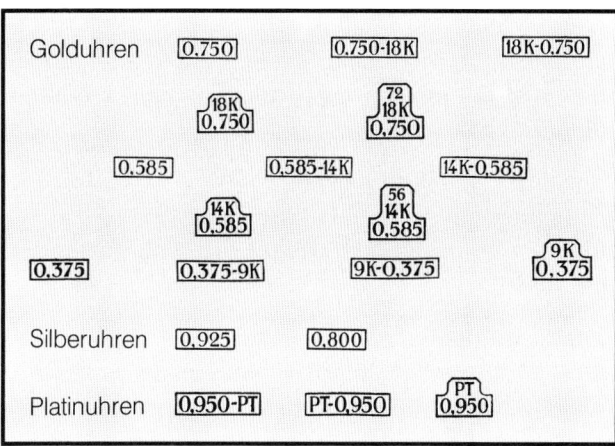

Feingehaltspunzen in Gold-, Silber- und Platingehäusen

Golduhren	0.750	0.750·18K	18K·0.750
	18K 0.750	72 18K 0.750	
	0.585	0.585·14K	14K·0.585
	14K 0.585	56 14K 0.585	
	0.375	0.375·9K	9K·0.375 · 9K 0.375
Silberuhren	0.925	0.800	
Platinuhren	0.950·PT	PT·0.950	PT 0.950

Auktionshäuser

Nachfolgend sind die wichtigsten Versteigerungshäuser in alphabetischer Reihenfolge zusammengestellt, die spezielle Uhrenauktionen durchführen, im Rahmen derer auch Armbanduhren in mehr oder minder großer Stückzahl zum Aufruf gelangen.

Daneben gibt es jedoch eine Reihe von Auktionatoren, die Armbanduhren anläßlich allgemeiner Kunstauktionen versteigern.

Armbanduhren werden schließlich auch in den Versteigerungen der Pfandleihhäuser (in allen größeren Städten) regelmäßig angeboten.

Informationen über Auktionstermine und -orte lassen sich den Tageszeitungen oder auch den einschlägigen Fachzeitschriften entnehmen. Katalog-Abonnements erfolgen über die genannten Adressen. Manche Auktionshäuser versenden an Abonnenten und Bieter im Anschluß an die Versteigerungen Ergebnislisten.

Christie's International
8 King Street, St. James's, London SW 1 Y 6Q T
Repräsentanzen in Düsseldorf, Hamburg, München
Auktionen in Genf, London, New York, South Kensington

Dr. Crott & K. Schmelzer
Pontstr. 21, 5100 Aachen
Auktionen zumeist in Frankfurt am Main

Galerie ›Unter den Linden‹
Bahnhofstr. 30, 7410 Reutlingen
Auktionen mit meist preiswerten Sammler-Armbanduhren
in Reutlingen

Habsburg S. A. – Antiquorum
1, Rue du Mont Blanc, CH-1201, Genf 11
Auktionen in Basel, Genf, Hongkong, New York, St. Moritz
und Tokio

Henry's Auktionen
An der Fohlenweide 30, 6704 Mutterstadt
Auktionen (Schmuck und Uhren) am oben angegebenen Ort;
vor allem auch preiswerte Sammlerarmbanduhren im Angebot

Auktionshaus Peter Ineichen
Badenerstr. 71, 8026 Zürich
Auktionen in Zürich

Auktionshaus P. Michael Kegelmann
Saalgasse 3, 6000 Frankfurt/Main
Auktionen in Frankfurt am Main

Auktionshaus Peter Klöter
Schloß Dätzingen, 7043 Grafenau 2 (bei Sindelfingen)
Auktionen am oben angegebenen Ort; vor allem auch preiswerte
Sammlerarmbanduhren im Angebot

Auktionshaus Müller
Bismarckstr. 66 – 68, 4050 Mönchengladbach 1

Auktionshaus Gisbert A. Joseph
Friedrich-Ebert-Str. 92, 4050 Mönchengladbach 2
Auktionen vornehmlich mit Armbanduhren u. a. in München; vor
allem auch preiswerte Sammlerarmbanduhren im Angebot

Auktionshaus Klaus Niedheidt
Wettinger Str. 2, 4000 Düsseldorf 11
Auktionen in Düsseldorf

Phillips
101 New Bond Street, London W1A OAS
Auktionen vor allem im United Kingdom

Auktionshaus Wolfgang Schmidt
Mehringdamm 117, 1000 Berlin 61
Auktionen u. a. in München; vor allem auch preiswerte Sammler-
armbanduhren im Angebot

Sotheby's
1334 York Avenue, New York, NY 10021
Repräsentanzen in Frankfurt, Hamburg, Köln, München
Auktionen in Genf, London, New York

Tempus
C. so Matteotti 9, Via Montenapoleone 1, Mailand
Armband- und Taschenuhrenauktionen in Mailand

Toptime – Auktionshaus Orion
13, Bld. Princesse Charlotte, Monte Carlo – 98000 Monaco
Armband- und Taschenuhrenauktionen in Monte Carlo

Queen's Auktionshaus
Landsberger Str. 146, 8000 München 2
Auktionen am oben angegebenen Ort; vor allem auch preiswerte
Sammlerarmbanduhren im Angebot

Uhrenbörsen

Seit geraumer Zeit wurden Uhrenbörsen zu einer Standardeinrich-
tung im Bereich der Vermarktung alter Uhren (Armband-, Taschen-
und Großuhren), Fachliteratur und Werkzeuge.
Sie finden oft mehrmals jährlich mittlerweile an so vielen Orten statt,
daß eine lückenlose Auflistung nicht möglich, aber auch nicht sinnvoll ist, da von einer echten Kontinuität bestimmter Börsen noch nicht
die Rede sein kann. Das Studium der Tagespresse ist deshalb unerläß-
lich. Aber auch die Fachzeitschriften informieren in ihren Termin-
kalendern oder durch Inserate über die verschiedenen Uhrenbörsen.
Zur Tradition geworden ist mittlerweile aber die Uhrenbörse im
Internationalen Museum der Uhrmacherei, La Chaux-de-Fonds, die
einmal jährlich, am ersten Samstag im Oktober stattfindet.

Auf eine gewisse Tradition zurückblicken können mittlerweile auch die

- Furtwanger Antikuhren-Messe in der Aula der Fachhochschule, nahe dem Uhrenmuseum Furtwangen im Schwarzwald, die jeweils Anfang September ihre Türen öffnet, sowie die
- Züricher Uhren-Börse im Volkshaus Zürich, die zweimal jährlich (Frühjahr und Herbst) abgehalten wird.

Hinzu kommen die ebenfalls zahlreich gewordenen Antik-Märkte, bei denen zumeist auch Armbanduhrenhändler zu finden sind.

Über die Neuerscheinungen auf dem Gebiet der Armbanduhren umfassend informieren kann man sich anläßlich der jährlich im April in den Hallen der Basler Mustermesse stattfindenden ›Europäischen Uhren- und Schmuckmesse‹. Der jeweilige Termin wird in den später genannten Fachzeitschriften bekanntgegeben.

Museen

Es ist bedauerlich, aber ein eigenes Armbanduhren-Museum gibt es bislang noch nicht. Doch Armbanduhren werden bereits in verschiedenen Museen im Rahmen allgemeiner Uhrensammlungen gezeigt. Auch hier ist eine lückenlose Aufzählung nicht möglich. Nachfolgend sind jedoch einige wichtige Uhrenmuseen zusammengestellt:

Deutschland:

Deutsches Museum, Uhrenabteilung, München

Uhrenmuseum Furtwangen im Schwarzwald
(interessante Armbanduhrensammlung)

Wuppertaler Uhrenmuseum, Wuppertal-Elberfeld

Schweiz:

Internationales Uhrenmuseum, La Chaux-de-Fonds

Uhrenmuseum ›Château des Monts‹, Le Locle
(u. a. Sammlung zur Entwicklung des automatischen Aufzugs)

Uhrenmuseum Genf

Museum der Zeitmessung im Uhrengeschäft Beyer, Bahnhofstraße, Zürich

sowie verschiedene firmeneigene Museen der Uhrenfabrikanten, wie z. B. Omega, Patek Philippe oder Rolex (fernmündliche Voranmeldung in jedem Fall erforderlich!)

Österreich:

Uhrenmuseum der Stadt Wien

Fachzeitschriften

Diese bieten einen recht guten Überblick über das Marktgeschehen im Bereich der alten und neuen Armbanduhren, bringen Auktionsvor- und -nachberichte, Terminkalender und informieren in Artikeln über Uhrengeschichte und -technik.

Eine Auswahl an Magazinen *in deutscher Sprache*

Alte Uhren und moderne Zeitmessung
Callwey Verlag, Streitfeldstr. 35, 8000 München 80
(nur im Abonnement erhältlich, 6 Hefte/Jahr)

Schmuck & Uhren
Ebner Verlag, Karlstr. 41, 7900 Ulm
(am Kiosk erhältlich, 8 Hefte/Jahr)

Uhren Magazin
Bürgermeister-Spitta-Allee 3a, 2800 Bremen 41
(am Kiosk erhältlich, 6 Hefte/Jahr)

Schweizer Uhren und Schmuck Journal
Offizielles Organ der Europ. Uhren- und Schmuckmesse, Basel
Scriptar S.A., Postfach, 1093 La Conversion/Lausanne
(Abonnement, 6 Hefte/Jahr)

Magazine *in italienischer Sprache*

Orologi
Technimedia, via Carlo Perrier 9, 00157 Rom
(an gut sortierten Bahnhofskiosken erhältlich, 12 Hefte/Jahr)

Orologi da Polso
Edizioni Studio Zeta, via S. Fruttuoso 10, 20052 Monza
(in Deutschland nur Abo, 6 Hefte/Jahr)

Orologi e non solo
Promoservice, via G. G. Porro 8, 00197 Rom
(in Deutschland nur Abo, 12 Hefte/Jahr)

Literatur

Aebi, Peter: John Harwood, dem Erfinder der automatischen Armband-
uhr gewidmet; in: Neue Uhrmacherzeitung, 1966, Heft 5, S. 18–20
Audemars, Pierre: Louis Audemars – das Goldene Zeitalter; in: Jour-
nal Suisse d'Horlogerie et de Bijouterie, 1954, S. 151–155, 237–241,
301–305, 471–476, sowie 1955, S. 93–95
Audemars Piguet (Hg.): La plus prestigieuse des signatures; Festschrift, Le Brassus o.J.
Baillie, G. H.: Watchmakers & Clockmakers of the World Vol. 1;
Neuauflage, London 1982
Barracca, J., Negretti, G., Nencini, F.: Armbanduhren – Die schönsten
Sammlerstücke; München 1988
dies.: Le Temps de Cartier; München 1989
Berner, G. A.: La montre-bracelet, autrefois, aujourd'hui; Biel 1945
ders.: Praktische Notizen für den Uhrmacher; 3. Aufl., Biel o. J.
ders.: Dictionnaire Professionel illustré de l'Horlogerie; La Chaux-
de-Fonds 1961
Breguet, H.: La boîte étanche; in: Journal Suisse de l'Horlogerie et de
Bijouterie, 1942, Heft 2, S. 65–68g8
Breguet S.A. (Hg.): Breguet heute; Paris 1986
Brunner, Gisbert L.: Mechanische Armbandchronometer aus der Ma-
nufaktur von Junghans in Schramberg; in: Alte Uhren, 1982, Heft 4,
S. 312–320

ders.: Audemars Piguet – Manufacture d'Horlogerie; in: Uhren, 1986, Heft 4, S. 9–40

ders.: Blancpain – Uhrmacherei mit 250jähriger Tradition; in: Uhren, 1988, Heft 1, S. 9–28

ders.: The Golden Age of the Wristwatches; in: Éclat international, Heft 17, Paris 1988, S. 106–109

ders.: Uhren mit Seele; in: Lui, Heft 12, München 1988, S. 48–51

ders. und *Pfeiffer-Belli, Christian:* Schweizer Armbanduhren, München 1990

Bureau de Documentation Industrielle (Hg.): Einkaufsführer der Uhren-Industrie; Genf, versch. Jahrgänge

Calame, L. C. (Hg.): Indicateur Suisse de l'Horlogerie, Biel, versch. Jahrgänge

Chaplay & Mottier S.A. (Hg.): Annuaire de l'Horlogerie Suisse; Genf, versch. Jahrgänge

Chaponnière, M. H.: Le Chronographe et ses applications; Biel und Besançon 1924

Château des Monts, Musée d'Horlogerie (Hg.): Horamatic – Montres à remontage automatique de 1770 à 1978; Le Locle o. J.

Coboilli Gigli, N., Grazzini, G., Gregato, G.: Orologi – Storia, Costume, Collezionismo dell'Orologio da Polso; Mailand 1986

De Carle, Donald: Watch & Clock Encyclopedia; Reprint, New York 1977

Ebauches S.A. (Hg.): Les Ebauches – Zwei Jahrhunderte Uhrenindustrie; Neuchâtel 1951

dies.: technologisches Wörterbuch der Uhrbestandteile; 2. Auflage, Neuchâchtel 1953

dies.: Répertoire des calibres classés par position tarifaire, grandeur et hauteur, Neuchâtel 1973

Faber, E., Unger St., zus. mit Blauer, E.: Amerikanische Armbanduhren; München 1989

Flume, Rudolf (Hg.): Der Flume-Kleinuhr-Schlüssel K 2; Berlin und Essen 1963

ders.: Der Flume-Kleinuhr-Schlüssel K 3; Berlin und Essen, 1972

Gogler, A. S.A. (Hg.): Indicateur Davoine – Indicateur Général de l'Horlogerie Suisse; La Chaux-de-Fonds, versch. Jahrgänge

Gordon, George: Rolex; Hongkong 1989

Haider, R., Jacobs, O., Zimmermann, A.: Mechanische Armbandstoppuhren – Chronographen; Wien 1988

Hantz, Georges: Le bracelet extensible; in: Journal Suisse d'Horlogerie, 1916, Nr. 1, S. 1–4

Harwood, John: Die Geschichte der automatischen Armbanduhr, erzählt von ihrem Erfinder; in: Schweizerische Uhrmacherzeitung, 1951, Heft 11, S. 31–34

Herkner, Kurt: Glashütte und seine Uhren; Dormagen 1978

ders.: Die Glashütter Armbanduhren bis 1945 von A. Lange & Söhne; in: Schriften der Freunde Alter Uhren, Ulm 1981, Heft XX, S. 125 – 129

ders.: Urofa- und Tutima-Armbanduhren; in: Schriften der Freunde Alter Uhren, Ulm 1982, Heft XXI, S. 81–85

Hillmann, Bruno: Die Armbanduhr – ihr Wesen und ihre Behandlung bei der Reparatur; Berlin 1925

Huber, M., Banbery, A., zus. mit Brunner, G. L.: Patek Philippe – Die Armbanduhren; Genf 1988

Huber, Martin: Die Uhren von A. Lange & Söhne Glashütte/Sachsen; 5. Auflage, München 1988

Humbert, B.: Die Schweizer Uhr mit automatischem Aufzug; Lausanne 1956

Jaeger-LeCoultre (Hg.): Die Uhrenmanufaktur; Pforzheim o. J.

Jaquet, E., Chapuis, A.: Technique and History of the Swiss Watch; London und New York 1970

Jendritzki, Hans: Die Reparatur der Armbanduhr; 3. Auflage, Halle/Saale 1944

Jobin, A.-F.: Klassifikation der schweizerischen Uhrwerke und Uhrenfurnituren; Genf (um 1938)

Journal Suisse d'Horlogerie (Hg.): Le Livre d'Or de l'Horlogerie; Genf und Neuchâtel (1927)

Kahlert, Helmut: Die frühen Jahre der Armbanduhr; in: Alte Uhren, 1981, Heft 1, S. 27–35

Kahlert, H., Mühe, R., Brunner, G. L.: Armbanduhren; 4. Auflage, München 1990

Kreuzer, Anton: Die Uhr am Handgelenk; Klagenfurt 1982

ders.: Die Armbanduhr; Klagenfurt 1983

ders.: Faszinierende Welt der alten Armbanduhren; Klagenfurt 1985

L'Associazione Piemontese Orafi e Orologiai (Hg.): Elogio all'Orologio; Turin 1987

Lavest, R.: Grundlegende Kenntnisse der Uhrmacherei; 2. Auflage, Biel (1945)

Les Fabricants Suisse d'Horlogerie (Hg.): Les principaux types de chronographes expliqués par leurs cadrans; Biel und Neuchâtel 1952

dies.: Offizielle Kataloge der Ersatzteile der Schweizer Uhr, Bände M und O; La Chaux-de-Fonds 1948 und 1955

Longines (Hg.): Festschrift 1889–1989; St. Imier 1989

Mann, Helmut: Porträt einer Taschenuhr; München 1981

Manufacture des Montres Rolex (Hg.): Hundertjahrfeier der Fabrik 1878–1978; Biel 1978

Martínek, Z., Rehor, J.: Mechanische Uhren; Berlin (Ost) 1981

Meis, Reinhard: IWC-Uhren; Klagenfurt 1985

Mercier, François: Mechanische Uhren mit automatischem Aufzug; in: Alte Uhren, 1985, Heft 1, S. 21–32, und Heft 2, S. 27–47

Montres Rolex S.A. (Hg.): Rolex Jubiläum 1905–1920–1945; Genf 1945

dies.: Rolex Jubilee Vade Mecum; 4 Bände, Genf 1946

dies.: Un Jubilé Rolex; Genf 1951

dies.: The Anatomy of Time; Genf o. J.

dies.: Hans Wilsdorf; Genf 1960

Nadelhoffer, Hans: Cartier – König der Juweliere, Juwelier der Könige; Herrsching 1984

Negretti, G., Nencini, F.: Die schönsten Armbanduhren; München 1986

Neher, F. L.: Ein Jahrhundert Junghans; Schramberg 1961

Osterhausen, Fritz v.: Armbandchronometer; München 1990

Odmark, Albert L. (Hg.): Patents for Inventions, Class 139: Watches, Clocks and Other Timepieces; vol. 2, 1901–1930, Seattle 1979

Schmeltzer, Bernhard: Wie alt ist meine Taschen- oder Armbanduhr; Duisburg 1986

Stolberg, Lukas: Lexikon der Taschenuhr; Klagenfurt 1983

Swiss Watch Chamber of Commerce (Hg.): The Inside Story of the Swiss Watch; La Chaux-de-Fonds o. J.

Tölke, Hans-F., King, Jürgen: International Watch Co. Schaffhausen; Zürich 1986

Vacheron & Constantin (Hg.): In Genf seit 1755; Genf 1973

Viola, Gerald und Brunner, Gisbert L.: Zeit in Gold; München 1988

Vogel, Horand: Uhren von Patek Philippe; Düsseldorf 1980

Zagoory, J., Chan, H.: A Time to Watch; Hongkong 1985

o.V.: Exposition nationale suisse à Berne en 1914; in: Journal Suisse d'Horlogerie, 1915, Nr. 6–9, S. 179 ff. und S. 242 ff.

o.V.: Les origines des montres-bracelets et des bagues-montres; in: Journal Suisse d'Horlogerie et de Bijouterie, 1932, Nr. 9, S. 185–189

o.V.: La montre étanche; in: Journal Suisse d'Horlogerie et de Bijouterie, 1940, Hefte 7–10, S. 177 ff.

o.V.: Der Wassertropfen in der wasserdichten Uhr; in: Deutsche Uhrmacher-Zeitung, 1943, S. 148–150

o.V.: Rund um die wasserdichte Uhr; in: Deutsche Uhrmacher-Zeitung, 1943, Hefte 11/12, S. 47–51

o.V.: L'Accord Jaeger-LeCoultre – Vacheron & Constantin; in: Journal Suisse d'Horlogerie et de Bijouterie, 1938, Nr. 9/10, S. 155–159

sowie zahlreiche Firmenkataloge und -prospekte und die fortlaufenden Jahrgänge des Journal Suisse d'Horlogerie et de Bijouterie seit 1876

Anhang

Bildnachweis

Auktionshäuser Müller & Joseph: 25, 26, 32, 36, 74, 78, 93, 95, 96, 97, 100, 101, 111, 115, 116, 122, 141, 142, 144, 148, 151, 171, 174, 175, 178, 179, 217, 219, 233, 236, 238, 245, 250, 264;
Auktionshaus Antiquorum/Habsburg, Feldman S. A.: 70, 112, 113, 136, 144, 170, 212, 246;
Auktionshaus Dr. Crott & Schmelzer: 70, 114, 116, 236, 294;
Auktionshaus Sotheby's: 70, 72, 74, 96, 108, 129, 139, 143, 154, 169, 172, 192, 210, 229, 256, 258, 259, 262, 266, 283, 315;
Auktionshaus Christie's: 109, 137, 202;
Auktionshaus Tempus: 192;
Auktionshaus Nouveau Drouot, Paris: 204.

Fotograf Alexander Bauer, München: 20, 24, 25, 29, 36, 37, 38, 52, 55, 56, 57, 58, 59, 60, 67, 72, 87, 90, 91, 93, 94, 95, 97, 98, 100, 101, 102, 103, 111, 114, 117, 119, 120, 123, 124, 141, 146, 147, 148, 149, 150, 151, 152, 155, 168, 176, 179, 180–183, 207, 211, 213, 217, 218, 221, 222, 223, 230, 232, 233, 235, 238, 304;
Fotograf Günther von Voithenberg, München: 46, 102, 115, 122, 138, 149, 172, 174, 175, 196, 348;
Enrico Colnaghi, Mailand: 145, 204;
Studio Blei, Mailand: 239;
Foto Beissenhirtz: 220;
Svend Andersen, Genf: 183, 184, 207, 232;
Gisbert Brunner: 186/187, 255.

Archivbilder folgender Uhrenfirmen: Longines, Cartier, Hewlett-Packard, LeCoultre, Movado, Ebauches S.A., Rudolf Flume, Parechoc S.A., Lassale, Wyler, Blancpain, Tissot, Rolex, Omega, Favre-Leuba, IWC, Mido, Breguet, Pirko, Daniel Roth, Fortis (Peter Peter Team, Sarstedt), Universal, Waldau International, Breitling, Audemars Piguet, Vacheron & Constantin, Chronoswiss, Patek-Philippe, Ulysse-Nardin, Arctos, Enicar, Ardath.

Aus dem *Journal Suisse d'Horlogerie*: 5, 12, 17, 27, 31, 33, 82, 83;
Williams-Proctor-Institute, Utica, New York: 18;
The Time Museum, Rockford, Illinois: 19;
Patek-Philippe Museum: 19;
Uhrenmuseum LeLocle: 193.

Sachregister

370

Personen-/ Firmenregister

LE GRAND RÉVEIL.
EIN GOLDENES ZEITALTER WIRD
EINGELÄUTET.

JAEGER-LECOULTRE

CHRONOSWISS
Faszination der Mechanik

Chronoswiss Modell Ref. CH 2821 C

*Z*eit ist *P*räzision.

Zeit ist das unumkehrbare Verhältnis vom
Nacheinander der Dinge. Chronometer von
Chronoswiss sind Meisterwerke traditioneller Handwerks-
kunst in höchster Präzision. Einzeln numeriert.
Schon heute begehrte Sammlerobjekte.